教育部高职高专规划教材

无机及分析化学实验报告

学校_____

班级_____

姓名_____

学号_____

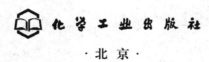

·北 京·

前　言

本实验报告系根据《无机及分析化学实验》(第三版)的实验项目编排的,与实验教材配套使用。

实验报告是实验工作的总结,是实验成果的最终体现。实验完成后,应以原始记录为依据,认真分析实验现象,处理实验数据,报出实验结果,并探讨实验中出现的问题,这些工作都需通过书写实验报告来训练和完成。独立地书写实验报告,是提高学生学习能力和信息加工能力不可缺少的环节,也是一名实验人员必须具备的能力和基本功。

实验报告应忠于事实、内容准确、逻辑严密、文字简明、字迹工整、格式规范。

由于实验类型的不同,对实验报告的要求也不尽相同,但基本内容大体如下。

(1) 实验名称

(2) 实验日期

(3) 实验目的

(4) 实验原理

例如,滴定分析实验原理应包括反应式、滴定方式、测定条件、指示剂及其颜色变化等。

(5) 实验现象分析或数据处理

对于性质实验,要求根据观察到的实验现象归纳出实验结论;对于制备与合成类实验,要求有理论产量计算、实际产量及产率计算;对于滴定分析法和称量分析法实验,要求写出测定数据、计算公式和计算过程、计算结果平均值、平均偏差等;对于化学物理参数的测定,要有必要的计算公式和计算过程。

(6) 实验结果

根据实验现象分析或数据处理报出实验结论或实验结果。

(7) 结论及问题讨论

根据实验目的与实验要求,写出实验结论和评价。对实验中遇到的问题、异常现象进行探讨,分析原因,提出解决办法;对实验结果进行分析,对实验提出改进措施。

(8) 实验思考题

为促进学生对实验方法的理解和掌握,培养其分析问题和解决问题的能力,对预习中思考的问题及教材中的思考题,要作出回答,并写入实验报告中。这也便于教师对学生学习情况进行了解,及时解决学习中出现的问题。

本实验报告的格式是参考部分制药、化工类高职高专院校的实用实验报告设计而成的,对不当之处,欢迎批评指正。

编　者

2015 年 10 月

目 录

实验一　无机化学实验基本操作练习 ………………………………………………… 1
实验二　原盐的提纯 …………………………………………………………………… 3
实验三　硫酸亚铁铵的制备 …………………………………………………………… 5
*实验四　三草酸根合铁（Ⅲ）酸钾的制备 …………………………………………… 7
*实验五　过氧化钙的制备 ……………………………………………………………… 9
实验六　分析天平的使用与称量练习 ………………………………………………… 11
实验七　滴定分析仪器的使用与滴定终点练习 ……………………………………… 13
*实验八　滴定分析仪器的校准 ………………………………………………………… 15
实验九　盐酸标准滴定溶液的制备 …………………………………………………… 16
实验十　氢氧化钠标准滴定溶液的制备 ……………………………………………… 18
实验十一　十水四硼酸钠主成分含量的测定 ………………………………………… 20
实验十二　食醋总酸度的测定 ………………………………………………………… 22
*实验十三　工业硫酸铵中氮含量的测定（甲醛法） ………………………………… 24
*实验十四　氨水中氨含量的测定 ……………………………………………………… 26
*实验十五　未知钠碱的分析 …………………………………………………………… 28
*实验十六　高氯酸标准滴定溶液的制备与原料药"地西泮"的含量测定
　　　　　　（非水溶液滴定） ……………………………………………………… 30
实验十七　乙二胺四乙酸二钠标准滴定溶液的制备 ………………………………… 33
实验十八　工业用水中钙镁含量的测定 ……………………………………………… 35
*实验十九　镍盐中镍含量的测定 ……………………………………………………… 38
*实验二十　复方氢氧化铝药片中铝镁含量的测定 …………………………………… 40
实验二十一　硫代硫酸钠标准滴定溶液的制备 ……………………………………… 44
实验二十二　碘标准滴定溶液的制备 ………………………………………………… 46
实验二十三　维生素C片剂主成分含量的测定 ……………………………………… 48
实验二十四　葡萄糖酸锑钠注射液中锑含量的测定 ………………………………… 50
*实验二十五　食盐中碘含量的测定 …………………………………………………… 52
实验二十六　高锰酸钾标准滴定溶液的制备 ………………………………………… 54
实验二十七　工业过氧化氢主成分含量的测定 ……………………………………… 56
*实验二十八　水中高锰酸盐指数的测定 ……………………………………………… 58
*实验二十九　重铬酸钾标准滴定溶液的制备与铁矿石中全铁含量的测定 ………… 61
*实验三十　硫酸铈标准滴定溶液的制备与硫酸亚铁药片主成分含量的测定 ……… 63
实验三十一　硝酸银标准滴定溶液的制备 …………………………………………… 66
实验三十二　水中氯离子含量的测定（莫尔法） …………………………………… 68
实验三十三　硫氰酸钠标准滴定溶液的制备 ………………………………………… 70
实验三十四　蔬菜中氯化钠含量的测定（佛尔哈德法） …………………………… 72
实验三十五　制剂"氯化钠注射液"中氯化钠含量的测定（法扬司法） ………… 74

实验三十六　葡萄糖干燥失重的测定 …………………………………………… 76
实验三十七　工业氯化钾主成分含量的测定（称量分析法）………………… 78
实验三十八　碳酸钠的制备与分析 …………………………………………… 80
*实验三十九　碳酸钙测定方法对比实验 ……………………………………… 82
*实验四十　　工业氯化钙全分析 ……………………………………………… 86
*实验四十一　盐酸与磷酸混合液自拟分析方法实验 ………………………… 92
*实验四十二　滴定分析操作考核 ……………………………………………… 95

实验一　无机化学实验基本操作练习

班级_____姓名_____组号_____学号_____实验日期_____

1. 实验目的

2. 实验记录与总结

(1) 烧杯、试管、离心试管、量筒、玻璃棒的一般洗涤方法是_____
_____。

(2) 烧杯、试管的干燥方法是_____
_____。

(3) 用量筒量取溶液体积时应注意_____
_____。

(4) 向试管中加入粉末状固体试剂的操作步骤是_____
_____。

(5) 将细口瓶中的液体试剂倒入烧杯中的操作步骤是_____
_____。

(6) 用固体试剂配制溶液的主要步骤是_____
_____。

(7) 用浓溶液配制稀溶液的主要步骤是_____
_____。

(8) 配制稀硫酸溶液时，必须是在_____下，缓缓将_____加入
到_____中。

(9) 沉淀生成后，检查沉淀是否完全的方法是_____
_____。

(10) 使用电动离心机离心沉降时应注意_____
_____。

3. 问题讨论

4. 思考题

5. 教师批语

实验成绩_____

实验二　原盐的提纯

班级_____姓名_____组号_____学号_____实验日期_____

1. 实验目的

2. 实验原理

原盐中含有____、____、____、____等可溶性杂质和泥沙等不溶性杂质。采用____的方法可除去不溶性杂质；采用_____的方法可除去____、_____、____等杂质离子；原盐中的_____可在_____时除去。原盐提纯涉及的反应式为：

3. 实验记录与数据处理

产品质量_____　　　　　　外观_____

收率 = $\dfrac{精盐的质量}{原盐的质量} \times 100\% =$

产品质量检验

检验项目	SO_4^{2-}	Ca^{2+}	Mg^{2+}	K^+
检验方法及现象				
精盐				
原盐				

4. 结论及问题讨论

5. 思考题

6. 教师批语

实验成绩_____

实验三　硫酸亚铁铵的制备

班级_____姓名_____组号_____学号_____实验日期_____

1. 实验目的

2. 实验原理

　　本实验以_____为原料，将其溶于稀硫酸得到硫酸亚铁，再用等物质的量的硫酸亚铁与_____溶液混合，经过蒸发、冷却、结晶后，得到溶解度比硫酸亚铁和硫酸铵都小的_____。反应式为：

　　硫酸亚铁铵的产品纯度可用_____法进行测定。本实验采用_____法对杂质 Fe^{3+} 的含量进行限量分析，以确定杂质 Fe^{3+} 的含量范围。

3. 实验记录与数据处理

产品质量_____　　　外观_____　　　Fe^{3+} 含量_____

产率 = $\dfrac{\text{硫酸亚铁铵的实际产量}}{\text{硫酸亚铁铵的理论产量}} \times 100\%$ =

4. 结论及问题讨论

5. 思考题

6. 教师批语

实验成绩_____

*实验四　三草酸根合铁（Ⅲ）酸钾的制备

班级_____姓名_____组号_____学号_____实验日期_____

1. 实验目的

2. 实验原理

三草酸根合铁酸钾首先是用_____与_____反应制备出草酸亚铁，然后再用草酸亚铁在_____和_____的存在下，以_____为氧化剂反应制得。反应式如下：

3. 实验记录与数据处理

产品质量_____　　外观_____

产率 = $\dfrac{\text{三草酸根合铁酸钾的实际产量}}{\text{三草酸根合铁酸钾的理论产量}} \times 100\%$ =

4. 结论及问题讨论

5. 思考题

6. 教师批语

实验成绩_____

*实验五 过氧化钙的制备

班级_____姓名_____组号_____学号_____实验日期_____

1. 实验目的

2. 实验原理

过氧化钙可用氯化钙与_____及碱反应来制取，在水溶液中析出的_____，于_____℃左右脱水干燥，即得产品。反应式为：

3. 实验记录与数据处理

产品质量_____ 外观_____

$$产率 = \frac{过氧化钙的实际产量}{过氧化钙的理论产量} \times 100\% =$$

4. 结论及问题讨论

5. 思考题

6. 教师批语

实验成绩_____

实验六　分析天平的使用与称量练习

班级_____姓名_____组号_____学号_____实验日期_____

1. 实验目的

2. 实验步骤

（1）直接称量

称量物品	表面皿	小烧杯	称量瓶	瓷坩埚
质量/g				
称量后天平零点/mg				

（2）差减法称量

项　目	第一份	第二份	第三份
称量瓶+试样的质量（倾出前）m_1/g			
称量瓶+试样的质量（倾出后）m_2/g			
试样的质量 m_1-m_2/g			
称量后天平零点/mg			

（3）固定质量称量

项　目	第一份	第二份	第三份	第四份
小烧杯+试样质量/g				
小烧杯的质量/g				
试样质量/g				
称量后天平零点/mg				

(4) 液体试样的称量

项　目	第一份	第二份	第三份	第四份
滴瓶＋磷酸试样质量/g				
取出磷酸后滴瓶＋试样质量/g				
取出磷酸试样质量/g				
称量后天平零点/mg				

3. 结论及问题讨论

4. 思考题

5. 教师批语

实验成绩＿＿＿＿＿＿

实验七　滴定分析仪器的使用与滴定终点练习

班级_____姓名_____组号_____学号_____实验日期_____

1. 实验目的

2. 实验步骤

（1）认领、清点仪器

（2）仪器洗涤

（3）滴定管的使用

（4）移液管的使用

（5）容量瓶的使用

（6）滴定终点练习

① 以甲基橙为指示剂，用盐酸溶液滴定氢氧化钠溶液

② 以酚酞为指示剂，用氢氧化钠溶液滴定盐酸溶液

(7) 滴定的体积比测定

① 用盐酸溶液滴定氢氧化钠溶液

指示剂：甲基橙

项　目	1	2	3	4	5
$V(NaOH)/mL$	20.00	22.00	24.00	26.00	28.00
$V(HCl)/mL$					
$V(HCl)/V(NaOH)$					
$V(HCl)/V(NaOH)$平均值					
相对偏差/%					

② 用氢氧化钠溶液滴定盐酸溶液

指示剂：酚酞

项　目	1	2	3	4	5
$V(HCl)/mL$	20.00	22.00	24.00	26.00	28.00
$V(NaOH)/mL$					
$V(HCl)/V(NaOH)$					
$V(HCl)/V(NaOH)$平均值					
相对偏差/%					

3. 结论及问题讨论

4. 思考题

5. 教师批语

实验成绩_____

*实验八 滴定分析仪器的校准

班级_____姓名_____组号_____学号_____实验日期_____

1. 实验目的

2. 实验步骤

（1）滴定管的校准

校准体积/mL	称量数据/g				纯水的质量/g			实际体积 V_{20} /mL	校准值 /mL
	瓶	瓶+水	瓶	瓶+水	1	2	平均		
0.00～10.00									
0.00～20.00									
0.00～30.00									
0.00～45.00									

（2）移液管、容量瓶的相对校准

3. 结论及问题讨论

4. 思考题

5. 教师批语

实验成绩_____

实验九 盐酸标准滴定溶液的制备

班级_____姓名_____组号_____学号_____实验日期_____

1. 实验目的

2. 实验原理

3. 实验记录与数据处理

基准试剂称量	称量瓶+试剂质量 m_1/g			
	称量瓶+剩余试剂质量 m_2/g			
	称得基准试剂质量 $m(Na_2CO_3)/g$			
滴定	滴定管初读数 $V_初/mL$			
	滴定管终读数 $V_终/mL$			
	滴定管校正值 $V_校/mL$			
	溶液体积校正值 $V_液(\ ℃)/mL$			
	空白值 $V_白/mL$			
	实际消耗体积 $V(HCl)/mL$			
结果计算	计算公式	$c(HCl)=$		
	计算过程及结果			
	平均值			
极差的相对值[①]/%				

① 极差的相对值是指测定值的极差与平均值的比值,以"%"表示。后同。

4. 结论及问题讨论

5. 思考题

6. 教师批语

实验成绩_____

实验十　氢氧化钠标准滴定溶液的制备

班级_____姓名_____组号_____学号_____实验日期_____

1. 实验目的

2. 实验原理

3. 实验记录与数据处理

基准试剂称量	称量瓶＋试剂质量 m_1/g			
	称量瓶＋剩余试剂质量 m_2/g			
	称得基准试剂质量 $m(KHP)/g$			
滴定	滴定管初读数 $V_{初}/mL$			
	滴定管终读数 $V_{终}/mL$			
	滴定管校正值 $V_{校}/mL$			
	溶液体积校正值 $V_{液}(\ ℃)/mL$			
	空白值 $V_{白}/mL$			
	实际消耗体积 $V(NaOH)/mL$			
结果计算	计算公式	$c(NaOH)=$		
	计算过程及结果			
	平均值			
极差的相对值/%				

4. 结论及问题讨论

5. 思考题

6. 教师批语

实验成绩_____

实验十一　十水四硼酸钠主成分含量的测定

班级_____姓名_____组号_____学号_____实验日期_____

1. 实验目的

2. 实验原理

3. 实验记录与数据处理

$c(\text{HCl}) = $ _____ mol/L

试样称量	称量瓶+试样质量 m_1/g			
	称量瓶+余样质量 m_2/g			
	称得试样质量 m_s/g			
滴定	滴定管初读数 $V_{初}$/mL			
	滴定管终读数 $V_{终}$/mL			
	滴定管校正值 $V_{校}$/mL			
	溶液体积校正值 $V_{液}(\ \ ℃)$/mL			
	实际消耗体积 $V(\text{HCl})$/mL			
结果计算	计算公式	$w(\text{Na}_2\text{B}_4\text{O}_7 \cdot 10\text{H}_2\text{O}) = $		
	计算过程及结果			
	平均值			
极差的相对值/%				

4. 结论及问题讨论

5. 思考题

6. 教师批语

实验成绩_____

实验十二　食醋总酸度的测定

班级_____ 姓名_____ 组号_____ 学号_____ 实验日期_____

1. 实验目的

2. 实验原理

3. 实验记录与数据处理

$c(\text{NaOH}) = \quad$ mol/L

试液吸量	吸量管初读数 $V_{初}$/mL			
	吸量管终读数 $V_{终}$/mL			
	实取试液体积 V_s/mL			
滴定	滴定管初读数 $V_{初}$/mL			
	滴定管终读数 $V_{终}$/mL			
	滴定管校正值 $V_{校}$/mL			
	溶液体积校正值 $V_{液}$(　℃)/mL			
	实际消耗体积 $V(\text{NaOH})$/mL			
结果计算	计算公式	$\rho(\text{HAc})=$		
	计算过程及结果			
	平均值			
极差的相对值/%				

4. 结论及问题讨论

5. 思考题

6. 教师批语

实验成绩_____

*实验十三　工业硫酸铵中氮含量的测定（甲醛法）

班级_____姓名_____组号_____学号_____实验日期_____

1. 实验目的

2. 实验原理

3. 实验记录与数据处理

		$c(NaOH)=$		mol/L
试样称量	称量瓶+试样质量 m_1/g			
	称量瓶+余样质量 m_2/g			
	称得试样质量 m_s/g			
滴定	滴定管初读数 $V_{初}/mL$			
	滴定管终读数 $V_{终}/mL$			
	滴定管校正值 $V_{校}/mL$			
	溶液体积校正值 $V_{液}(\ ℃)/mL$			
	实际消耗体积 $V(NaOH)/mL$			
结果计算	计算公式	$w(N)=$		
	计算过程及结果			
	平均值			
极差的相对值/%				

4. 结论及问题讨论

5. 思考题

6. 教师批语

实验成绩_____

*实验十四 氨水中氨含量的测定

班级_____姓名_____组号_____学号_____实验日期_____

1. 实验目的

2. 实验原理

3. 实验记录与数据处理

		$c(\text{HCl})=$ mol/L	$c(\text{NaOH})=$ mol/L
试样称量	安瓿＋试样质量 m_1/g		
	安瓿质量 m_2/g		
	称得试样质量 m_s/g		
滴定	盐酸标准滴定溶液体积 $V(\text{HCl})$/mL		
	滴定管初读数 $V_{初}$/mL		
	滴定管终读数 $V_{终}$/mL		
	滴定管校正值 $V_{校}$/mL		
	溶液体积校正值 $V_{液}($ ℃$)$/mL		
	实际消耗体积 $V(\text{NaOH})$/mL		
结果计算	计算公式	$w(\text{NH}_3)=$	
	计算过程及结果		
	平均值		
极差的相对值/%			

4. 结论及问题讨论

5. 思考题

6. 教师批语

实验成绩_____

*实验十五　未知钠碱的分析

班级_____姓名_____组号_____学号_____实验日期_____

1. 实验目的

2. 实验原理

3. 实验记录与数据处理

$c(HCl)=$ _____ mol/L

试样称量		称量瓶+试样质量 m_1/g			
		称量瓶+余样质量 m_2/g			
		称得试样质量 m_s/g			
滴定	V_1	滴定管初读数 $V_初$/mL			
		第一终点滴定管读数 $V_{一终}$/mL			
		滴定管校正值 $V_{一校}$/mL			
		溶液体积校正值 $V_{一液}$（　℃）/mL			
		实际消耗体积 V_1/mL			
	V_2	第二终点滴定管读数 $V_{二终}$/mL			
		滴定管校正值 $V_{二校}$/mL			
		溶液体积校正值 $V_{二液}$（　℃）/mL			
		实际消耗体积 V_2/mL			
组分判断		V_1 与 V_2 的比较			
		存在组分			
结果计算		计算公式			
		计算过程及结果			
		平均值			
极差的相对值/%					

4. 结论及问题讨论

5. 思考题

6. 教师批语

实验成绩 _____

*实验十六　高氯酸标准滴定溶液的制备与原料药"地西泮"的含量测定（非水溶液滴定）

班级_____　姓名_____　组号_____　学号_____　实验日期_____

1. 实验目的

2. 实验原理

3. 实验记录与数据处理

（1）$c(HClO_4)=0.1mol/L$ 高氯酸溶液的制备

基准试剂称量	称量瓶+试剂质量 m_1/g			
	称量瓶+剩余试剂质量 m_2/g			
	称得基准试剂质量 $m(KHP)/g$			
滴定	滴定管初读数 $V_{初}/mL$			
	滴定管终读数 $V_{终}/mL$			
	滴定管校正值 $V_{校}/mL$			
	溶液体积校正值 $V_{液}(\ ℃)/mL$			
	实际消耗体积 $V(HClO_4)/mL$			
结果计算	计算公式	$c(HClO_4)=$		
	计算过程及结果			
	平均值			
极差的相对值/%				

（2）原料药"地西泮"的含量测定

$c(HClO_4) = $ _____ mol/L

试样称量	称量瓶＋试样质量 m_1/g			
	称量瓶＋余样质量 m_2/g			
	称得试样质量 m_s/g			
滴定	滴定管初读数 $V_{初}$/mL			
	滴定管终读数 $V_{终}$/mL			
	滴定管校正值 $V_{校}$/mL			
	溶液体积校正值 $V_{液}$(℃)/mL			
	实际消耗体积 $V(HClO_4)$/mL			
结果计算	计算公式	$w(C_{16}H_{13}ClN_2O) = $		
	计算过程及结果			
	平均值			
极差的相对值/％				

4. 结论及问题讨论

5. 思考题

6. 教师批语

实验成绩_____

实验十七 乙二胺四乙酸二钠标准滴定溶液的制备

班级_____ 姓名_____ 组号_____ 学号_____ 实验日期_____

1. 实验目的

2. 实验原理

3. 实验记录与数据处理

基准试剂称量	称量瓶+试剂质量 m_1/g			
	称量瓶+剩余试剂质量 m_2/g			
	称得基准试剂质量 $m(ZnO)$/g			
Zn^{2+}基准溶液量取	滴定管初读数 $V_初$/mL			
	滴定管终读数 $V_终$/mL			
	滴定管校正值 $V_校$/mL			
	溶液体积校正值 $V_液$(℃)/mL			
	实取体积 $V(Zn^{2+})$/mL			
滴定	滴定管初读数 $V_初$/mL			
	滴定管终读数 $V_终$/mL			
	滴定管校正值 $V_校$/mL			
	溶液体积校正值 $V_液$(℃)/mL			
	空白值 $V_白$/mL			
	实际消耗体积 $V(EDTA)$/mL			

续表

结果计算	计算公式	$c(\text{EDTA})=$		
	计算过程及结果			
	平均值			
极差的相对值/%				

4. 结论及问题讨论

5. 思考题

6. 教师批语

实验成绩＿＿＿＿＿＿

实验十八 工业用水中钙镁含量的测定

班级_____姓名_____组号_____学号_____实验日期_____

1. 实验目的

2. 实验原理

3. 实验记录与数据处理

（1）钙、镁离子总量的测定

$c(\text{EDTA}) =$ _____ mol/L

水样吸取	水样体积 V_s/mL				
滴定	滴定管初读数 $V_{初}$/mL				
	滴定管终读数 $V_{终}$/mL				
	滴定管校正值 $V_{校}$/mL				
	溶液体积校正值 $V_{液}$(℃)/mL				
	实际消耗体积 $V(\text{EDTA})$/mL				
结果计算	计算公式	$c(\text{Ca}^{2+}+\text{Mg}^{2+}) =$			
	计算过程及结果				
	平均值				
极差的相对值/%					

(2) 钙离子含量的测定

$c(\text{EDTA}) = $ _____ mol/L

水样吸取	水样体积 V_s/mL			
滴定	滴定管初读数 $V_初$/mL			
	滴定管终读数 $V_终$/mL			
	滴定管校正值 $V_校$/mL			
	溶液体积校正值 $V_液$(℃)/mL			
	实际消耗体积 $V(\text{EDTA})$/mL			
结果计算	计算公式	$c(\text{Ca}^{2+}) = $		
	计算过程及结果			
	平均值			
极差的相对值/%				

(3) 镁离子含量的计算

$c(\text{Mg}^{2+}) = $

4. 结论及问题讨论

5. 思考题

6. 教师批语

实验成绩_____

*实验十九 镍盐中镍含量的测定

班级_____姓名_____组号_____学号_____实验日期_____

1. 实验目的

2. 实验原理

3. 实验记录与数据处理

$c(\text{EDTA}) = \quad\quad \text{mol/L}$

试样称量	称量瓶+试样质量 m_1/g			
	称量瓶+余样质量 m_2/g			
	称得试样质量 m_s/g			
滴定	滴定管初读数 $V_{初}/\text{mL}$			
	滴定管终读数 $V_{终}/\text{mL}$			
	滴定管校正值 $V_{校}/\text{mL}$			
	溶液体积校正值 $V_{液}(\quad ℃)/\text{mL}$			
	实际消耗体积 $V(\text{EDTA})/\text{mL}$			
结果计算	计算公式	$w(\text{Ni}) =$		
	计算过程及结果			
	平均值			
极差的相对值/%				

4. 结论及问题讨论

5. 思考题

6. 教师批语

实验成绩_____

*实验二十　复方氢氧化铝药片中铝镁含量的测定

班级_____姓名_____组号_____学号_____实验日期_____

1. 实验目的

2. 实验原理

3. 实验记录与数据处理

(1) $c(Zn^{2+})=0.02$ mol/L Zn^{2+} 标准滴定溶液的制备

基准试剂称量与定容	称量瓶+试剂质量 m_1/g	
	称量瓶+剩余试剂质量 m_2/g	
	称得基准试剂质量 $m(ZnO)/g$	
	稀释体积 $V(Zn^{2+})/mL$	
结果计算	计算公式	$c(Zn^{2+})=$
	计算过程及结果	
说明		

（2）铝的测定

		$c(Zn^{2+})=$	mol/L	$c(EDTA)=$	mol/L
试样称量	称量瓶+试样质量 m_1/g				
	称量瓶+余样质量 m_2/g				
	称得试样质量 m_s/g				
试液吸取	试液总体积 $V_总/mL$				
	吸取试液体积 $V_吸/mL$				
EDTA标准溶液加入	加入体积 $V(EDTA)/mL$				
滴定	滴定管初读数 $V_初/mL$				
	滴定管终读数 $V_终/mL$				
	滴定管校正值 $V_校/mL$				
	溶液体积校正值 $V_液(\ ℃)/mL$				
	实际消耗体积 $V(Zn^{2+})/mL$				
结果计算	计算公式	$w(Al_2O_3)=$			
	计算过程及结果				
	平均值				
极差的相对值/%					

（3）镁的测定

$c(\text{EDTA}) = \quad$ mol/L

试样称量	称量瓶＋试样质量 m_1/g			
	称量瓶＋余样质量 m_2/g			
	称得试样质量 m_s/g			
试液吸取	试液总体积 $V_{总}/\text{mL}$			
	吸取试液体积 $V_{吸}/\text{mL}$			
滴定	滴定管初读数 $V_{初}/\text{mL}$			
	滴定管终读数 $V_{终}/\text{mL}$			
	滴定管校正值 $V_{校}/\text{mL}$			
	溶液体积校正值 $V_{液}(\quad ℃)/\text{mL}$			
	实际消耗体积 $V(\text{EDTA})/\text{mL}$			
结果计算	计算公式	$w(\text{MgO}) =$		
	计算过程及结果			
	平均值			
极差的相对值/%				

4. 结论及问题讨论

5. 思考题

6. 教师批语

实验成绩_____

实验二十一　硫代硫酸钠标准滴定溶液的制备

班级_____姓名_____组号_____学号_____实验日期_____

1. 实验目的

2. 实验原理

3. 实验记录与数据处理

基准试剂称量	称量瓶+试剂质量 m_1/g			
	称量瓶+剩余试剂质量 m_2/g			
	称得基准试剂质量 $m(K_2Cr_2O_7)$/g			
滴定	滴定管初读数 $V_{初}$/mL			
	滴定管终读数 $V_{终}$/mL			
	滴定管校正值 $V_{校}$/mL			
	溶液体积校正值 $V_{液}$(　℃)/mL			
	空白值 $V_{白}$/mL			
	实际消耗体积 $V(Na_2S_2O_3)$/mL			
结果计算	计算公式	$c(Na_2S_2O_3)=$		
	计算过程及结果			
	平均值			
极差的相对值/%				

4. 结论及问题讨论

5. 思考题

6. 教师批语

实验成绩_____

实验二十二　碘标准滴定溶液的制备

班级_____姓名_____组号_____学号_____实验日期_____

1. 实验目的

2. 实验原理

3. 实验记录与数据处理

$c(Na_2S_2O_3) = $ _____ mol/L

碘标准滴定溶液的量取	滴定管初读数 $V_初$/mL			
	滴定管终读数 $V_终$/mL			
	滴定管校正值 $V_校$/mL			
	溶液体积校正值 $V_液$(　℃)/mL			
	量取体积 V_3/mL			
	空白值 V_4/mL			
滴定	滴定管初读数 $V_初$/mL			
	滴定管终读数 $V_终$/mL			
	滴定管校正值 $V_校$/mL			
	溶液体积校正值 $V_液$(　℃)/mL			
	实际消耗体积 V_1/mL			
	空白值 V_2/mL			

续表

结果计算	计算公式	$c\left(\frac{1}{2}I_2\right)=$		
	计算过程及结果			
	平均值			
极差的相对值/‰				

4. 结论及问题讨论

5. 思考题

6. 教师批语

实验成绩_____

实验二十三　维生素 C 片剂主成分含量的测定

班级_____姓名_____组号_____学号_____实验日期_____

1. 实验目的

2. 实验原理

3. 实验记录与数据处理

$c\left(\dfrac{1}{2}I_2\right)=$　　　mol/L

试样称量	称量瓶+试样质量 m_1/g			
	称量瓶+余样质量 m_2/g			
	称得试样质量 m_s/g			
滴定	滴定管初读数 $V_{初}/mL$			
	滴定管终读数 $V_{终}/mL$			
	滴定管校正值 $V_{校}/mL$			
	溶液体积校正值 $V_{液}(\quad℃)/mL$			
	实际消耗体积 $V(I_2)/mL$			
结果计算	计算公式	$w(C_6H_8O_6)=$		
	计算过程及结果			
	平均值			
极差的相对值/%				

4. 结论及问题讨论

5. 思考题

6. 教师批语

实验成绩_____

实验二十四　葡萄糖酸锑钠注射液中锑含量的测定

班级_____姓名_____组号_____学号_____实验日期_____

1. 实验目的

2. 实验原理

3. 实验记录与数据处理

$c(Na_2S_2O_3) = $ _____ mol/L

试样称量	称量瓶+试样质量 m_1/g			
	称量瓶+余样质量 m_2/g			
	称得试样质量 m_s/g			
滴定	滴定管初读数 $V_{初}/mL$			
	滴定管终读数 $V_{终}/mL$			
	滴定管校正值 $V_{校}/mL$			
	溶液体积校正值 $V_{液}(\ \ ℃)/mL$			
	实际消耗体积 $V(Na_2S_2O_3)/mL$			
结果计算	计算公式	$w(Sb) = $		
	计算过程及结果			
	平均值			
极差的相对值/%				

4. 结论及问题讨论

5. 思考题

6. 教师批语

实验成绩_____

*实验二十五　食盐中碘含量的测定

班级_____姓名_____组号_____学号_____实验日期_____

1. 实验目的

2. 实验原理

3. 实验记录与数据处理

$c(Na_2S_2O_3)=$ _____ mol/L

试样称量	称量瓶+试样质量 m_1/g			
	称量瓶+余样质量 m_2/g			
	称得试样质量 m_s/g			
滴定	滴定管初读数 $V_初$/mL			
	滴定管终读数 $V_终$/mL			
	滴定管校正值 $V_校$/mL			
	溶液体积校正值 $V_液($　℃$)$/mL			
	实际消耗体积 $V(Na_2S_2O_3)$/mL			
结果计算	计算公式	$w(I)=$		
	计算过程及结果			
	平均值			
极差的相对值/‰				

4. 结论及问题讨论

5. 思考题

6. 教师批语

实验成绩_____

实验二十六 高锰酸钾标准滴定溶液的制备

班级_____姓名_____组号_____学号_____实验日期_____

1. 实验目的

2. 实验原理

3. 实验记录与数据处理

基准试剂称量	称量瓶+试剂质量 m_1/g			
	称量瓶+剩余试剂质量 m_2/g			
	称得基准试剂质量 $m(Na_2C_2O_4)$/g			
滴定	滴定管初读数 $V_{初}$/mL			
	滴定管终读数 $V_{终}$/mL			
	滴定管校正值 $V_{校}$/mL			
	溶液体积校正值 $V_{液}$(℃)/mL			
	空白值 $V_{白}$/mL			
	实际消耗体积 $V(KMnO_4)$/mL			
结果计算	计算公式	$c\left(\dfrac{1}{5}KMnO_4\right)=$		
	计算过程及结果			
	平均值			
极差的相对值/‰				

4. 结论及问题讨论

5. 思考题

6. 教师批语

实验成绩_____

实验二十七　工业过氧化氢主成分含量的测定

班级＿＿＿＿　姓名＿＿＿＿　组号＿＿＿　学号＿＿＿　实验日期＿＿＿＿＿

1. 实验目的

2. 实验原理

3. 实验记录与数据处理

$c\left(\dfrac{1}{5}KMnO_4\right)=$ ＿＿＿＿ mol/L

试样称量	滴瓶＋试样质量 m_1/g			
	滴瓶＋余样质量 m_2/g			
	称得试样质量 m_s/g			
滴定	滴定管初读数 $V_初/mL$			
	滴定管终读数 $V_终/mL$			
	滴定管校正值 $V_校/mL$			
	溶液体积校正值 $V_液(\ ℃)/mL$			
	实际消耗体积 $V(KMnO_4)/mL$			
结果计算	计算公式	$w(H_2O_2)=$		
	计算过程及结果			
	平均值			
极差的相对值/%				

4. 结论及问题讨论

5. 思考题

6. 教师批语

实验成绩_____

*实验二十八 水中高锰酸盐指数的测定

班级_____姓名_____组号_____学号_____实验日期_____

1. 实验目的

2. 实验原理

3. 实验记录与数据处理

(1) $c\left(\dfrac{1}{2}Na_2C_2O_4\right)=0.01\,mol/L$ 草酸钠标准滴定溶液的制备

基准试剂称量与定容	称量瓶＋试剂质量 m_1/g	
	称量瓶＋剩余试剂质量 m_2/g	
	称得基准试剂质量 $m(Na_2C_2O_4)/g$	
	溶液稀释体积 $V(Na_2C_2O_4)/mL$	
结果计算	计算公式	$c\left(\dfrac{1}{2}Na_2C_2O_4\right)=$
	计算过程及结果	
说明		

（2）水中高锰酸盐指数的测定

$$c\left(\frac{1}{2}Na_2C_2O_4\right)=\quad\text{mol/L}\qquad c\left(\frac{1}{5}KMnO_4\right)=\quad\text{mol/L}$$

试液吸量	水样体积 V_s/mL			
草酸钠标准滴定溶液的加入	加入体积 $V(Na_2C_2O_4)$/mL			
滴定	滴定管初读数 $V_初$/mL			
	滴定管终读数 $V_终$/mL			
	滴定管校正值 $V_校$/mL			
	溶液体积校正值 $V_液$(　℃)/mL			
	实际消耗体积 $V(KMnO_4)$/mL			
结果计算	计算公式	$\rho(O_2)=$		
	计算过程及结果			
	平均值			
极差的相对值/%				

4. 结论及问题讨论

5. 思考题

6. 教师批语

实验成绩_____

*实验二十九 重铬酸钾标准滴定溶液的制备与铁矿石中全铁含量的测定

班级_____姓名_____组号____学号_____实验日期_____

1. 实验目的

2. 实验原理

3. 实验记录与数据处理

(1) $c\left(\dfrac{1}{6}K_2Cr_2O_7\right)=0.1\text{mol/L}$ 重铬酸钾标准滴定溶液的制备

基准试剂称量与定容	称量瓶+试剂质量 m_1/g	
	称量瓶+剩余试剂质量 m_2/g	
	称得基准试剂质量 $m(K_2Cr_2O_7)/\text{g}$	
	溶液稀释体积 $V(K_2Cr_2O_7)/\text{mL}$	
结果计算	计算公式	$c\left(\dfrac{1}{6}K_2Cr_2O_7\right)=$
	计算过程及结果	
	说明	

(2) 全铁含量的测定

$c\left(\dfrac{1}{6}K_2Cr_2O_7\right)=$ _____ mol/L

称量	称量瓶+试样质量 m_1/g			
	称量瓶+余样质量 m_2/g			
	称得试样质量 m_s/g			

续表

滴定	滴定管初读数 $V_{初}$/mL			
	滴定管终读数 $V_{终}$/mL			
	滴定管校正值 $V_{校}$/mL			
	溶液体积校正值 $V_{液}$(　　℃)/mL			
	实际消耗体积 $V(K_2Cr_2O_7)$/mL			
结果计算	计算公式	$w(Fe)=$		
	计算过程及结果			
	平均值			
极差的相对值/%				

4. 结论及问题讨论

5. 思考题

6. 教师批语

实验成绩_____

62

*实验三十 硫酸铈标准滴定溶液的制备与硫酸亚铁药片主成分含量的测定

班级_____姓名_____组号_____学号_____实验日期_____

1. 实验目的

2. 实验原理

3. 实验记录与数据处理

(1) $c[Ce(SO_4)_2]=0.1\,mol/L$ 硫酸铈标准滴定溶液的制备

基准试剂称量	称量瓶+试剂质量 m_1/g			
	称量瓶+剩余试剂质量 m_2/g			
	称得基准试剂质量 $m(Na_2C_2O_4)/g$			
滴定	滴定管初读数 $V_初/mL$			
	滴定管终读数 $V_终/mL$			
	滴定管校正值 $V_校/mL$			
	溶液体积校正值 $V_液(\quad℃)/mL$			
	实际消耗体积 $V[Ce(SO_4)_2]/mL$			
结果计算	计算公式	$c[Ce(SO_4)_2]=$		
	计算过程及结果			
	平均值			
极差的相对值/%				

(2) 硫酸亚铁药片主成分含量的测定

$c[Ce(SO_4)_2]=$ mol/L

试样称量	称量瓶+试样质量 m_1/g			
	称量瓶+余样质量 m_2/g			
	称得试样质量 m_s/g			
滴定	滴定管初读数 $V_初/mL$			
	滴定管终读数 $V_终/mL$			
	滴定管校正值 $V_校/mL$			
	溶液体积校正值 $V_液(\quad ℃)/mL$			
	实际消耗体积 $V[Ce(SO_4)_2]/mL$			
结果计算	计算公式	$w(FeSO_4·7H_2O)=$		
	计算过程及结果			
	平均值			
极差的相对值/%				

4. 结论及问题讨论

5. 思考题

6. 教师批语

实验成绩_____

实验三十一　硝酸银标准滴定溶液的制备

班级_____姓名_____组号_____学号_____实验日期_____

1. 实验目的

2. 实验原理

3. 实验记录与数据处理

基准试剂称量	称量瓶+试剂质量 m_1/g			
	称量瓶+剩余试剂质量 m_2/g			
	称得基准试剂质量 $m(NaCl)/g$			
滴定	滴定管初读数 $V_{初}/mL$			
	滴定管终读数 $V_{终}/mL$			
	滴定管校正值 $V_{校}/mL$			
	溶液体积校正值 $V_{液}(\ \ ℃)/mL$			
	实际消耗体积 $V(AgNO_3)/mL$			
结果计算	计算公式	$c(AgNO_3)=$		
	计算过程及结果			
	平均值			
	极差的相对值/%			

4. 结论及问题讨论

5. 思考题

6. 教师批语

实验成绩_____

实验三十二　水中氯离子含量的测定（莫尔法）

班级_____姓名_____组号_____学号_____实验日期_____

1. 实验目的

2. 实验原理

3. 实验记录与数据处理

$c(AgNO_3) = $ _____ mol/L

水样吸量	水样体积 V_s/mL			
滴定	滴定管初读数 $V_{初}$/mL			
	滴定管终读数 $V_{终}$/mL			
	滴定管校正值 $V_{校}$/mL			
	溶液体积校正值 $V_{液}$(　℃)/mL			
	实际消耗体积 $V(AgNO_3)$/mL			
结果计算	计算公式	$\rho(Cl) = $		
	计算过程及结果			
	平均值			
极差的相对值/%				

4. 结论及问题讨论

5. 思考题

6. 教师批语

实验成绩_____

实验三十三　硫氰酸钠标准滴定溶液的制备

班级_____姓名_____组号_____学号_____实验日期_____

1. 实验目的

2. 实验原理

3. 实验记录与数据处理

$c(AgNO_3)=$ 　　　　mol/L

硝酸银标准溶液的量取	滴定管初读数 $V_{初}/mL$			
	滴定管终读数 $V_{终}/mL$			
	滴定管校正值 $V_{校}/mL$			
	溶液体积校正值 $V_{液}(\ ℃)/mL$			
	量取体积 $V(AgNO_3)/mL$			
滴定	滴定管初读数 $V_{初}/mL$			
	滴定管终读数 $V_{终}/mL$			
	滴定管校正值 $V_{校}/mL$			
	溶液体积校正值 $V_{液}(\ ℃)/mL$			
	实际消耗体积 $V(NaSCN)/mL$			
结果计算	计算公式	$c(NaSCN)=$		
	计算过程及结果			
	平均值			
极差的相对值/%				

4. 结论及问题讨论

5. 思考题

6. 教师批语

实验成绩_____

实验三十四　蔬菜中氯化钠含量的测定（佛尔哈德法）

班级_____姓名_____组号____学号____实验日期_____

1. 实验目的

2. 实验原理

3. 实验记录与数据处理

$c(\text{AgNO}_3) = $ _____ mol/L　　　　$c(\text{NaSCN}) = $ _____ mol/L

试样称量	称量瓶＋试样质量 m_1/g			
	称量瓶＋余样质量 m_2/g			
	称得试样质量 m_s/g			
	硝酸银标准滴定溶液体积 $V(\text{AgNO}_3)/\text{mL}$			
滴定	滴定管初读数 $V_初/\text{mL}$			
	滴定管终读数 $V_终/\text{mL}$			
	滴定管校正值 $V_校/\text{mL}$			
	溶液体积校正值 $V_液(\ \ ℃)/\text{mL}$			
	实际消耗体积 $V(\text{NaSCN})/\text{mL}$			
结果计算	计算公式	$w(\text{NaCl}) = $		
	计算过程及结果			
	平均值			
极差的相对值/%				

4. 结论及问题讨论

5. 思考题

6. 教师批语

实验成绩_____

实验三十五 制剂"氯化钠注射液"中氯化钠含量的测定（法扬司法）

班级_____ 姓名_____ 组号_____ 学号_____ 实验日期_____

1. 实验目的

2. 实验原理

3. 实验记录与数据处理

$c(AgNO_3) = $ _____ mol/L

试样称量	称量瓶+试样质量 m_1/g			
	称量瓶+余样质量 m_2/g			
	称得试样质量 m_s/g			
滴定	滴定管初读数 $V_初/mL$			
	滴定管终读数 $V_终/mL$			
	滴定管校正值 $V_校/mL$			
	溶液体积校正值 $V_液(\ \ ℃)/mL$			
	实际消耗体积 $V(AgNO_3)/mL$			
结果计算	计算公式	$w(NaCl) = $		
	计算过程及结果			
	平均值			
极差的相对值/%				

4. 结论及问题讨论

5. 思考题

6. 教师批语

实验成绩_____

实验三十六　葡萄糖干燥失重的测定

班级_____姓名_____组号_____学号_____实验日期_____

1. 实验目的

2. 实验原理

3. 实验记录与数据处理

试样称量	称量瓶+试样质量 m_a/g			
	称量瓶质量 m_b/g			
	称得试样质量 m_s/g			
试样干燥	称量瓶+试样质量 m_1/g			
	称量瓶+试样干燥后质量 m_2/g			
	干燥失重 m/g			
结果计算	计算公式	w(失重)=		
	计算过程及结果			
	平均值			
极差的相对值/%				

4. 结论及问题讨论

5. 思考题

6. 教师批语

实验成绩_____

实验三十七　工业氯化钾主成分含量的测定（称量分析法）

班级_____姓名_____组号_____学号_____实验日期_____

1. 实验目的

2. 实验原理

3. 实验记录与数据处理

试样称量	称量瓶+试样质量 m_a/g			
	称量瓶+余样质量 m_b/g			
	称得试样质量 m_s/g			
沉淀称量	坩埚+沉淀质量 m_1/g			
	坩埚质量 m_2/g			
	沉淀质量 m/g			
结果计算	计算公式	$w(KCl)=$		
	计算过程及结果			
	平均值			
极差的相对值/%				

4. 结论及问题讨论

5. 思考题

6. 教师批语

实验成绩_____

实验三十八 碳酸钠的制备与分析

班级_____姓名_____组号_____学号_____实验日期_____

1. 实验目的

2. 实验原理

3. 实验记录与数据处理

原料氯化钠的质量/g				
产品碳酸钠的质量/g				
碳酸钠的产率/%				
试样称量	称量瓶+试样质量 m_1/g			
	称量瓶+余样质量 m_2/g			
	称得试样质量 m_s/g			
滴定	滴定管初读数 $V_初$/mL			
	滴定管终读数 $V_终$/mL			
	滴定管校正值 $V_校$/mL			
	溶液体积校正值 $V_液$(℃)/mL			
	实际消耗体积 $V(HCl)$/mL			
结果计算	计算公式	$w(Na_2CO_3)=$		
	计算过程及结果			
	平均值			
极差的相对值/%				

4. 结论及问题讨论

5. 思考题

6. 教师批语

实验成绩_____

*实验三十九　碳酸钙测定方法对比实验

班级_____姓名_____组号_____学号_____实验日期_____

1. 实验目的

2. 实验原理

3. 实验记录与数据处理

(1) 酸碱滴定法

$c(\text{HCl}) = $ 　　　mol/L　　　$c(\text{NaOH}) = $ 　　　mol/L

试样称量	称量瓶＋试样质量 m_1/g			
	称量瓶＋余样质量 m_2/g			
	称得试样质量 m_s/g			
盐酸标准滴定溶液的加入	滴定管初读数 $V_{初}/\text{mL}$			
	滴定管终读数 $V_{终}/\text{mL}$			
	滴定管校正值 $V_{校}/\text{mL}$			
	溶液体积校正值 $V_{液}(\quad ℃)/\text{mL}$			
	加入体积 $V(\text{HCl})/\text{mL}$			

续表

滴定	滴定管初读数 $V_\text{初}$/mL			
	滴定管终读数 $V_\text{终}$/mL			
	滴定管校正值 $V_\text{校}$/mL			
	溶液体积校正值 $V_\text{液}$(℃)/mL			
	实际消耗体积 $V(\text{NaOH})$/mL			
结果计算	计算公式	$w(\text{CaCO}_3)=$		
	计算过程及结果			
	平均值			
极差的相对值/%				

（2）配位滴定法

$c(\text{EDTA})=$ _____ mol/L

试样称量	称量瓶+试样质量 m_1/g			
	称量瓶+余样质量 m_2/g			
	称得试样质量 m_s/g			
滴定	滴定管初读数 $V_\text{初}$/mL			
	滴定管终读数 $V_\text{终}$/mL			
	滴定管校正值 $V_\text{校}$/mL			
	溶液体积校正值 $V_\text{液}$(℃)/mL			
	实际消耗体积 $V(\text{EDTA})$/mL			
结果计算	计算公式	$w(\text{CaCO}_3)=$		
	计算过程及结果			
	平均值			
极差的相对值/%				

(3) 氧化还原滴定法

$$c\left(\frac{1}{5}\text{KMnO}_4\right) = \qquad \text{mol/L}$$

试样称量	称量瓶+试样质量 m_1/g			
	称量瓶+余样质量 m_2/g			
	称得试样质量 m_s/g			
滴定	滴定管初读数 $V_{初}$/mL			
	滴定管终读数 $V_{终}$/mL			
	滴定管校正值 $V_{校}$/mL			
	溶液体积校正值 $V_{液}$(℃)/mL			
	实际消耗体积 $V(\text{KMnO}_4)$/mL			
结果计算	计算公式	$w(\text{CaCO}_3) =$		
	计算过程及结果			
	平均值			
极差的相对值/%				

(4) 方法对比

4. 结论及问题讨论

5. 思考题

6. 教师批语

实验成绩_____

*实验四十　工业氯化钙全分析

（一）氯化钙含量的测定

1. 实验目的

2. 实验原理

3. 实验记录与数据处理

$c(\text{EDTA}) = \quad\quad$ mol/L

试样称量	称量瓶+试样质量 m_1/g			
	称量瓶+余样质量 m_2/g			
	称得试样质量 m_s/g			
试液吸取	试液总体积 $V_{总}/\text{mL}$			
	吸取试液体积 $V_{吸}/\text{mL}$			
滴定	滴定管初读数 $V_{初}/\text{mL}$			
	滴定管终读数 $V_{终}/\text{mL}$			
	滴定管校正值 $V_{校}/\text{mL}$			
	溶液体积校正值 $V_{液}(\quad℃)/\text{mL}$			
	实际消耗体积 $V(\text{EDTA})/\text{mL}$			
结果计算	计算公式	$w(\text{CaCl}_2) =$		
	计算过程及结果			
	平均值			
极差的相对值/%				

(二) 总碱金属氯化物含量的测定

1. 实验目的

2. 实验原理

3. 实验记录与数据处理

$c(AgNO_3)=$ _____ mol/L

试样质量 m_s/g				
试液吸取	试液总体积 $V_总/mL$			
	吸取试液体积 $V_吸/mL$			
滴定	滴定管初读数 $V_初/mL$			
	滴定管终读数 $V_终/mL$			
	滴定管校正值 $V_校/mL$			
	溶液体积校正值 $V_液(\ \ ℃)/mL$			
	实际消耗体积 $V(AgNO_3)/mL$			
结果计算	计算公式	$w(NaCl)=$		
	计算过程及结果			
	平均值			
极差的相对值/%				

（三）总镁含量的测定

1. 实验目的

2. 实验原理

3. 实验记录与数据处理

$c(\text{EDTA}) = \qquad$ mol/L

试样质量 m_s/g				
试液吸取	试液总体积 $V_{总}$/mL			
	吸取试液体积 $V_{吸}$/mL			
滴定	滴定管初读数 $V_{初}$/mL			
	滴定管终读数 $V_{终}$/mL			
	滴定管校正值 $V_{校}$/mL			
	溶液体积校正值 $V_{液}(\quad℃)$/mL			
	实际消耗体积 $V(\text{EDTA})$/mL			
结果计算	计算公式	$w(\text{MgCl}_2) =$		
	计算过程及结果			
	平均值			
极差的相对值/%				

(四) 碱度的测定

1. 实验目的

2. 实验原理

3. 实验记录与数据处理

$c(\text{HCl})=$ mol/L $c(\text{NaOH})=$ mol/L

试样称量	称量瓶+试样质量 m_1/g			
	称量瓶+余样质量 m_2/g			
	称得试样质量 m_s/g			
盐酸标准滴定溶液体积 $V(\text{HCl})/\text{mL}$				
滴定	滴定管初读数 $V_{初}/\text{mL}$			
	滴定管终读数 $V_{终}/\text{mL}$			
	滴定管校正值 $V_{校}/\text{mL}$			
	溶液体积校正值 $V_{液}(\quad ℃)/\text{mL}$			
	实际消耗体积 $V(\text{NaOH})/\text{mL}$			
结果计算	计算公式	$w[\text{Ca(OH)}_2]=$		
	计算过程及结果			
	平均值			
极差的相对值/%				

（五）水不溶物含量的测定

1. 实验目的

2. 实验原理

3. 实验记录与数据处理

试样称量	称量瓶+试样质量 m_a/g			
	称量瓶+余样质量 m_b/g			
	称得试样质量 m_s/g			
沉淀称量	坩埚+沉淀质量 m_1/g			
	坩埚质量 m_2/g			
	沉淀质量 m/g			
结果计算	计算公式	w(水不溶物)=		
	计算过程及结果			
	平均值			
	极差的相对值/%			

90

（六）结论及问题讨论

（七）思考题

（八）教师批语

实验成绩_____

*实验四十一　盐酸与磷酸混合液自拟分析方法实验

班级_____姓名_____组号_____学号_____实验日期_____

1. 实验目的

2. 实验原理

3. 实验记录与数据处理

（1）方法名称

（2）试剂

（3）实验步骤

① 标准滴定溶液的制备

② 测定

（4）记录与数据处理（画出表格）

4. 结论及问题讨论

5. 思考题

6. 教师批语

实验成绩_____

*实验四十二　滴定分析操作考核

班级_____ 姓名_____ 组号_____ 学号_____ 实验日期_____

1. 实验目的

2. 实验原理

3. 实验记录与数据处理

$c(HCl) = $ _____ mol/L

试样称量	称量瓶+试样质量 m_1/g			
	称量瓶+余样质量 m_2/g			
	称得试样质量 m_s/g			
滴定	滴定管初读数 $V_初$/mL			
	滴定管终读数 $V_终$/mL			
	滴定管校正值 $V_校$/mL			
	溶液体积校正值 $V_液$(℃)/mL			
	实际消耗体积 $V(HCl)$/mL			
结果计算	计算公式	$w(Na_2CO_3) = $		
	计算过程及结果			
	平均值			
极差的相对值/%				

分析天平操作考核表

项目		考 核 内 容	记 录	标准分	得分
称量操作（25分）	称量准备	天平罩,记录本,砝码盒,容器的摆放		1	
		天平各部件及水平检查		1	
		天平清扫		1	
		零点检查与调整		1.5	
	称量操作	称量瓶、砝码在秤盘中的位置		1	
		天平开关动作轻、缓、匀		1.5	
		加减砝码、物品时天平必须休止		1	
		半启天平试称操作		2	
		砝码选择与镊子放置		1	
		试样的倾出与回磕操作		2	
		读数时天平侧门必须关闭		1	
		称量读数正确		1.5	
		试样质量范围		2	
		随时记录,不损坏仪器		2	
	结束工作	称量瓶、砝码、指数盘回位		1	
		检查零点		1.5	
		休止天平,罩好天平罩		1	
	称量时间上限 10min,每超过 2min 扣 1 分			2	
	其他:返工扣 5 分,不会称量均扣 25 分				

滴定基本操作考核表

项目	考核内容		记录	标准分	得分
试样溶解稀释及移取（27分）	容量瓶的使用	试样溶解（溶剂沿杯壁流下），玻璃棒使用		1.5	
		试液转移操作规范，烧杯刷洗3次以上		3	
		稀释至总容积的2/3～3/4时平摇		1.5	
		稀释至刻度线下约1cm放置1～2min		1.5	
		调液面滴管接近但不接触液面，稀释准确		2.5	
		摇匀操作正确		2	
	移液管的使用	移液管的洗涤，吸液前擦拭管外壁、管尖部分		1.5	
		用待吸液润洗		2	
		持管规范，管尖插入液面下2～3cm，不吸空		2	
		调液面前先擦干外壁，管始终保持垂直		1.5	
		吸取溶液与调液面操作		2	
		液面调好后管尖内不准有气泡		1.5	
		放液前管尖液滴的处理		1	
		放液操作		2	
		溶液流至管尖停留15s后取出		1.5	
滴定操作（24分）	滴定前准备	装溶液前将溶液摇匀，装液操作		2	
		装好溶液后，赶气泡		1	
		调节到刻度线上约5mm等待1min左右，再调至0.00mL		2	
		滴定管尖伸进锥形瓶1cm，瓶底距台面2～3cm		1	

续表

项目		考 核 内 容	记 录	标准分	得分
滴定操作（24分）	滴定	滴定管尖悬挂液滴用洁净烧杯内壁碰去后马上滴定		1	
		滴定管与锥形瓶的持握正确		1.5	
		滴定与摇瓶配合自如		1.5	
		滴定速度6～8mL/min		2	
		控制半滴、1/4滴技术，冲洗内壁次数		2	
		终点判断准确、一致		2	
		读数时滴定管自然垂直，手持握规范		1	
		读数		2	
	文明操作	操作台面整齐、清洁		1	
		滴定管不漏液，不乱甩操作液		1	
		不损坏仪器等（打坏重要仪器扣8分）		2	
		实验仪器洗涤			
实验记录（9分）		用钢笔或圆珠笔全项填写		1	
		记录及时、真实、准确、整洁		1	
		有效数字及其运算规则的应用		2	
		报告单填写清晰、无涂改		2	
		时间上限60min，每超3min扣1分		3	
分析结果（15分）		极差超过规定范围，每相差0.01%扣1分		5	
		测定值超过规定范围，每相差0.02%扣1分		10	

注：1. 如测定值与规定范围相差10%以上或极差与规定范围相差5%以上，按不及格处理。
2. 如编造数据、谎报分析结果，按不及格处理。

考核成绩_____

教育部高职高专规划教材

无机及分析化学实验报告

学校_____

班级_____

姓名_____

学号_____

化学工业出版社

·北京·

高职高专制药技术类专业规划教材编审委员会

主 任 委 员 程桂花
副主任委员 杨永杰　张健泓　乔德阳　于文国　鞠加学
委　　　员 （按姓名汉语拼音排序）

陈文华　陈学棣　程桂花　崔文彬　崔一强　丁敬敏
冯　利　关荐伊　韩忠霄　郝艳霞　黄一石　鞠加学
雷和稳　冷士良　李　莉　李丽娟　李晓华　厉明蓉
刘　兵　刘　军　刘　崧　陆　敏　乔德阳　任丽静
申玉双　苏建智　孙安荣　孙乃有　孙祎敏　孙玉泉
王炳强　王玉亭　韦平和　魏怀生　温志刚　吴晓明
吴英绵　辛述元　薛叙明　闫志谦　杨瑞虹　杨永杰
叶昌伦　于淑萍　于文国　张宏丽　张健泓　张素萍
张文雯　张雪荣　张正兢　张志华　赵　靖　周长丽
邹玉繁

教育部高职高专规划教材

无机及分析化学实验

第三版

辛述元　王　萍　主编
黄一石　　主审

化学工业出版社
·北京·

本书第三版进一步贯彻了《国家中长期教育改革和发展规划纲要（2010—2020年）》基本精神和国家职业标准的基本要求，依据现行国家标准、行业标准和《中华人民共和国药典》（2015年版），更新了部分实验，以增强对高职高专教育的针对性和实用性。

本书主要由无机及分析化学实验基础知识、无机及分析化学实验基本操作、无机化学实验、分析化学实验、无机及分析化学综合实验五部分组成，并附有与之配套的"无机及分析化学实验报告"。本书基础知识完备，实验项目新颖、代表性强，适用范围广，不但面向高职高专院校制药、化工、生化、冶金、石油、地质、轻工、材料、农林、环保、公安等专业的教学与职业培训，也可供相关企事业单位技术与操作人员参考。

图书在版编目（CIP）数据

无机及分析化学实验/辛述元，王萍主编．—3版．—北京：化学工业出版社，2016.2（2024.8重印）
教育部高职高专规划教材
ISBN 978-7-122-25923-3

Ⅰ.①无… Ⅱ.①辛…②王… Ⅲ.①无机化学-化学实验-高等职业教育-教材②分析化学-化学实验-高等职业教育-教材 Ⅳ.①O61-33②O652.1

中国版本图书馆CIP数据核字（2015）第307436号

责任编辑：于 卉　陈有华　蔡洪伟　　　文字编辑：刘志茹
责任校对：战河红　　　　　　　　　　　装帧设计：刘丽华

出版发行：化学工业出版社（北京市东城区青年湖南街13号　邮政编码100011）
印　　装：大厂聚鑫印刷有限责任公司
787mm×1092mm　1/16　印张17¾　字数436千字　2024年8月北京第3版第9次印刷

购书咨询：010-64518888　　　　　售后服务：010-64518899
网　　址：http://www.cip.com.cn
凡购买本书，如有缺损质量问题，本社销售中心负责调换。

定　价：32.00元　　　　　　　　　　　　　　　　版权所有　违者必究

前　言

《无机及分析化学实验》教材自出版以来，得到了高职高专院校广大师生的肯定与鼓励，此次修订在延续第二版严谨规范、细密实用、注重知识与技术更新的基础上，进一步贯彻《国家中长期教育改革和发展规划纲要（2010—2020年）》基本精神和国家职业标准的基本要求，依据最新国家标准、行业标准和《中华人民共和国药典》（2015年版）的规定，梳理、调整、更新了教材中的相关实验法，并将"以服务为宗旨，以就业为导向，以能力为核心"的人才培养目标渗透于其中，增强本教材对高职高专教育的针对性、实用性。

本书主要内容仍由无机及分析化学实验基础知识、无机及分析化学实验基本操作、无机化学实验、分析化学实验、无机及分析化学综合实验五部分组成。教材中标有"＊"者为选学或自学内容。

本教材修订中，力图体现以下特色。

职业性：充分反映高职高专教育层次的特点，进一步体现工学结合的人才培养模式和国家职业标准的基本要求，以能力为本位，形成围绕职业需要的教学与训练，增强本教材对高职高专教育的顺应性。

专业性：充分体现制药类专业对本课程知识技能的需求，同时兼顾其他相关专业的教学要求。

实用性：充分考虑企业一线岗位群技术人员与操作人员对本课程知识、技能的实际需要，重视岗位技能的训练，尽可能采用典型性、显效性、应用方便、经济的实验方法，注重培养学生的创新能力。

环保性：尽可能采用无污染或低污染、无毒或低毒的绿色化学实验方法。

本书由河北化工医药职业技术学院辛述元、王萍任主编，常州工程职业技术学院黄一石教授任主审。在本书修订过程中，化学工业出版社有关编辑给予了悉心的指导帮助，刘雨衫女士协助重新绘了多幅插图，河北化工医药职业技术学院有关教师给予了大力支持，在此谨致以诚挚的谢意。

限于编者的学识水平，书中不妥之处或为存在，恳请各院校师生和读者朋友们批评指正。

编　者
2015年10月

第一版前言

本书系根据全国化工高等职业技术教育制药类专业教学指导委员会制定的《无机及分析化学实验课程教学基本要求》编写的,既可与制药类高职高专教材《无机及分析化学》配套使用,也可单独使用。

按照制药类及相关专业高职高专教育专业人才的培养目标和规格,以及高职高专受教育者应具有的知识能力与素质结构要求,本书编写中力图体现以下特点:充分反映高职高专层次特色,全面贯彻"强化应用、培养技能为教学重点"的原则,以能力为本位,形成围绕职业与专业需要的教学与训练,增强本教材高职教育的针对性与适应性;充分贯彻最新国家标准,严格采用国家标准规定的量、单位、符号、名词、术语等,突出新知识、新技能,采用或尽量采用国家标准和中国药典规定的实验方法;充分体现制药类专业及其他相关专业的一线岗位上技术人员与操作人员对本课程知识、技能的实际需求,重视岗位技能的训练,注重培养学生的创新精神;尽可能采用典型性、显效性、经济实用、无污染或低污染、无毒或低毒的绿色化学实验方法。

本书包括无机及分析化学实验基础知识、无机及分析化学实验基本操作、无机化学实验、分析化学实验、无机及分析化学综合实验等五方面,力求内容详实,实验项目具有代表性,以便于制药类及化工、冶金、石油、轻工、建材、环保等相关专业选择应用。书中标有"*"者为选学或自学内容。

参加本书编写的有河北化工医药职业技术学院辛述元(编写第一章、第二章第三节、第四章第一节实验六与实验七、第四章第二节至第四节及附录部分)、常州工程职业技术学院刘巧云(编写第二章第一节、第三章)、河南工业大学化工职业技术学院张用伟(编写第二章第二节与第四节、第四章第一节实验五及第五节和第六节、第五章),全书由辛述元统一修改定稿。

本书编写过程中,编者参阅了大量教材、文献,从中获益甚多;常州工程职业技术学院黄一石教授认真细致地审阅了全书,对本书初稿提出了宝贵的意见,编者据此作了进一步的修改完善。在此谨向有关教材、文献的作者和黄一石教授致以诚挚的感谢。

囿于编者的学识水平,书中难免还存在某些不妥之处,谨期待着广大师生与读者批评指教。

编 者
2005 年 2 月

第二版前言

本教材第一版自 2005 年出版以来，得到了高职高专院校广大师生与读者的认可和称誉。为贯彻《国家中长期教育改革和发展规划纲要（2010～2020 年）》基本精神，顺应高职高专教育改革发展的新趋向，着力培养学生的职业素质、职业技能和就业创业能力；为深入体现工学结合人才培养模式和国家职业标准的基本要求，突出职业能力训练的主线，强化学生的技术应用能力和实践能力，在不改变原有编排体例与编写风格的基础上，从以下几方面对教材第一版做了较大的修订调整。

1. 与企业相关专业一线岗位群技术人员与操作人员对本课程知识、技能的实际需求相对接，结合生产实际，对无机与分析化学实验基础知识和基本操作的阐述作了进一步梳理、完善、拓展，强调了新知识、新技术的应用；

2. 在充分满足实验教学和学生技能培养训练的前提下，根据最新国家标准和 2010 年版《中华人民共和国药典》的规定，并融入一线教师多年积累的教学经验和教研成果，更新或增加了部分实验方法，删除了个别已废止的实验方法；

3. 本着由易到难、循序渐进的教学原则，调整了部分基本操作知识内容和实验项目的顺序；

4. 修正并增补了部分插图、表格，使其示意性更趋合理、明确；

5. 为加深对实验原理和步骤的理解与把握，加强实验的规范性训练，对实验的操作要点作了更为细致详尽的提示，对有关实验和所依据的标准作了对比说明；

6. 为使学生了解分析工作全貌，促进理论知识向职业技术应用能力的转化，增加了技术标准与标准分析方法、未知物的分析和产品全分析等内容。

本教材依然由无机及分析化学实验基础知识、无机及分析化学实验基本操作、无机化学实验、分析化学实验、无机及分析化学综合实验等五部分组成（教材中标有"*"者为选学或自学内容），并附有与之配套的《无机及分析化学实验报告》，力求基础知识完备，实验项目充实、新颖、适应面广。可供高职高专制药、化工、生化、冶金、石油、地质、轻工、材料、农林、环保、公安等专业教学和职业培训使用，也可供企事业单位相关专业人员参考。

在本教材修订过程中，得到了化学工业出版社有关编辑的悉心指导；张常恒先生协助修正并重新绘制了多幅插图；河北化工医药职业技术学院池利民、吴英栋等老师给予了大力支持，在此谨致以衷心的感谢。

此次修订中，虽然在着力体现"新"的精神和高职高专教育特色等方面做出了很大努力，但限于编者自身的学识水平，教材中不尽如人意之处在所难免，企望专家和使用本教材的师生与读者朋友们不吝赐教。

编 者
2010 年 6 月

目 录

绪言 …………………………………………………………………………………………… 1
* 第一章 无机及分析化学实验基础知识 ………………………………………………… 2
 第一节 化学试剂 …………………………………………………………………… 2
  一、化学试剂的分类 ……………………………………………………………… 2
  二、化学试剂的选用 ……………………………………………………………… 4
  三、化学试剂的贮存与保管 ……………………………………………………… 5
 第二节 化学实验室常用器皿 ……………………………………………………… 5
  一、玻璃仪器 ……………………………………………………………………… 5
  二、其他器具 ……………………………………………………………………… 10
 第三节 实验室用水 ………………………………………………………………… 12
  一、实验室用水的制备 …………………………………………………………… 13
  二、实验室用水的级别 …………………………………………………………… 13
  三、特殊纯水的制备 ……………………………………………………………… 14
 第四节 玻璃仪器的洗涤 …………………………………………………………… 14
  一、常用洗涤剂 …………………………………………………………………… 15
  二、洗涤方法 ……………………………………………………………………… 16
  三、仪器的干燥 …………………………………………………………………… 17
 第五节 常用干燥剂、制冷剂与加热载体 ………………………………………… 18
  一、干燥剂 ………………………………………………………………………… 18
  二、制冷剂 ………………………………………………………………………… 19
  三、加热载体 ……………………………………………………………………… 19
 第六节 滤纸与试纸 ………………………………………………………………… 19
  一、滤纸 …………………………………………………………………………… 19
  二、试纸 …………………………………………………………………………… 21
 第七节 分析试样的采集与制备 …………………………………………………… 23
  一、试样的采取 …………………………………………………………………… 23
  二、试样的制备 …………………………………………………………………… 24
  三、试样的分解 …………………………………………………………………… 25
 第八节 化学实验室安全防护 ……………………………………………………… 27
  一、常见化学毒物 ………………………………………………………………… 27
  二、意外事故的处置 ……………………………………………………………… 28
  三、防火与灭火 …………………………………………………………………… 29
  四、废弃物的无害化处理 ………………………………………………………… 30
  五、压缩气体的安全使用 ………………………………………………………… 31
  六、实验室规则与一般安全知识 ………………………………………………… 31
 第九节 实验记录与数据处理 ……………………………………………………… 33

一、实验记录 ·· 33
　　二、实验数据处理 ·· 34
　　三、实验报告 ·· 36
　第十节　技术标准与标准分析方法 ·· 36
　　一、技术标准 ·· 36
　　二、标准分析方法 ·· 38
　复习思考题 ·· 38
第二章　无机及分析化学实验基本操作 ·· 40
　第一节　无机化学实验基本操作 ·· 40
　　一、试剂的取用 ··· 40
　　二、溶液的配制 ··· 42
　　三、加热器具与加热操作 ··· 42
　　四、温度计与温度测量 ·· 47
　　五、冷却 ·· 48
　　六、过滤 ·· 48
　　七、离心分离 ·· 50
　　八、蒸发与结晶、重结晶 ··· 51
　第二节　分析天平与称量 ··· 52
　　一、天平的分类 ··· 52
　　二、分析天平的构造 ··· 53
　　三、分析天平的计量性能 ··· 58
　　四、分析天平的称量方法 ··· 59
　第三节　滴定分析仪器的使用 ··· 62
　　一、滴定管 ··· 62
　　二、容量瓶 ··· 67
　　三、吸管 ·· 69
　　四、滴定分析仪器的校准 ··· 71
　*第四节　称量分析法基本操作 ··· 73
　　一、试样的溶解 ··· 73
　　二、沉淀 ·· 74
　　三、沉淀的过滤和洗涤 ·· 74
　　四、沉淀的烘干和灼烧 ·· 77
　　五、干燥器的使用 ·· 78
　复习思考题 ·· 79
第三章　无机化学实验 ·· 80
　　一、无机化学实验基本操作练习 ·· 80
　　二、原盐的提纯 ··· 80
　　三、硫酸亚铁铵的制备 ·· 81
　　四、三草酸根合铁（Ⅲ）酸钾的制备 ·· 81
　　五、过氧化钙的制备 ··· 81
　　实验一　无机化学实验基本操作练习 ·· 82

  实验二 原盐的提纯 ··· 83
  实验三 硫酸亚铁铵的制备 ·· 85
 *实验四 三草酸根合铁（Ⅲ）酸钾的制备 ·· 86
 *实验五 过氧化钙的制备 ··· 87

第四章 分析化学实验 ··· 89
 第一节 分析仪器使用练习 ··· 89
  实验六 分析天平的使用与称量练习 ·· 89
  实验七 滴定分析仪器的使用与滴定终点练习 ·································· 91
 *实验八 滴定分析仪器的校准 ··· 94
 第二节 酸碱滴定法 ··· 95
  一、标准滴定溶液的制备 ··· 95
  二、测定实例 ··· 97
  实验九 盐酸标准滴定溶液的制备 ·· 99
  实验十 氢氧化钠标准滴定溶液的制备 ·· 100
  实验十一 十水四硼酸钠主成分含量的测定 ···································· 101
  实验十二 食醋总酸度的测定 ·· 102
 *实验十三 工业硫酸铵中氮含量的测定（甲醛法） ························ 103
 *实验十四 氨水中氨含量的测定 ·· 104
 *实验十五 未知钠碱的分析 ·· 105
 *实验十六 高氯酸标准滴定溶液的制备与原料药"地西泮"的含量测定
    （非水溶液滴定） ··· 105
 第三节 配位滴定法 ·· 107
  一、乙二胺四乙酸二钠标准滴定溶液的制备 ·· 107
  二、测定实例 ··· 107
  实验十七 乙二胺四乙酸二钠标准滴定溶液的制备 ······················ 109
  实验十八 工业用水中钙镁含量的测定 ·· 110
 *实验十九 镍盐中镍含量的测定 ·· 111
 *实验二十 复方氢氧化铝药片中铝镁含量的测定 ························ 112
 第四节 氧化还原滴定法 ·· 114
  一、标准滴定溶液的制备 ··· 114
  二、测定实例 ··· 117
  实验二十一 硫代硫酸钠标准滴定溶液的制备 ································ 120
  实验二十二 碘标准滴定溶液的制备 ·· 121
  实验二十三 维生素C片剂主成分含量的测定 ································ 122
  实验二十四 葡萄糖酸锑钠注射液中锑含量的测定 ······················ 123
 *实验二十五 食盐中碘含量的测定 ·· 124
  实验二十六 高锰酸钾标准滴定溶液的制备 ···································· 124
  实验二十七 工业过氧化氢主成分含量的测定 ································ 126
  实验二十八 水中高锰酸盐指数的测定 ·· 126
 *实验二十九 重铬酸钾标准滴定溶液的制备与铁矿石中全铁含量的测定 ····· 128
 *实验三十 硫酸铈标准滴定溶液的制备与硫酸亚铁药片主成分含量的测定 ········· 130

*第五节　沉淀滴定法	131
一、标准滴定溶液的制备	131
二、测定实例	132
实验三十一　硝酸银标准滴定溶液的制备	132
实验三十二　水中氯离子含量的测定（莫尔法）	133
实验三十三　硫氰酸钠标准滴定溶液的制备	134
实验三十四　蔬菜中氯化钠含量的测定（佛尔哈德法）	135
实验三十五　制剂"氯化钠注射液"中氯化钠含量的测定（法扬司法）	136
*第六节　称量分析法	137
实验三十六　葡萄糖干燥失重的测定	138
实验三十七　工业氯化钾主成分含量的测定（称量分析法）	138
第五章　无机及分析化学综合实验	140
实验三十八　碳酸钠的制备与分析	142
*实验三十九　碳酸钙测定方法对比实验	143
*实验四十　工业氯化钙全分析	146
*实验四十一　盐酸与磷酸混合液自拟分析方法实验	149
*实验四十二　滴定分析操作考核	149
附录	152
附录一　不同温度下标准滴定溶液的体积补正值	152
附录二　常用酸碱溶液的相对密度和浓度	153
附录三　常用缓冲溶液的配制	153
附录四　常用指示剂的配制	154
附录五　相对原子质量（2007年）	156
附录六　相对分子质量	157
附录七　国家职业标准　化学检验工	159
参考文献	167

绪　言

无机及分析化学实验是制药与化工类专业及相关专业学生必修的一门重要专业技术基础课，具有很强的实践性和应用性，它既是一门独立的课程，又是无机及分析化学课程的重要组成部分。本课程以培养制药与化工类及相关专业高等职业人才的技术应用能力和职业素质为主线，以规范的操作技术训练为核心，学习无机及分析化学实验基础知识、无机及分析化学实验基本操作技术，进行无机及分析化学实验、综合实验等。通过本课程教学，使学生可以巩固、深化无机及分析化学基础理论，正确、熟练掌握无机及分析化学实验的基本方法和操作技能，能够准确观察实验现象、处理实验数据和书写实验报告，训练学生掌握科学思维方式与提出问题、分析问题、解决问题的能力以及创新能力和独立工作能力，培养学生理论联系实际、实事求是的科学态度和良好的职业道德与工作作风，为后续专业课的学习和将来从事实际工作奠定扎实的基础。

实验过程是学生将理论与实践相结合的过程。为充分发挥实验功能，提高学习效率，提出以下要求。

（1）做好课前实验预习，要明确实验目的，理解实验原理，熟悉实验步骤，领会操作要点，了解实验注意事项，做好必要的预习笔记。

（2）在实验过程中，要认真操作、细致观察、深入思考，充分运用所学理论知识指导实验，不断改进自己的操作，使实验操作得以规范，实验技能得以提高。

（3）严格遵守实验操作程序和安全规章制度，不随意变更实验内容，保证实验的正常进行，更重要的是避免意外事故发生。

（4）实验室内保持安静和实验台面清洁，仪器摆放整齐、有序；注意节约使用试剂、滤纸、纯水与自来水、电、燃气等。

（5）实验中所观察到的现象和得到的结论，尤其是各种测量的原始数据，必须随时记录在实验记录本上，不得记在其他任何地方。要恪守诚信，严禁实验现象、实验数据造假。

（6）若实验失败，应仔细分析整个操作过程的各个环节，找出原因。要勇于提出自己的见解，忌不经思考就请教师指导解决。

（7）实验完毕，要及时洗涤、清理仪器，切断（或关闭）电源、水阀和气路，打扫实验室卫生。

（8）实验课始终都要使用自己的一套仪器，实验中损坏和丢失的仪器要及时登记补领，并按实验室的有关规定处理。

（9）根据原始记录，认真、独立、规范地完成实验报告，按规定时间交给指导教师。实验报告要求忠于事实、结论准确、书写整洁、文字简练、内容完整，对实验结果的分析及体会也要一并写入实验报告中。

第一章 无机及分析化学实验基础知识

【学习目标】
1. 掌握化学实验室常用玻璃仪器的洗涤方法、实验数据处理与安全防护基本知识及技能。
2. 熟悉化学试剂、常用器皿、滤纸、试纸、化学实验室用水的种类与选用。
3. 了解常用干燥剂、制冷剂、加热载体的种类与分析试样的制备方法以及标准与标准分析方法的应用。

第一节 化学试剂

化学试剂是用以研究其他物质组成、性质及质量优劣，符合一定质量标准的纯度较高的化学物质。它是用于教学、科研和生产检验的重要物质，并可作为精细化学品生产的纯和特纯的功能材料与原料。化学试剂是无机及分析化学实验工作的物质基础，能否正确选择、使用化学试剂，将直接影响到实验的成败、准确度的高低及实验成本。因此，必须充分了解化学试剂的类别、性质、选择、应用、贮存与保管等方面的知识。

一、化学试剂的分类

化学试剂多达数千种，但世界各国的化学试剂分类和分级标准尚不统一。国际标准化组织（ISO）已制定了多种化学试剂的国际标准，国际纯粹与应用化学联合会（IUPAC）对化学标准物质的分级也有规定。目前，我国化学试剂产品有国家标准（GB）、化工行业标准（HG）及企业标准（QB）三级，近年来部分化学试剂的国家标准不同程度地采用了国际标准和国外某些先进标准。在各类各级标准中，均明确规定了化学试剂的质量指标。

化学试剂的应用范围极广，随着科学技术的进步与生产的发展，新型化学试剂还将不断推出。虽然现在化学试剂还没有统一的分类方法，但根据质量标准及用途的不同，一般可将其分为标准试剂、普通试剂、高纯试剂和专用试剂四大类。

按规定，试剂瓶的标签上应标示试剂的名称、化学式、相对分子质量、级别、技术规格、产品标准号、生产许可证号（部分常用试剂）、生产批号、厂名等，危险品和有毒品还应给出相应的标志。

1. 标准试剂

标准试剂是用于衡量其他物质化学量的标准物质❶，通常由大型试剂厂生产，并严格按国家标准规定的方法进行检验，其特点是主体成分含量高而且准确可靠。国产主要标准试剂见表1-1。

---

❶ 标准物质是指已确定其一种或几种特性，用于校准测量器具、评价测量方法或确定材料特性量值的物质。

表 1-1 国产主要标准试剂

类　别	主　要　用　途
滴定分析第一基准试剂(C级)	工作基准试剂的定值
滴定分析工作基准试剂(D级)	滴定分析标准滴定溶液的定值
杂质分析标准溶液	仪器及化学分析中作为微量杂质分析的标准
滴定分析标准滴定溶液	滴定分析法测定物质的含量
一级 pH 基准试剂	pH 基准试剂的定值和高精密度 pH 计的校准
pH 基准试剂	pH 计的校准(定位)
热值分析试剂	热值分析仪的标定
色谱分析标准	气相色谱法进行定性和定量分析的标准
临床分析标准滴定溶液	临床化验
农药分析标准	农药分析
有机元素分析标准	有机物元素分析

滴定分析用标准试剂在我国习惯称为基准试剂，它分为 C 级（第一基准）与 D 级（工作基准）两个级别，主体成分的质量分数前者为 99.98%～100.02%，后者为 99.95%～100.05%。D 级基准试剂是滴定分析中的计量标准物质，14 种 D 级基准试剂见表 1-2。

表 1-2 D 级基准试剂

名　称	国家标准代号	使用前的干燥方法	主　要　用　途
无水碳酸钠	GB 1255—2008	270～300℃灼烧至恒重	标定 HCl、H_2SO_4 溶液
邻苯二甲酸氢钾	GB 1257—2007	105～110℃干燥至恒重	标定 $NaOH$、$HClO_4$ 溶液
氧化锌	GB 1260—2008	800℃灼烧至恒重	标定 EDTA 溶液
碳酸钙	GB 12596—2008	110℃±2℃干燥至恒重	标定 EDTA 溶液
乙二胺四乙酸二钠	GB 12593—2007	硝酸镁饱和溶液恒湿器中放置 7 天	标定金属离子溶液
氯化钠	GB 1253—2007	500～600℃灼烧至恒重	标定 $AgNO_3$ 溶液
硝酸银	GB 12595—2008	硫酸干燥器干燥至恒重	标定卤化物及硫氰酸盐溶液
草酸钠	GB 1254—2007	105～110℃干燥至恒重	标定 $KMnO_4$ 溶液
三氧化二砷	GB 1256—2008	硫酸干燥器干燥至恒重	标定 I_2 溶液
碘酸钾	GB 1258—2008	180℃±2℃干燥至恒重	标定 $Na_2S_2O_3$ 溶液
重铬酸钾	GB 1259—2007	120℃±2℃干燥至恒重	标定 $Na_2S_2O_3$、$FeSO_4$ 溶液
溴酸钾	GB 12594—2008	180℃±2℃干燥至恒重	标定 $Na_2S_2O_3$ 溶液
氯化钾	GB 10736—2008	500～600℃灼烧至恒重	标定 $AgNO_3$ 溶液
苯甲酸	GB 1259—2008	五氧化二磷干燥器减压干燥至恒重	标定甲醇钠溶液

基准试剂规定采用深绿色瓶签。

基准试剂瓶签颜色及表 1-3 中普通试剂标签颜色均采用国家标准 GB 15346—2012《化学试剂包装及标准》规定的颜色。

2. 普通试剂

普通试剂是实验室广泛使用的通用试剂，国家和相关主管部门颁布质量指标的主要是三个级别，其规格和适用范围见表 1-3。

表 1-3 普通试剂

试剂级别	名称	英文名称	符号	标签颜色	适　用　范　围
一级品	优级纯	guaranteed reagent	G. R.	深绿色	主体成分含量最高,杂质含量最低,适用于精密分析及科学研究工作
二级品	分析纯	analytical reagent	A. R.	金光红色	主体成分含量低于优级纯试剂,杂质含量略高,主要用于一般分析测试、科学研究工作
三级品	化学纯	chemically pure	C. P.	中蓝色	质量较分析纯试剂低,适用于教学或精度要求不高的分析测试工作和无机、有机化学实验

生化试剂、指示剂也属于普通试剂。

3. 高纯试剂

高纯试剂的主体成分含量通常与优级纯试剂相当,但杂质含量很低,而且规定的杂质检测项目比优级纯或基准试剂多 1~2 倍,通常杂质含量控制在 10^{-9}~10^{-6} 级范围内。高纯试剂主要用于微量分析中试样的分解及试液的制备。

高纯试剂多属于通用试剂(如盐酸、高氯酸、氨水、碳酸钠、硼酸等),除部分高纯试剂执行国家标准外,其他产品一般执行企业标准,称谓也不统一,在产品的标签上常常标为"特优""超优"或"特纯""超纯"试剂,选用时应注意标示的杂质含量是否合乎实验要求。

4. 专用试剂

专用试剂是一类具有专门用途的试剂。该试剂主体成分含量高,杂质含量很低,它与高纯试剂的区别是在特定的用途中干扰杂质成分只需控制在不致产生明显干扰的限度以下。

专用试剂种类颇多,如紫外及红外光谱纯试剂、色谱分析标准试剂、薄层分析试剂及气相色谱载体与固定液等。

二、化学试剂的选用

化学试剂的主体成分含量越高,杂质含量越少,即级别越高,由于其生产或提纯过程越复杂而价格越高,如基准试剂和高纯试剂的价格要比普通试剂高数倍乃至数十倍。在进行实验时,应根据实验的性质、实验方法的灵敏度与选择性、待测组分的含量及对实验结果准确度的要求等,选择合适的化学试剂,既不超级别造成浪费,又不随意降低级别而影响实验结果。

选用化学试剂应注意以下几点。

① 一般无机化学教学实验使用化学纯试剂,提纯实验、配制洗涤液则可使用实验级试剂。

② 一般滴定分析常用标准滴定溶液,应采用分析纯试剂配制,再用 D 级基准试剂标定;而对分析结果要求不高的实验,则可用优级纯甚至分析纯试剂代替基准试剂;滴定分析所用其他试剂一般为分析纯试剂。

③ 仪器分析实验中一般使用优级纯或专用试剂,测定微量或超微量成分时应选用高纯试剂。

④ 从很多试剂的主体成分含量看,优级纯与分析纯相同或很接近,只是杂质含量不同。如果所做实验对试剂杂质要求高,应选择优级纯试剂;如果只对主体含量要求高,则应选用分析纯试剂。

⑤ 如现有试剂的纯度不能满足某种实验的要求,或对试剂的质量有怀疑时,应将试剂进行一次或多次提纯后再使用。

⑥ 化学试剂的级别必须与相应的纯水以及容器配合。比如,在精密分析实验中常使用优级纯试剂,就需要以二次蒸馏水或去离子水及硬质硼硅玻璃器皿或聚乙烯器皿与之配合,只有这样才能发挥化学试剂的纯度作用,达到要求的实验精度。

⑦ 由于进口化学试剂的规格、标志与我国化学试剂现行等级标准不甚相同,因此使用时应参照有关试剂标准资料加以区分。

三、化学试剂的贮存与保管

化学试剂贮存不当将会导致其质量和组成的变化，这样的试剂不仅可能造成化学实验的失败，还可能会引发安全事故。因此，妥善贮存和保管化学试剂是实验室工作中十分重要的环节。

1. 一般化学试剂的贮存和保管

（1）化学试剂应贮存在专设的药品贮藏室中，由专门人员管理。贮藏室内要保持干燥、通风良好、杜绝任何明火，并备有有效的灭火器械。

（2）化学试剂应单独贮于专用的药品橱柜内，橱柜应用防尘、耐腐蚀、避光的材料制成，且试剂取用方便。放置橱柜处应阴凉避光，防止由于光照及室温偏高造成试剂变质失效。

（3）化学试剂应分类安放在贮存橱柜中。分类的原则是：一般试剂与危险试剂分开贮存；无机试剂与有机试剂分开贮存；氧化剂与还原剂分开贮存。无机试剂一般按单质、酸、碱、盐分类存放；有机试剂除易燃物外，一般按官能团分类存放。

（4）部分见光易挥发、分解的化学试剂要盛装在棕色玻璃瓶中，并贮存在暗处。

（5）对于易吸湿而潮解、易失水而风化、因吸收空气中二氧化碳而变质的化学试剂，要密封试剂瓶口。

（6）试剂瓶上的标签脱落，或字迹模糊难以辨认，以致无法肯定瓶内装的是何种试剂时，必须经过鉴定后再贴上新标签，切不可未经鉴定就轻率地使用。

2. 危险化学试剂的贮存与保管

危险化学试剂的贮存除应遵循以上几点外，还应注意下列各项：

（1）易燃易爆试剂的存放处要阴凉、通风，应分别贮存在防爆材料制成的柜、架中，并与其他可燃物和易产生火花的器物隔离。

（2）剧毒的试剂存放处要阴凉、干燥，应有专门的柜子加锁存放，并有专人负责，且应建立严格的使用登记制度。

（3）强氧化剂存放处要阴凉、通风，要与酸类、木屑、炭粉、糖类等易燃、可燃或易被氧化的物质隔离存放。

（4）强腐蚀性试剂存放处要阴凉、通风，应与其他试剂隔离，并选用抗腐蚀性的材料制成的柜架放置。

（5）放射性试剂通常用内容器和保护内容器的外容器包装，存放处应远离易燃易爆等危险品，要备有防护设施、操作器和防护服等。

第二节　化学实验室常用器皿

进行无机及分析化学实验，离不开各种器皿。熟悉它们的规格、性能、正确使用和保管方法，对于方便操作、顺利完成实验、准确及时地报出实验结果、延长器皿的使用寿命和防止意外事故的发生，都是十分必要的。

一、玻璃仪器

玻璃是多种硅酸盐、铝硅酸盐、硼酸盐和二氧化硅等物质的复杂的混熔体，具有良好的透明度、相当高的化学稳定性（但玻璃不耐某些特殊试剂如氢氟酸的侵蚀）、较强的耐热性、价格低廉、加工方便、适用面广等一系列可贵的性质和实用价值。因此，化学实验室中大量使用的仪器是玻璃仪器。

玻璃仪器种类甚多，除各专业实验室使用的特殊玻璃仪器外，通常无机与分析化学实验所用玻璃仪器按其用途大体可分为容器、量器和其他三大类别。常用玻璃仪器的规格、用途及使用注意事项见表 1-4。

表 1-4　常用玻璃仪器

名称及图示	主要规格	一般用途	使用注意事项
试管	有硬质试管和软质试管、普通试管和离心试管等种类 普通试管有平口、翻口、有刻度、无刻度、有支管、无支管、具塞、无塞等几种（离心试管也有有刻度和无刻度之分） 有刻度试管容积(mL)：10、15、20、25、50、100	普通试管用作少量药剂的反应容器；离心试管用于沉淀离心分离	① 普通试管可直接用火加热,硬质试管可加热至高温,但不能骤冷 ② 离心试管不能直接加热,只能用水浴加热 ③ 反应液体不超过容积的1/2,加热液体不超过容积的1/3 ④ 加热前试管外壁要擦干,要用试管夹夹持。加热时管口不要对人,要不断振荡,使试管下部受热均匀 ⑤ 加热液体时,试管与桌面成45°；加热固体时,管口略向下倾斜
烧杯	有一般型和高型、有刻度和无刻度等几种 容积(mL)：1、5、10、15、25、50、100、200、250、400、500、600、800、1000、2000	药剂量较大时,用烧杯配制溶液、溶样、进行反应、加热蒸发等,还可用于滴定	① 加热前先将外壁水擦干,不可干烧 ② 反应液体不超过容积的2/3,加热液体不超过容积的1/3
量杯　量筒	直筒的为量筒；上口大、下边小的为量杯。均系量出式量器。有具塞、无塞等种类 容积(mL)：5、10、25、50、100、250、500、1000、2000	粗略量取一定体积的液体	① 不能加热,不能量取热的液体 ② 不能作反应容器,也不能用来配制或稀释溶液 ③ 加入或倾出溶液应沿其内壁 ④ 读取亲水溶液的体积,视线与液面水平,按与弯月面最低点相切的刻度读数
试剂瓶	有广口和细口、磨口和非磨口、无色和棕色等种类 容积(mL)：125、250、500、1000、2000、3000、10000、20000	广口瓶盛放固体试剂 细口瓶盛放液体试剂或溶液 棕色瓶用于盛放见光易分解挥发的不稳定试剂	① 不能加热 ② 磨口塞应配套,存放碱液的试剂瓶应用胶塞 ③ 不可在瓶内配制热效应大的溶液 ④ 必须保持试剂瓶上标签完好,倾倒液体试剂时,标签要对着手心
滴瓶	有无色和棕色两种,滴管上配有胶帽 容积(mL)：30、60、125	盛放、取用液体或溶液	① 滴管不能吸得太满,也不能倒置,防止液体进入胶帽 ② 滴管应专用,不得互换使用 ③ 滴液时滴管要保持垂直,不能使管端接触受液容器内壁

续表

名称及图示	主要规格	一般用途	使用注意事项
胶帽滴管	直形、具球直形、具球弯形	吸取或滴加少量液体试剂	① 内部、外部均应洗净 ② 同滴瓶之滴管
洗瓶	有塑料和玻璃两种	贮存纯水,用于洗涤器皿和沉淀	① 不能装自来水 ② 塑料洗瓶不能加热
锥形瓶	有无塞、具塞等种类 容积(mL):5、10、25、50、100、150、200、250、300、500、1000、2000	用作加热、处理试样、反应容器(可避免液体大量蒸发) 用作滴定的容器	① 磨口瓶加热时要打开瓶塞 ② 滴定时,所盛溶液不超过容积的1/3 ③ 其他同烧杯
烧瓶	有平底和圆底、长颈和短颈、细口和磨口、圆形和梨形、两口和三口及凯氏烧瓶等种类 容积(mL):50、100、250、500、1000、2000	用于加热、蒸馏等操作 圆底的耐压,平底的不耐压 多口的可装配温度计、搅拌器、加料管,与冷凝器连接 凯氏烧瓶用于消化分解有机物	① 盛放的反应物料或液体不超过容积的2/3,但也不宜太少 ② 避免直接火焰加热。加热前先将外壁水擦干,放在石棉网上;加热时要固定在铁架台上 ③ 圆底烧瓶放在桌面上,下面要有木环或石棉环,以免翻滚损坏 ④ 使用时瓶口勿对人
碘量瓶	具有配套的磨口塞 容积(mL):50、100、250、500、1000	与锥形瓶相同,可用于防止液体挥发和固体升华的实验	同锥形瓶
容量瓶	有A级与B级、无色与棕色等种类 一般为量入式 容积(mL):5、10、25、50、100、200、250、500、1000、2000	用于准确配制或稀释溶液	① 瓶塞配套,不能互换 ② 读取亲水溶液的体积,视线与液面水平,按与弯月面最低点相切的刻度读数 ③ 不可烘烤,加热 ④ 不可贮存溶液,长期不用时在瓶塞与瓶口间夹上纸条

续表

名称及图示	主要规格	一般用途	使用注意事项
吸管	吸管分为单标线吸管（移液管）与分度吸管（吸量管）两种 单标线吸管容积(mL)：1、2、5、10、15、20、25、50、100 分度吸管容积(mL)：0.1、0.2、0.5、1、2、5、10、25、50 分度吸管分完全流出式、吹出式、不完全流出式等种类	准确移取一定体积的液体或溶液	① 不能放在烘箱中烘干，更不能用火加热烤干 ② 用毕立即洗净 ③ 读数方法同量筒
滴定管	滴定管为量出式量器，具有玻璃活塞的为酸式管；具有胶管（内有玻璃珠）与玻璃尖嘴的为碱式管（聚四氟乙烯滴定管无酸碱式之分） 容积(mL)：1、2、5、10、25、50、100（10mL以下为微量滴定管） 有A级、A_2级及B级、无色和棕色、酸式和碱式等种类 自动滴定管分三路阀、侧边阀、侧边三路阀等	用于准确测量滴定时溶液的流出体积	① 酸式滴定管的活塞不能互换 ② 酸式滴定管不宜装碱性溶液，碱式滴定管不能装氧化性物质溶液 ③ 不能加热，不能长期存放碱液 ④ 读取亲水溶液的体积，视线与液面水平，无色或浅色溶液按弯月面最低点，深色溶液按弯月两侧面最高点 ⑤ 其他同吸管
干燥器	分无色和棕色、普通和真空干燥器 上口直径(mm)：160、210、240、300	存放试剂，防止吸湿；在定量分析中将灼烧过的坩埚放在其中冷却	① 磨口部分涂适量凡士林 ② 不可放入红热物体，放入热物体后要开盖数次，以放走热空气 ③ 干燥剂应有效，下室的干燥剂要及时更换 ④ 真空干燥器接真空系统抽去空气，干燥效果更好
称量瓶	分扁形和高形两种 外径(mm)×瓶高(mm)： 高形，2×40、30×50、30×60、35×70、40×70 扁形，25×25、35×25、40×25、50×30、60×30、70×35	高形用于称量试样、基准物 扁形用于在烘箱中干燥试样、基准试剂与测定物质的水分	① 瓶盖是磨口配套的，不能互换 ② 不用时洗净，在磨口处垫上纸条
表面皿	直径(mm)：45、65、70、90、100、125、150	可作烧杯、漏斗或蒸发皿盖，也可用作物质称量、鉴定器皿	① 不能直接用火加热 ② 作盖用时，直径要比容器口直径大些

续表

名称及图示	主要规格	一般用途	使用注意事项
酒精灯	容量(酒精安全灌注量,mL):100,150,200	实验室中常用的加热仪器	① 灯壶中的酒精容量不应少于1/3,不应多于4/5 ② 点灯要使用火柴或打火机,不准用燃着的酒精灯去点燃另一盏酒精灯,不得向燃着的酒精灯中加酒精 ③ 熄灭酒精灯,应用灯帽盖灭,切忌用嘴吹。盖灭后还应将灯帽提起一下
漏斗	有短颈、长颈、粗颈、无颈、直渠、弯渠等种类 上口直径(mm):45、55、60、70、80、100、120	过滤沉淀,作加液器 粗颈漏斗可用来转移固体试剂	① 不能用火焰直接烘烤,过滤的液体也不能太热 ② 过滤时漏斗颈尖端要紧贴承接容器的内壁
分液漏斗、滴液漏斗	有球形、锥形、梨形、筒形(无刻度、有刻度)等规格 容积(mL):50、100、250、500、1000、2000	两相液体分离;液体洗涤和萃取富集;作制备反应中的加液器	① 不能用火焰直接加热 ② 活塞不能互换 ③ 进行萃取时,振荡初期应放气数次 ④ 滴液加料到反应器中时,下尖端应在反应液下面
吸滤瓶 抽气管	吸滤瓶容积(mL):50、100、250、500、1000 抽气管:伽式、艾式、孟式、改良式	吸滤瓶连接抽气管或真空系统,与布氏漏斗配合,进行晶体或沉淀的减压过滤	① 抽气管要用厚胶管接在水龙头上,并拴牢 ② 选配合适的抽滤垫,抽滤时漏斗管尖远离抽气嘴 ③ 布氏漏斗和吸滤瓶大小要配套,滤纸直径要略小于漏斗内径 ④ 过滤前先抽气,结束时先断开抽气管与滤瓶连接处再停止抽气,以防止液体倒吸
微孔玻璃滤器	包括微孔玻璃坩埚与微孔玻璃漏斗 容积(mL):10、20、30、60、100、250、500、1000 微孔直径(μm):$P_{1.6}$(≤1.6)、P_4(1.6~4)、P_{10}(4~10)、P_{16}(10~16)、P_{40}(10~40)、P_{100}(40~100)、P_{160}(100~160)、P_{250}(160~250)	过滤	① 必须抽滤 ② 不能骤冷骤热,不可过滤氢氟酸、碱液 ③ 用毕及时洗净
干燥塔	容积(mL):250、500	净化和干燥气体	① 塔体上室底部放少许玻璃棉,其上放固体干燥剂 ② 下口进气,上口出气。球形干燥塔内管进气 ③ 干燥剂或吸收剂必须有效

续表

名称及图示	主要规格	一般用途	使用注意事项
启普发生器	规格以容积(mL)表示	用于常温下固体与液体反应,制取气体	① 不能用来加热或加入热的液体 ② 使用前必须检查气密性
洗气瓶	规格以容积(mL)表示	内装适当试剂作为洗涤剂,用于除去气体中的杂质	① 根据气体性质选择洗涤剂,洗涤剂应为容积的约1/2 ② 进气管和出气管不可接反
干燥管	球形 有效长度(mm):100、150、200 U形 高度(mm):100、150、200 U形带阀及支管	放置干燥剂以干燥气体	① 干燥剂或吸收剂必须有效 ② 球形管干燥剂置于球形部分,U形管干燥剂置于管中,在干燥剂面上填充棉花 ③ 两端的大小不同,大头进气,小头出气
冷凝器	有直形、球形、蛇形、蛇形逆流、空气冷凝管等多种,还有标准磨口的冷凝管 外套管有效冷凝长度(mm):200、300、400、500、600、800	在蒸馏中作冷凝装置 球形的冷却面积大,加热回流最适用 沸点高于140℃的液体蒸馏,可用空气冷凝管	① 装配时先装冷却水胶管,再装仪器 ② 通常从下支管进水,从上支管出水,开始进水须缓慢,水流不能太大 ③ 不可骤冷、骤热
接收管	标准磨口仪器,也有非磨口的,分单尾和双尾两种	承接蒸馏出来的冷凝液体	① 磨口处必须洁净,不得沾污。一般无需涂润滑剂,但接触强碱溶液时应涂润滑剂 ② 安装时要对准连接磨口,以免歪斜而损坏 ③ 用后立即洗净,注意不要使磨口黏结而无法拆开

二、其他器具

常用的其他器皿和用具规格、用途及使用注意事项见表1-5。

表 1-5　常用的其他器皿和用具

名称及图示	主要规格	一般用途	使用注意事项
蒸发皿	有平底与圆底、带柄与不带柄之分 有瓷、石英、铂等制品 容积（mL）：30、60、100、250	蒸发或浓缩溶液，也可作反应器及灼烧固体	① 能耐高温，但不宜骤冷 ② 一般放在铁环上直接用火加热，但须在预热后再提高加热强度
研钵	有玻璃、瓷、铁、玛瑙等材质制品 口径（mm）：60、70、90、100、150、200	混合、研磨固体物质	① 不能作反应容器，放入物质量不超过容积的 1/3 ② 根据物质性质选用不同材质的研钵 ③ 易爆物质只能轻轻压碎，不能研磨
坩埚	有瓷、石墨、铁、镍、铂等材质制品 容积（mL）：20、25、30、50	熔融或灼烧固体，高温处理样品	① 根据灼烧物质性质选用不同材质的坩埚 ② 耐高温，可直接用火加热，但不宜骤冷 ③ 铂制品使用要遵守专门说明
点滴板	上釉瓷板，分黑、白两种	进行点滴反应，观察沉淀生成或颜色	不可进行加热操作
水浴锅	有铜、铝等材质制品	用作水浴加热	① 选择好圈环，使受热器皿浸入锅中 2/3 ② 注意补充水，防止烧干 ③ 使用完毕，倒出剩余的水，擦干
三脚架	铁制品，有大小、高低之分	放置加热器	① 必须受热均匀的受热器应先垫上石棉网 ② 保持平稳
石棉网	由铁丝编成，涂上石棉层，有大小之分	承放受热容器，使加热均匀	① 不要浸水或扭拉，以免损坏石棉 ② 石棉有致癌作用，已逐渐用高温陶瓷代替
泥三角	由铁丝编成，上套耐热瓷管，有大小之分	直接加热时用以承放坩埚或小蒸发皿	① 灼烧后不要沾上冷水，保护瓷管 ② 选择泥三角的大小要使放在上面的坩埚露在上面的部分不超过本身高度的 1/3
坩埚钳	铁或铜合金制成，表面镀铬	夹取高温下的坩埚或坩埚盖	必须先预热再夹取
药匙	用牛角、塑料、不锈钢等材料制成	取固定试剂	① 根据实际选用大小合适的药匙，取用量很少时，用小端 ② 用完后洗净擦干，再去取另外一种药品

续表

名称及图示	主要规格	一般用途	使用注意事项
毛刷	有试管刷、滴定管刷和烧杯刷等 规格以大小和用途表示	洗刷仪器	① 刷毛不耐碱,不能浸在碱溶液中 ② 洗刷仪器时,小心顶端戳破仪器
漏斗架	木制,由螺丝可调节固定上板的位置	过滤时上面放置漏斗,下面放置承接滤液容器	固定上板的螺丝必须拧紧
止水夹	有铁、铜制品,常用的有弹簧夹和螺旋夹两种	夹在胶管上以沟通、关闭流体的通路,或控制调节流量	
铁架台、铁圈及铁夹	铁架台用高(mm)表示;铁圈以直径(mm)表示 铁夹又称自由夹,有十字夹、双钳、三钳、四钳等类型也有铝、铜制品	固定仪器或放置容器,铁环可代替漏斗架使用	① 固定仪器时,应使装置的重心落在铁架台底座中部,保证稳定 ② 夹持仪器不宜过紧或过松,以仪器不转动为宜
试管夹	用木、钢丝制成	夹持试管加热	① 在试管上部夹持 ② 手持夹子时,不要把拇指按在管夹的活动部分 ③ 要从试管底部套上或取下

第三节 实验室用水

水是一种使用最广泛的化学试剂,是最廉价的溶剂和洗涤液。进行化学实验时,洗涤仪器、配制溶液、溶解试样、冷却降温均需用水。自来水中常含有 Ca^{2+}、Mg^{2+}、Na^+、Fe^{3+}、Al^{3+}、Cl^-、SO_4^{2-}、HCO_3^- 以及有机物、颗粒物质和微生物等杂质,对化学反应会造成不同程度的干扰,只在仪器的初步洗涤或冷却时使用。自来水经纯化处理后所得纯水即化学实验室用水,方可作为清洗仪器用水、溶剂用水、分析用水及无机制备的后期用水等。

我国国家标准 GB/T 6682—2008《分析实验室用水规格和试验方法》规定了分析实验

室用水的级别、规格、取样及贮存、试验方法等。这一基础标准的制定,对规范我国化学实验室用水,提高化学实验的可靠性、准确性有着重要的作用。进行化学实验时,应根据具体任务和要求的不同,选用不同规格的实验室用水。

一、实验室用水的制备

制备实验室用水的原料水,通常多采用自来水。根据制备方法不同,一般将实验用水分为蒸馏水、离子交换水和电渗析水。由于制备方法不同,纯水的质量也有差异。

1. 蒸馏水的制备

蒸馏水是根据水与杂质的沸点不同,将自来水(或其他天然水)用蒸馏器蒸馏而制得的。用这种方法制备纯水操作简单,成本低廉,不挥发的离子型和非离子型杂质均可除去。蒸馏水虽然比较纯净,但其中仍含微量杂质,只能用于一般化学实验。蒸馏水纯度不够高的主要原因包括:二氧化碳及某些低沸点易挥发物能随水蒸气进入蒸馏水中;少量液态水成雾状逸出,直接进入蒸馏水中;蒸馏器冷凝管的微量材料成分也能带入蒸馏水中,如用玻璃蒸馏器制得的蒸馏水会有 Na^+、SiO_3^{2-} 等,用铜蒸馏器制得的蒸馏水通常含有 Cu^{2+}。故对洗涤洁净度要求高的仪器和要求精确的定量分析实验,应采用经多次蒸馏而得到的二次、三次甚至更多次的高纯蒸馏水。

制备蒸馏水的蒸馏器有多种类型,目前使用的蒸馏器一般是由玻璃、镀锡铜皮、铝皮或石英等材料制成的。制备高纯蒸馏水时,必须使用硬质玻璃蒸馏器或石英、银及聚四氟乙烯等蒸馏器。

一般水的纯度可用电阻率(或电导率)的大小来衡量,电阻率越高(或电导率越低),说明水越纯净。蒸馏水在室温时的电阻率可达约 $10^5\,\Omega\cdot cm$,而自来水一般约为 $3\times10^3\,\Omega\cdot cm$。在某些实验(如精密分析化学实验等)中,往往要求使用更高纯度的水,这时可在蒸馏水中加入少量高锰酸钾和氢氧化钡,再次进行蒸馏,以除去水中极微量的有机杂质、无机杂质以及挥发性的酸性氧化物(如 CO_2),这种水称为重蒸水,电阻率可达约 $10^6\,\Omega\cdot cm$。保存重蒸水应用塑料容器而不能用玻璃容器,以免玻璃中所含钠盐及其他杂质会慢慢溶于水,使水的纯度降低。

必须指出,以生产中的水汽冷凝制得的"蒸馏水",因含杂质较多,是不能直接用于分析化学实验的。

2. 离子交换水的制备

蒸馏法制备纯水产量低,一般纯度也不够高。化学实验室广泛采用离子交换树脂来分离出水中的杂质离子,这种方法称为离子交换法。因为溶于水的杂质离子已被除去,所以制得的纯水又称为去离子水,去离子水常温下的电阻率可达 $5\times10^6\,\Omega\cdot cm$ 以上。离子交换法制纯水具有出水纯度高、操作技术易掌握、产量大、成本低等优点,很适合于各种规模的化验室采用。该方法的缺点是设备较复杂,制备的水未除去非离子型杂质,含有微生物和某些微量有机物。

3. 电渗析水的制备

这是在离子交换技术基础上发展起来的一种方法。它是在外电场的作用下,利用阴阳离子交换膜对溶液中离子的选择性透过,使杂质离子自水中分离出来而制得纯水的方法。电渗析水纯度比蒸馏水低,未除去非离子型杂质,电阻率为 $10^3\sim10^4\,\Omega\cdot cm$。

二、实验室用水的级别

国家标准 GB/T 6682—2008《分析实验室用水规格和试验方法》规定实验室用水分为三级,其规格见表 1-6。

表 1-6 实验室用水的规格

指标名称		一级	二级	三级
pH 范围		—	—	5.0～7.5
电导率(25℃)/(mS/m)	≤	0.01	0.10	0.50
吸光度(254nm,1cm 光程)	≤	0.001	0.01	—
可氧化物质(以 O 计)/(mg/L)	≤	—	0.08	0.4
蒸发残渣(105℃±2℃)/(mg/L)	≤	—	1.0	2.0
可溶性硅(以 SiO_2 计)/(mg/L)	≤	0.01	0.02	—

注：1. 由于在一级水、二级水的纯度下，难于测定其真实的 pH，因此，对一级水、二级水的 pH 范围不作规定。

2. 由于在一级水的纯度下，难于测定可氧化物质和蒸发残渣，故对其限量不作规定，可用其他条件和制备方法来保证一级水的质量。

1. 一级水

一级水可用二级水经过石英设备蒸馏或离子交换混合床处理后，再经 0.2pm 微孔滤膜过滤来制取。一级水用于有严格要求的分析实验，包括对颗粒有要求的实验，如高效液相色谱分析用水。

2. 二级水

二级水可用多次蒸馏或离子交换等方法制取，用于无机痕量分析等实验，如原子吸收光谱分析、电化学分析实验等。

3. 三级水

三级水可用蒸馏或离子交换等方法制取。它是最普遍使用的纯水，可用于一般无机及分析化学实验，还可用于制备二级水乃至一级水。

为保证纯水的质量符合分析工作的要求，对于所制备的每一批纯水，都必须进行质量检查。国家标准（GB/T 6682—2008）中只规定了实验室用水质量的一般技术指标，在实际工作中，有些实验对水有特殊要求，还要进行其他有关项目的检查。

三、特殊纯水的制备

在一些分析化学实验中，要求使用不含某种指定物质的特殊纯水，常用的几种特殊纯水的制备方法如下。

1. 无二氧化碳纯水

将普通纯水注入烧瓶中，煮沸 10min，立即用装有钠石灰管的胶塞塞紧瓶口，放置冷却后即得无二氧化碳纯水。

2. 无氧纯水

将普通纯水注入烧瓶中，煮沸 1h 后，立即用装有玻璃导管的胶塞塞紧瓶口，导管与盛有 100g/L 焦性没食子酸碱性溶液的洗瓶连接，放置冷却后即得无氧纯水。

3. 无氨纯水

将普通纯水以 3～5mL/min 的流速通过离子交换柱即得无氨纯水。交换柱直径 3cm、长 50cm，依次填入 2 份强碱性阴离子交换树脂和 1 份强酸性阳离子树脂。

第四节 玻璃仪器的洗涤

在化学实验中，仪器的洗涤是决定实验成功与否及准确度高低的首要环节。不但实验前必须将所用仪器洗涤干净，实验后也要及时洗净，否则不洁的仪器长时间放置后会使洗涤更加困难,甚至使仪器无法继续使用。实验要求不同,仪器不同,污物的性质和沾污的程度不同,采用的洗涤剂与洗涤方法也不同。

一、常用洗涤剂

1. 洗衣粉(合成洗涤剂)

洗衣粉是以十二烷基苯磺酸钠为主要成分的阴离子表面活性剂,可配成较浓的溶液使用,亦可用毛刷直接蘸取洗衣粉刷洗仪器。洗衣粉洗涤高效、低毒,既能溶解油污,又能溶于水,对玻璃器皿的腐蚀性小,不会损坏玻璃,是洗涤一般玻璃器皿的较好选择。

洗衣粉适合于洗涤油污及有机物污染的仪器。

洗衣粉也可用肥皂或肥皂粉代替。

2. 铬酸洗涤液

配制:称取研细的重铬酸钾5g置于250mL烧杯中,加水10mL,加热使之溶解,冷却后,于不断搅拌下缓缓加入80mL浓硫酸。待溶液冷却后,贮存于具磨口塞的试剂瓶中备用。

铬酸洗涤液用于洗涤除去仪器上的残留油污及有机物。用铬酸洗涤液洗涤时,必须先将器皿用自来水洗涤,再倾尽器皿内水,以免洗涤液被水稀释降低其洗涤效率。用过的洗涤液不能随意乱倒,应返回原瓶,以备下次再用。洗涤液可重复使用,当其颜色由深褐色变绿时即为失效,表明已失去去污力,要倒入废液缸内另行处理,绝不能乱倒入下水道。

因铬酸洗涤液为强氧化剂,腐蚀性强,易灼伤皮肤,烧坏衣服,而且铬有毒害作用,所以使用时应注意采取防护措施。

3. 餐具洗涤剂

餐具洗涤剂又称洗涤灵、洗洁精,它是一种以非离子表面活性剂为主要成分的中性洗涤剂,可配成1%~2%的溶液使用。

餐具洗涤剂是铬酸洗涤液的良好代用品。

4. 氢氧化钠-乙醇洗涤液

配制:称取120g氢氧化钠溶于120mL水中,再以95%乙醇稀释至1L。

氢氧化钠-乙醇洗涤液亦适于洗涤油污及有机物沾污的器皿。但由于碱的腐蚀作用,玻璃器皿不能用该洗涤液长期浸泡。

5. 硝酸-乙醇洗涤液

硝酸-乙醇洗涤液适用于一般方法难以除去的油污、有机物及残炭沾污仪器的洗涤。洗涤时,在器皿内加入不多于2mL的乙醇与10mL浓硝酸湿润浸泡一段时间即可,必要时可小心进行加热。该洗涤液作用时反应剧烈,放出大量热及有毒气体二氧化氮,必须在通风橱中操作,并应注意采取防护措施。

硝酸-乙醇洗涤液不能事先配制。

6. 还原性洗涤液

(1) 草酸洗涤液 配制:称取5~10g草酸溶于100mL水中,加入数滴浓盐酸。草酸洗涤液多用于洗涤除去沉积在器壁上的二氧化锰,该洗涤液亦可加热使用。

(2) 碘-碘化钾洗涤液 配制:将1g碘和2g碘化钾溶于少量水中,加水稀释至100mL。碘-碘化钾洗涤液用于洗涤硝酸银沾污的器皿。

7. 强酸洗涤液

盐酸(1+1)、硫酸(1+1)、硝酸(1+1)或浓硝酸与浓硫酸混酸溶液(1+1)均可作为强酸洗涤液，用于清洗碱性物质或无机物沾污的仪器。

8. 有机溶剂

有机溶剂如乙醇、丙酮、乙醚、二氯乙烷等，可洗去油污及可溶性有机物。有机溶剂价格较高，只有碱性洗涤液或合成洗涤剂难以洗涤干净的仪器以及无法用毛刷洗刷的小型或特殊的仪器才用有机溶剂洗涤。

使用这类有机溶剂时，应注意其毒性及可燃性。

二、洗涤方法

用于无机及分析化学实验所需的器皿必须洗涤干净，玻璃仪器洗净的标志是壁面能被水均匀地润湿成水膜而不挂水珠。

但需要指出的是，在化学实验中，应根据实际情况和实验要求来决定洗涤的洁净程度。如在进行定量分析实验中，由于杂质的存在会影响计量和测定的准确性，因此对仪器的洁净程度要求较高；而一般无机制备实验，对仪器洁净程度的要求则相对较低。

沾附在仪器上的污物，主要有灰尘及其他不溶物、可溶物、油污和有机物等，洗涤一般可采用如下几种方法。

1. 冲洗法

冲洗法是利用水把可溶性污物溶解而除去。洗涤时往仪器中注入少量水，用力振荡后倒掉，依此重复数次。

2. 刷洗法

仪器内壁有不易冲洗掉的污物，可用毛刷刷洗。先用水湿润仪器内壁，再用毛刷蘸取少量洗涤剂进行刷洗。刷洗时要选用大小合适的毛刷，不能用力过猛，以免损坏仪器。

3. 浸泡法

对不溶于水、刷洗也不能除掉的污物，可利用洗涤液与污物反应转化成可溶性物质而除去。洗涤时先把仪器中的水沥尽，再倒入少量洗涤液，旋转使仪器内壁全部润湿，再将洗涤液倒入洗涤液回收瓶中。如用洗涤液浸泡一段时间效果更好。

无论何种器皿，通常总是先用水洗涤，然后再用洗涤剂洗涤。以洗涤剂洗涤完毕，应用自来水冲净，再用纯水润洗 3 次。纯水润洗时应按少量多次的原则，即每次用少量水，分多次冲洗，每次冲洗应充分振荡后，倾倒干净，再进行下一次冲洗。

一般容器和普通量器，可用毛刷蘸上洗涤剂刷洗，但精密量器和不宜使用毛刷刷洗及难以刷洗干净的仪器，则须采用相应的洗涤液浸泡洗涤。

试管、烧杯、锥形瓶、试剂瓶、量筒、量杯等，可用毛刷蘸上肥皂或洗衣粉水刷洗，若有明显油污可用毛刷蘸取餐具洗涤剂刷洗或用铬酸洗涤液洗涤。如使用铬酸洗涤液，可用其浸泡数分钟至数十分钟，使用温热洗涤液则效果会更好。

滴定管如无明显油污时，可直接用自来水冲洗。有油污时可用滴定管刷蘸上肥皂、洗衣粉水或餐具洗涤剂刷洗（精密实验用滴定管或校准过的滴定管不能用毛刷刷洗）。如用铬酸洗涤液洗涤，酸式滴定管可倒入适量铬酸洗涤液，把滴定管横过来，两手平端滴定管转动直至洗涤液布满全管来润洗；碱式滴定管则可倒置在洗涤液瓶中，用洗耳球吸入洗涤液洗涤（切勿吸至胶管部分）。污染严重的滴定管可直接倒入或吸入铬酸洗涤液浸泡洗涤。

容量瓶用自来水冲洗后，如仍不干净，可用餐具洗涤剂或铬酸洗涤液刷洗或浸泡。容量瓶在任何情况下均不得使用毛刷刷洗。

吸管用水洗不干净时，可吸取餐具洗涤剂或铬酸洗涤液进行刷洗，即用洗耳球吸取四分之一管洗涤液，再把吸管横过来使洗涤液布满全管并旋转。若污染严重则可放在大量筒内用餐具洗涤剂或铬酸洗涤液浸泡。

微孔玻璃滤器使用前需用热的盐酸（1+1）浸煮除去孔隙间颗粒物，再用自来水、纯水抽洗干净，保存在有盖的容器中。使用完毕，再根据过滤沉淀性质的不同，选用不同洗涤液浸泡干净。例如，氯化银用氨水（1+1）浸泡；硫酸钡用乙二胺四乙酸二钠-氨水浸泡；有机物用铬酸洗涤液浸泡；细菌用浓硫酸与硝酸钠洗涤液浸泡。

痕量元素分析对仪器洗涤要求极高。一般的玻璃仪器要在盐酸（1+1）或硝酸（1+1）中浸泡24h，而新的玻璃仪器或塑料瓶、桶浸泡时间需长达一周之久，然后还要在氢氧化钠稀溶液中浸泡一周，再依次用自来水、纯水洗净。

各类仪器洗涤一般均不要使用去污粉，因其细粒易划伤器壁，且不易冲洗干净。

一些仪器上沾附的污垢比较特殊，常规方法很难除去，这就要根据污垢的性质采取相应的试剂处理。常见特殊污物的处理方法见表1-7。

表1-7 常见特殊污物的处理方法

污　　物	洗涤剂及处理方法
碱金属碳酸盐、氢氧化铁	稀盐酸处理
沉积的金属（如铜、银）	硝酸处理
沉积的难溶性银盐	硫代硫酸钠溶液处理，硫化银用浓、热硝酸处理
氧化性污物（如二氧化锰等）	浓盐酸、草酸溶液处理
残留的硫酸钠、硫酸氢钠	沸水溶解后趁热倒掉
高锰酸钾污垢	酸性草酸溶液处理
沾附的硫黄	煮沸的石灰水处理
瓷研钵内的污迹	用少量食盐在研钵内研磨后倒掉，再用水洗涤
碘迹	用碘化钾溶液浸泡，再用温热的稀氢氧化钠或硫代硫酸钠溶液处理
残炭迹	加入少量硝酸-乙醇洗涤液，加热煮沸

三、仪器的干燥

某些无机及分析化学实验须在无水的条件下进行，要求使用干燥的仪器。玻璃仪器的干燥一般常采用下列几种方法。

1. 晾干

对不急于使用的仪器，洗净后将仪器倒置在干燥架或格栅板上，使其自然干燥。

2. 烤干

烤干是通过加热使仪器中的水分迅速蒸发而干燥的方法。烤干法一般只适于急需用的试管的干燥。干燥时可用试管夹夹住试管，管口应略向下倾斜，用火焰从管底处依次向管口烘烤移动加热，直至除去水珠后再将管口向上赶尽水汽。

3. 吹干

将仪器倒置沥去水分，用电吹风或气流烘干器的热风吹干。

对急需使用或不适合烘干的仪器，如欲快速干燥，可在洗净的仪器内加入少量易挥发且能与水互溶的有机溶剂（如丙酮、乙醇等），转动仪器使仪器内壁湿润后，倒出溶剂（回收），然后冷风吹干。此操作应在通风橱中进行，以保安全。

4. 烘干

将洗净的仪器沥去水分，放在电热恒温干燥箱的隔板上，在105～110℃烘干。烘干时间一般为1h左右。注意干燥厚壁仪器及实心玻璃塞时，要缓慢升温，以防炸裂。

一些不耐热的仪器（如比色皿等）不能用加热方法干燥；精密量器也不能用加热方法干燥（玻璃的胀缩滞后性会造成量器容积变化），否则会影响仪器的精度。对这类仪器可采用晾干或冷风吹干的方法干燥。

第五节 常用干燥剂、制冷剂与加热载体

一、干燥剂

凡是能吸收水分的物质，一般都可以称为干燥剂，它主要用于脱除气态或液态物质中的游离水分。干燥剂既要有易与游离水分结合的活性，又要有不破坏被干燥物质的惰性。实验室常用干燥剂主要有无机干燥剂与分子筛干燥剂两类，常用于气体和液体的无机干燥剂见表 1-8 和表 1-9。

表 1-8 用于气体的无机干燥剂

干燥剂	适用干燥的气体
氧化钙	氨、胺类
氯化钙	氢、氧、氯化氢、氮、二氧化硫、甲烷、乙醚、烯烃、氯代烃、其他气态烷烃
五氧化二磷	氢、氧、二氧化碳、一氧化碳、氮、二氧化硫、甲烷、乙烯、其他气态烷烃
浓硫酸	氢、二氧化碳、一氧化碳、氮、氯、烷烃
氢氧化钾	氨、胺类
氧化铝	多数气体
硅胶	氨、胺类、氧、氮
碱石灰	氨、胺类、氧、氮

表 1-9 用于液体的无机干燥剂

干燥剂	适用干燥的液体	不适用干燥的液体	干燥剂	适用干燥的液体	不适用干燥的液体
五氧化二磷	烃、卤代烃、二氧化硫	碱、酮	碳酸钾	碱、卤代物、酮	脂肪酸、酯
浓硫酸	饱和烃、卤代烃	碱、酮、醇、酚	硫酸铜	醚、醇	甲醇
氯化钙	醚、酯、卤代烷	醇、酮、胺、酚、脂肪酸	钠	醚、饱和烃	醇、胺、酯
氢氧化钾	碱	酸、酮、醛、脂肪酸	硫酸钠	普通物质	

分子筛是人工合成的一种多水合晶体硅铝酸盐型超微孔吸附剂，适合于多种气体（如空气、天然气、氢、氧、二氧化碳、硫化氢、乙炔等）和有机溶剂（如苯、乙醇、乙醚、丙酮、四氯化碳等）的干燥。分子筛种类很多，目前广为应用的是 A 型、X 型和 Y 型。各类分子筛干燥剂的化学组成及特性见表 1-10。

表 1-10 各类分子筛干燥剂的化学组成及特性

类型	化学组成	水吸附量/%	特性和应用
A 型			
3A 或钾 A 型	$(0.75K_2O, 0.25Na_2O) \cdot Al_2O_3 \cdot 2SiO_2$	25	只吸附水，不吸附乙烯、乙炔、二氧化碳、氨和更大分子
4A 或钠 A 型	$Na_2O \cdot Al_2O_3 \cdot 2SiO_2$	27.5	吸附水、甲醇、乙醇等
5A 或钙 A 型	$(0.75CaO, 0.25Na_2O) \cdot Al_2O_3 \cdot 2SiO_2$	27	用于正异构烃类的分离
X 型			
10X 或钙 X 型	$(0.75CaO, 0.75Na_2O) \cdot Al_2O_3 \cdot (2.5 \pm 0.5)SiO_2$	—	用于芳烃类异构体的分离
13X 或钠 X 型	$Na_2O \cdot Al_2O_3 \cdot (2.5 \pm 0.5)SiO_2$	39.5	用于催化剂载体和水、二氧化碳、水-硫化氢的共吸附
Y 型	$Na_2O \cdot Al_2O_3 \cdot (3 \sim 6)SiO_2$	35.2	经过蒸汽处理后仍有高的吸氧量

二、制冷剂

实验室进行低温操作,或使溶液的温度低于室温时,最简单的方法是采用制冷剂冷却。常用制冷剂及其制冷的最低温度见表 1-11。

表 1-11 常用制冷剂及其制冷的最低温度

制 冷 剂	最低温度/℃	制 冷 剂	最低温度/℃
氯化铵+水(30+100)	-3	氯化钾+冰雪(100+100)	-30
氯化钙+水(250+100)	-8	六水氯化钙+冰雪(125+100)	-40
硝酸铵+水(100+100)	-12	六水氯化钙+冰雪(150+100)	-49
硫氰酸钾+水(100+100)	-24	六水氯化钙+冰雪(500+100)	-54
氯化铵+硝酸钾+水(100+100+100)	-25	干冰+丙酮	-78
六水氯化钙+冰雪(41+100)	-9	液氧	-183
氯化铵+冰雪(25+100)	-15	液氮	-195.8
浓硫酸+冰雪(25+100)	-20	液氢	-252.8
氯化钠+冰雪(33+100)	-21	液氦	-268.9
硝酸钾+硝酸铵+冰雪(9+74+100)	-25		

三、加热载体

有些物质热稳定性较差,过热时会发生氧化、分解等作用或大量挥发损失。此类物质不宜直接加热,而应采用间接加热法。

间接加热即通过传热载体以热浴的方式进行加热。该法具有受热均匀、受热面积大、易控制温度和无明火等优点。热浴一般有水浴、油浴、砂浴和空气浴等。常用加热载体见表 1-12。

表 1-12 常用加热载体

热浴名称	加热载体	极限温度 t/℃	热浴名称	加热载体	极限温度 t/℃
水浴	水	98	油浴	棉籽油[②]	210
空气浴	空气	300		甘油	220
硫酸浴	硫酸	250		石蜡油	220
石蜡浴	熔点为 30~60℃ 的石蜡	300		58~62 号汽缸油	250
金属浴[①]	铜或铅	500		甲基硅油	250
	锡	600		苯基硅油	300
	铝青铜(90%铜、10%铝合金)	700	砂浴	细砂	400

① 使用金属浴时,先在器皿底部涂上一层石墨,防止熔融金属黏附在器皿上;在金属凝固前将其移出金属浴。
② 棉籽油初次使用时,最高温度在 180℃ 以下,多次使用后温度方可升高至 210℃。

第六节 滤纸与试纸

一、滤纸

滤纸主要用于无机化学实验中沉淀的分离和定量化学分析中的称量分析与色谱分析,它们通常是以高级棉为原料制成的一种纯洁度高、组织均匀并具有一定强度的纯棉纸张。滤纸有各种不同的类型,在实验过程中,应当根据实验要求和沉淀的性质、数量,合理地选用。

1. 滤纸的类型

化学实验室中常用滤纸分为定量滤纸和定性滤纸两种。用于称量分析的滤纸是定量滤纸。定量滤纸又称为无灰滤纸,生产过程中用稀盐酸和氢氟酸处理过,其中大部分无机杂质都已被除去,每张滤纸灼烧后的灰分不大于滤纸质量的 0.003%(小于或等于常量分析天平的感量),在称量分析法中可以忽略不计。定性滤纸主要用于一般沉淀的分离,不能用于称量分析。

按过滤速度和分离性能的不同,滤纸又可分为快速、中速和慢速三类,在滤纸盒上分别贴有相应的滤速标签。

2. 滤纸的规格与主要技术指标

滤纸外形有圆形和方形两种。常用圆形滤纸直径有 70mm、90mm、110mm 等几种规格;方形滤纸都是定性滤纸,有 600mm×600mm、300mm×300mm 两种规格。

国家标准 GB/T 1914—2007《化学分析滤纸》对定性滤纸和定量滤纸的产品分类、规格尺寸及其偏差、要求、试验方法、检验规则、标志和贮存等都作了规定。定性滤纸和定量滤纸的技术指标分别见表 1-13 和表 1-14。

表 1-13 定性滤纸的技术指标

项 目		要求								
		优等品			一等品			合格品		
		快速 101	中速 102	慢速 103	快速 101	中速 102	慢速 103	快速 101	中速 102	慢速 103
定量/(g/m^2)		80.0±4.0			80.0±4.0			80.0±5.0		
分离性能(沉淀物)		氢氧化铁	硫酸铅	硫酸钡(热)	氢氧化铁	硫酸铅	硫酸钡(热)	氢氧化铁	硫酸铅	硫酸钡(热)
滤水时间/s		≤35	>35~≤70	>70~≤140	≤35	>35~≤70	>70~≤140	≤35	>35~≤70	>70~≤140
裂断长/km ≥		1.50	1.90	1.90	1.50	1.90	1.90	1.50	1.90	1.90
湿耐破度/mmH$_2$O[①] ≥		130	150	200	120	140	180	120	140	180
灰分/% ≤		0.11			0.13			0.15		
水抽提 pH		6.0~8.0								
亮度/% ≥		85.0								
尘埃度/(个/m^2)	≥0.2~≤0.3mm^2 ≤	70			80			90		
	>0.3~≤0.7mm^2 ≤	8			10			12		
	>0.7mm^2	不应有			不应有			不应有		
交货水分/%		7.0±3.0								

① 1mmH$_2$O=9.8Pa。后同。

表 1-14 定量滤纸的技术指标

项 目	要求								
	优等品			一等品			合格品		
	快速 201	中速 202	慢速 203	快速 201	中速 202	慢速 203	快速 201	中速 202	慢速 203
定量/(g/m^2)	80.0±4.0			80.0±4.0			80.0±5.0		

续表

项目		要求								
		优等品			一等品			合格品		
		快速 201	中速 202	慢速 203	快速 201	中速 202	慢速 203	快速 201	中速 202	慢速 203
分离性能(沉淀物)		氢氧化铁	硫酸铅	硫酸钡(热)	氢氧化铁	硫酸铅	硫酸钡(热)	氢氧化铁	硫酸铅	硫酸钡(热)
滤水时间/s		≤35	>35~≤70	>70~≤140	≤35	>35~≤70	>70~≤140	≤35	>35~≤70	>70~≤140
湿耐破度/mmH$_2$O ≥		130	150	200	120	140	180	120	140	180
灰分/% ≤		0.009			0.010			0.011		
水抽提 pH		5.0~8.0								
亮度/% ≥		85.0								
尘埃度 /(个/ m^2)	≥0.2~ ≤0.3mm^2 ≤	70			80			90		
	>0.3~ ≤0.7mm^2 ≤	8			10			12		
	>0.7mm^2	不应有			不应有			不应有		
交货水分/%		7.0±3.0								

二、试纸

试纸是用滤纸浸渍了指示剂或试剂溶液后制成的干燥纸条,常用来定性检验一些溶液的性质或某些物质的存在。使用试纸具有操作简单、使用方便、反应快速等特点。各种试纸都应密封保存,以防被实验室中的气体或其他物质污染而变质、失效。

试纸的种类很多,这里仅介绍实验室中常用的几种试纸。

1. 酸碱性试纸

酸碱性试纸是用来检验溶液酸碱性的,常见的有 pH 试纸、刚果红试纸和石蕊试纸等。

(1) pH 试纸 pH 试纸用于检测溶液的 pH,有广泛 pH 试纸和精密 pH 试纸两种,均有商品出售。

广泛 pH 试纸用于粗略地检测溶液的 pH,其测试的 pH 范围较宽,pH 单位为 1,按变色 pH 范围又可分为 1~10、1~12、1~14、9~14 四种。最常用的是变色 pH 范围 1~14 的 pH 试纸,其颜色由红—橙—黄—绿至蓝色逐渐发生变化。溶液的 pH 不同,试纸的颜色变化也不同,通常附有色阶卡,以便通过比较确定溶液的 pH 范围。

精密 pH 试纸种类很多,按变色 pH 范围可分为 0.5~5.0、2.7~4.7、3.8~5.4、5.4~7.0、6.8~8.4、8.2~10.0、9.5~13.0 等,可以根据不同的需求选用。精密 pH 试纸用于比较精确地检测溶液的 pH,其测定的 pH 单位小于 1。需要注意精密 pH 试纸很容易受空气中酸碱性气体的侵扰,要妥善保存。

(2) 刚果红试纸 刚果红试纸自身为红色,遇酸变为蓝色,遇碱又变成红色。

(3) 石蕊试纸 石蕊试纸分蓝色和红色两种,酸性溶液使蓝色石蕊试纸变红,碱性溶液使红色石蕊试纸变蓝。

2. 特种试纸

特种试纸具有专属性,通常是专门为检测某种(类)物质的存在而特殊制作的。常用特种试纸见表 1-15。

表 1-15 常用特种试纸

名 称	制 备 方 法	用 途
乙酸铅试纸	将滤纸浸于 100g/L 乙酸铅溶液中，取出后在无硫化氢处晾干	检验痕量的硫化氢，作用时变成黑色
硝酸银试纸	将滤纸浸于 250g/L 的硝酸银溶液中，晾干后保存在棕色瓶中	检验硫化氢，作用时显黑色斑点
氯化汞试纸	将滤纸浸入 30g/L 氯化汞-乙醇溶液中，取出后晾干	比色法测砷
氯化钯试纸	将滤纸浸入 2g/L 氯化钯溶液中，干燥后再浸入 5% 乙酸中，晾干	与一氧化碳作用呈黑色
溴化钾-荧光黄试纸	将荧光黄 0.2g、溴化钾 30g、氢氧化钾 2g 及碳酸钠 12g 溶于 100mL 水中，将滤纸浸入溶液，取出后晾干	与卤素作用呈红色
乙酸联苯胺试纸	将乙酸铜 2.86g 溶于 1L 水中，与饱和乙酸联苯胺溶液 475mL 及水 525mL 混合，将滤纸浸入溶液，取出后晾干	与氰化氢作用呈蓝色
碘化钾-淀粉试纸	于 100mL 新配制的 5g/L 淀粉溶液中，加入碘化钾 0.2g，将滤纸放入该溶液中浸透，取出于暗处晾干，保存在密闭的棕色瓶中	检验氧化剂，作用时变蓝色
碘酸钾-淀粉试纸	将碘酸钾 1.07g 溶于 100mL 0.025mol/L 硫酸中，加入新配制的 5g/L 淀粉溶液 100mL，将滤纸浸入溶液，取出后晾干	检验一氧化氮、二氧化硫等还原性气体，作用时呈蓝色
玫瑰红酸钠试纸	将滤纸浸于 2g/L 玫瑰红酸钠溶液中，取出后晾干，使用前新制	检验锶，作用时形成红色斑点
铁氰化钾及亚铁氰化钾试纸	将滤纸浸于饱和的铁氰化钾（或亚铁氰化钾）溶液中，取出后晾干	与亚铁离子（或铁离子）作用呈蓝色
电极试纸	将 1g 酚酞溶于 100mL 乙醇中，5g 氯化钠溶于 100mL 水中，将两溶液等体积混合，将滤纸浸入混合液中，取出干燥	将该试纸用水润湿，接在电池的两个电极上，电解一段时间，与电池负极相接处呈现红色

3. 试纸的使用

(1) 酸碱性试纸的使用　使用酸碱性试纸检验溶液的酸度时，先用镊子夹取一条试纸，放在干燥洁净的表面皿中，再用玻璃棒蘸取少量待检溶液滴在试纸上，观察试纸颜色的变化。若使用 pH 试纸，则需与色阶卡的标准色阶进行比较，以确定溶液的 pH。注意不能将试纸投入溶液中进行检测。

(2) 专用试纸的使用　使用专用试纸检验气体时，先将试纸润湿后粘在玻璃棒的一端，然后悬放在盛有待测物质的试管口的上方，观察试纸颜色的变化，以确定某种气体是否存在。注意不能将试纸伸入试管中进行检测。

使用试纸时还应做到以下几点。

① 无论哪种试纸，都不要直接用手拿用，以免手上不慎带有的化学品污染试纸。

② 从容器中取出试纸后，应立即盖严容器，以防止容器内试纸受到空气中某些气体的污染。

③ 使用试纸时，每次用一小块即可，用过的试纸应投入废物箱中。

第七节　分析试样的采集与制备

在实际分析工作中，只能采取物料中很少且具有代表性的一部分进行分析，这少量能代表总体特性量值用来进行分析的物料称为"平均试样"。从统计学的角度看，试样的采集就是从总体（大批物料）中抽取有限个欲测单元的过程，然后根据有限样本的分析结果作出物料总体组成的结论。因此，试样的采集必须保证所取试样具有代表性，即分析试样的组成能代表整批物料的平均组成，否则无论分析工作进行得如何认真、细致、精密，最终结果都因不能代表整体物料的组成而失去分析的实际意义，更为有害的是提供的无代表性分析数据会将生产和科研引向歧途，给实际工作带来难以估计的损失，乃至造成事故。

由于生产与科研实际所分析物料的复杂性和对分析要求的差异性，试样采集和制备及分解的方法也各不相同。在有关国家标准（如 GB/T 6678《化工产品采样总则》、GB 475《商品煤样采取方法》、GB/T 2460《硫铁矿和硫精矿　采样与样品制备方法》、GB/T 14581《水质　湖泊和水库采样技术指导》、GB/T 16157《固定污染源排放气中颗粒物测定与气态污染物采样方法》等）和行业标准中，对试样的采集和制备都制定了严格的操作规程，以下仅介绍试样采集和制备的一些基本原则和步骤。

一、试样的采取

待分析物料的聚集状态主要分气态、液态和固态三种类型，不同类型的物料有不同的特点，因而其采集试样的方式和要求亦有差别。

1. 气体试样的采集

由于气体分子的扩散作用，物料组成都较为均匀，欲取得具有代表性的气体试样，主要考虑取样时如何防止杂质的混入。根据气体试样的性质和用量，可以选用注射器、塑料袋或球胆、抽气泵等直接采样。对于大气污染物的测定，通常选择距地面 50～180cm 的高度用大气采样仪采样。采样时可使空气通过适当的吸收剂，让被测组分通过吸收剂吸收浓缩后再进行测定。

2. 液体试样的采集

由于液体的流动性较大，试样内各组分的分布比较均匀，任意取一部分或稍加搅匀后取一部分即成为具有代表性的试样。但是采样时也要考虑可能存在的任何不均匀性。如因工业废水、生活污水等对水质的污染而使组分的分布有所不同的情况；在江河、湖泊中采集水样时，应按有关规定在不同的地点和深度采样，所取试样按一定的规则混合后供分析用。

3. 固体试样的采集

固体物料可以是各种药物制品、中草药原植物、矿产原料、化工产品、金属物料等，也可以是各种粉状、颗粒状、膏状的工业产品、半成品等。固体物料通常可分为组成分布较均匀的物料和组成分布不均匀的物料两类。

(1) 组成分布较均匀的物料　如药品、盐类、化肥、农药和精矿等，可从总体中按有关规定随机抽样，并将随机抽到的多个样混合均匀。

(2) 组成分布不均匀的物料　如煤炭、矿石、土壤等，颗粒大小不等，硬度相差也大，组成很不均匀，在堆放过程中往往发生"分层"现象，使得物料更加不均匀。因而从物料堆中采取这类试样时,应从其不同部位、不同深度分别采取试样。一般从底部周围几个对称点对顶点画线,再沿底线依均匀的间隔按一定数量的比例采样。若物料是采用输送带运送的,可在输送带的不同横断面间隔一定时间取若干份试样。如物料是用车或船运输的,可按散装固体随机抽样,再于每车(或船)中的不同部位多点采样,以克服运输过程中的偏析作用。如果物料包装是桶、瓶、袋、箱、捆等形式,首先应从一批包装中确定若干件,然后用适当的取样器从每件中取若干份。取样器一般都可以插入各种包装的底部,以便从不同深度采取试样。

二、试样的制备

试样的制备主要是针对组成不均匀的固体试样,例如生物制品、煤炭、土壤、矿石等。其任务是将从大批物料中采取到的原始试样,制备成供检测用的分析试样。因为抽样或采样所得原始试样的绝对量一般较大,不能全部用于分析,必须再于原始试样中取少量试样进行分析。

从采集来的试样中选出一部分具有代表性的试样作为分析试样的过程即试样的制备过程,一般就是将采集来的试样进行破碎、过筛、混匀和缩分的过程。

1. 破碎

用机械或人工的方法把试样逐步破碎,一般有粗碎、中碎和细碎等阶段。在破碎过程中,要尽量避免由于设备的磨损或不干净等原因而混进杂质,试样每次破碎后应进行过筛处理。通不过筛孔的颗粒绝不能丢弃,因为这部分不易研细的颗粒往往具有不同的组成,所以必须反复破碎,使所有细粒都通过筛孔。经过细碎后的试样应全部通过100~200目的筛孔。

筛子一般用铜合金细丝编织成,具有一定孔径,用筛号(网目)表示,一般称为标准筛。标准筛筛号与筛孔直径对照见表1-16。

表1-16 标准筛筛号与筛孔直径对照

筛号/目	筛孔/mm	筛号/目	筛孔/mm	筛号/目	筛孔/mm	筛号/目	筛孔/mm
4	4.0	30	0.6	90	0.16	240	0.063
6	3.2	32	0.56	100	0.154	250	0.061
8	2.5	35	0.5	110	0.14	260	0.057
10	2.0	40	0.45	120	0.125	280	0.055
12	1.6	45	0.40	130	0.112	300	0.05
14	1.43	50	0.355	140	0.105	320	0.045
16	1.25	55	0.315	150	0.10	325	0.043
18	1.00	60	0.28	160	0.098	340	0.041
20	0.9	65	0.25	180	0.09	360	0.04
24	0.8	70	0.224	190	0.08	400	0.0385
26	0.71	75	0.2	200	0.076	500	0.0308
28	0063	80	0.18	220	0.065		

2. 缩分

试样每经过一次破碎后,使用机械或人工的方法取出一部分有代表性的试样,再进行下一步处理,这样就可以将试样量逐渐缩小,这个过程称为缩分。

常用的缩分方法为四分法。四分法取样,是将采集来的样品充分混合,堆成一堆后压成扁平体,用十字分样板从中间压至底部,将分成的四个扇形对角的两份取出,进一步破碎、过筛后混合均匀堆成一堆,如上所述进一步缩分,直至达到需要的细度和数量为止,如图1-1所示。

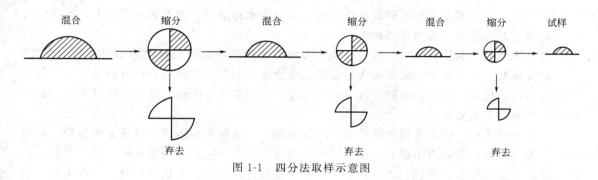

图 1-1 四分法取样示意图

制备好的试样应一式两份（分别供测定使用和保留备案）立即装袋或置于试样瓶中，并附上较为详细的标签，说明试样名称、生产或进厂日期、取样地点、取样时间、批号、试样数量、取样人等，置于干燥、避光处保存。

由于试样中常含有水分，其含量往往随温度、湿度及试样的分散程度不同而改变，从而使试样的组成因所处环境及处理方法的不同而发生波动。为了解决此问题，可选用以下措施。

① 在称量试样之前，先在一定温度下烘干试样，去除水分。
② 采用风干或干燥的办法，使试样中水分的含量保持恒定。
③ 在分析测定的同时，测定试样的水分含量，然后用干基表示各组分含量。

三、试样的分解

试样分解就是将试样中的待测组分全部转变为适合于测定的状态，它是分析工作的重要环节之一。通常在试样分解后，待测组分以可溶盐的形式进入溶液，或者使其保留于沉淀中，并进一步与其他组分分离。有时也以气体形式将待测组分导出，再以适当的试剂吸收。

分析工作中对试样分解的一般要求如下。

① 试样分解完全。试样分解完全是正确分析的先决条件，应选择适当的分解方法，控制适当的温度和时间等，使试样完全分解。
② 待测组分不应有损失。
③ 不能引入含有待测组分的物质。在分解试样时，要防止混入的试剂或被腐蚀的容器中含有待测组分。
④ 不应引入对待测组分测定有干扰的物质。

此外，分解试样最好能与干扰组分的分离相结合，而且所用的分解方法应尽量满足简便、快速、完全、经济等要求。

分解试样的方法有溶解法、熔融法、烧结法、燃烧法及升华法等。在实际分析工作中，较常用的是溶解法、熔融法和烧结法三种。对于水溶性试样，溶于水即可制成试样溶液。对于难溶性试样，既要使欲测组分不受损失，又要使其转变成溶液，首先应选择好适当的溶剂溶解或熔剂分解的方法。无机试样可用溶解法或熔融法，有机试样可用溶解法或先进行有机破坏，再进行溶解。

1. 溶解法

溶解法包括水溶、酸溶和碱溶三种方法，比较常见的是酸溶法。常用的溶剂有以下几种。

(1) 水 凡是能在水中溶解的试样,应尽可能用水作溶剂。因为水易于提纯,不会带入其他组分,来源便利,价格又低廉。

(2) 无机酸 利用无机酸的酸性、氧化还原性及配位性,使试样中待测组分转入溶液。常用的无机酸有:①盐酸,可溶解多数金属氧化物及碳酸盐;②硝酸,具有强氧化性,几乎可溶解所有硫化物;③热浓硫酸,具有强氧化性,在高温下可分解有机化合物及矿石。此外还使用高氯酸及氢氟酸等。

(3) 有机溶剂 许多有机试样易溶于有机溶剂中。选择有机溶剂,可根据极性的"相似相溶"原理。常用的有机溶剂有乙醇、甲醇、丙酮、乙醚、氯仿、四氯化碳、苯、甲苯、乙酸乙酯、乙酸、醋酐、吡啶、乙二胺、二甲基甲酰胺等。在使用有机溶剂时,可以用单一溶剂,也可以用混合溶剂,以增加其溶解性或起到分离、纯化等作用。

2. 熔融法

难溶于酸的试样,常采用熔融法分解。熔融法是利用酸性或碱性熔剂,在高温下与试样发生复分解反应,生成易溶解的反应产物。由于熔融时反应物浓度和温度都很高,因而分解能力很强。但是,由于熔融法的操作温度较高,有时可达 1000℃ 以上,又必须在一定的容器中进行,除由熔剂带入大量碱金属离子外,所用的容器因受到熔剂的侵蚀,还会带入一些容器材料。同时某些组分在高温下挥发损失严重,也会给以后的分析测定带来影响,甚至使某些测定不能进行。因此在选择试样分解方法时,应尽可能地采用溶解法。某些试样也可以先用酸溶分解,剩下的残渣再用熔融法分解。常用的熔剂有以下几种。

(1) 酸性熔剂 常见的如焦硫酸钾或硫酸氢钾。后者受热后脱水,也生成焦硫酸钾,所以两者作用原理相同。

在 400℃ 左右,焦硫酸钾逐渐分解放出具有强酸性的二氧化硫,它与金属氧化物反应生成硫酸盐。例如,其与二氧化钛的反应:

$$TiO_2 + 2K_2S_2O_7 \longrightarrow Ti(SO_4)_2 + 2K_2SO_4$$

(2) 碱性熔剂 常见的如碳酸钠、碳酸钾、过氧化钠等,多用来分解硅酸盐、硫酸盐及天然的氧化物等,使其转化成易溶于酸的碳酸盐或氧化物。如碳酸钠与硫酸钡的反应:

$$BaSO_4 + Na_2CO_3 \longrightarrow Na_2SO_4 + BaCO_3$$

熔融法一般在坩埚中进行。开始时缓缓升温,不要加热过猛,以免水分及某些气体的逸出而引起飞溅,致使试样损失。熔融进行到熔融物变成澄清,即分解已完全。熔剂量一般过量 6~12 倍试样量,以保证反应完全。

常用熔剂所适用的坩埚见表1-17。

表 1-17 常用熔剂所适用的坩埚

熔 剂 名 称	适用坩埚					
	铂	铁	镍	银	瓷	刚玉	石英
碳酸钠、碳酸氢钠、碳酸钠-碳酸钾、碳酸钾-硝酸钾	+	+	+	—	+	—
碳酸钠-硼酸钠	+	—	—	—	+	—
碳酸钠-氧化镁、碳酸钠-氧化锌	+	+	+	—	+	—
碳酸钾钠-酒石酸钾	+	—	—	—	—	—
过氧化钠	—	+	+	+	—	—
过氧化钠-碳酸钠	—	+	+	+	—	—
氢氧化钠(钾)、氢氧化钠(钾)-硝酸钠(钾)	—	+	+	+	—	—
碳酸钠-硫黄	—	—	—	—	+	—

续表

熔 剂 名 称	适用坩埚						
	铂	铁	镍	银	瓷	刚玉	石英
硫酸氢钾、焦硫酸钾	+	−	−	−	+	−	+
焦硫酸钾-氟化氢钾	+	−	−	−	−	−	−
硫代硫酸钠	−	−	−	−	+	−	+

注：表中"+"表示可以使用，"−"表示不可以使用。

3. 烧结法

烧结法又称半熔法，是使试样与固体试剂在低于熔点的温度下进行反应，达到分解试样的目的。因加热温度较低，需要较长时间，但不易腐蚀坩埚，通常可在瓷坩埚中进行。常用的烧结剂如过氧化钠、碳酸钠-氧化镁（氧化锌）、碳酸钙-氯化铵等。

尽管用过氧化钠熔融分解试样的效果很好，但由于该熔剂在高温下严重腐蚀坩埚，因而限制了它的应用范围。但烧结法中，许多矿物在铂坩埚中与4倍量的过氧化钠混匀后，于480℃的高温中烧结7min就能分解，熔块可溶于水或无机酸，并且试剂对铂坩埚基本没有腐蚀。

第八节　化学实验室安全防护

在无机与分析实验室的工作中，经常要接触到各种易燃、易爆、具有腐蚀性或毒性（甚至有剧毒）的化学危险品，还要使用燃气、各种易破碎的玻璃仪器与电器设备等。如果操作者缺乏必要的安全知识，实验室内缺少必备的防护设施，极易引起中毒、着火、爆炸、触电、割伤、烫伤等及仪器设备的损坏等各种事故。所以，实验人员应具备一定的安全防护知识，避免事故的发生并熟悉各种事故的紧急处理措施，以减少伤害与损失。

一、常见化学毒物

进行化学实验离不开化学试剂，化学试剂包括无机试剂和有机试剂，其中很多试剂是有毒性的。在实验操作过程中反应所产生的新的化学物质，包括某些气体或烟雾，也有许多是有毒的。这些毒物能通过呼吸道吸入、皮肤渗透及误食等途径进入人体而导致中毒。所以，对常见毒物应有一定的了解，以便做好中毒预防及对环境的保护工作。

化学实验室部分常见的我国优先控制的有毒化学品见表1-18；国际癌症研究中心（IARC）公布的致癌化学物质见表1-19。

表1-18　化学实验室部分常见的有毒化学品

序号	名　称	序号	名　称	序号	名　称
1	氯乙烯	14	1,1,2-三氯乙烷	27	乙苯
2	甲醛	15	1,1-二氯乙烯	28	乙醛
3	环氧乙烷	16	甲苯	29	液氨
4	三氯甲烷	17	二甲苯	30	苯胺
5	苯酚	18	砷化合物	31	丙酮
6	苯	19	氰化钠	32	蒽
7	甲醇	20	铅	33	邻苯二甲酸二丁酯
8	四氯化碳	21	萘	34	邻苯二甲酸二辛酯
9	亚硝酸钠	22	乙酸	35	溴甲烷
10	四氯乙烯	23	镉	36	二硫化碳
11	石棉	24	1,2-二氯乙烷	37	氯苯
12	汞	25	2,3-二硝基苯酚	38	4-硝基苯酚
13	三氯乙烯	26	二氯甲烷	39	硝基苯

表 1-19　对人类致癌或可能致癌的化学物质

序号	致癌的化学物质	序号	可能致癌的化学物质
1	4-氨基联苯	1	黄曲霉毒素类
2	砷和某些砷化合物	2	镉和某些镉化合物①
3	石棉	3	苯丁酸氮芥
4	苯	4	环磷酰胺
5	联苯胺	5	镍和某些镍化合物①
6	N,N-双(2-氯乙基)-2-萘胺(氯萘吖嗪)	6	三乙烯硫代膦酰胺(噻替派)
7	双氯甲醚和工业品级氯甲醚	7	丙烯腈
8	铬和某些铬化合物①	8	阿米脱(氨基三唑)
9	己烯雌酚	9	金胺
10	米尔法兰(左旋苯丙氨酸氮芥)	10	铍和某些铍化合物①
11	芥子气	11	四氯化碳
12	2-萘胺	12	二甲基氨基甲酰氯
13	烟炱、焦油和矿物油类	13	硫酸二甲酯
14	氯乙烯	14	环氧乙烷
		15	右旋糖酐铁
		16	康复龙
		17	非那西汀
		18	多氯联苯类

① 尚不能确切指明可能对人类产生致癌作用的特定化合物。

二、意外事故的处置

实验过程中如不慎发生了意外事故,应沉着、冷静、及时采取救护措施,受伤严重者应立即送医院医治。以下是一些常见事故的现场处置方法。

1. 误食毒物

误食毒物应立即服用肥皂液、蓖麻油,或服用一杯含 5~10mL 硫酸铜溶液 (50g/L) 的温水,并用手指伸入咽喉部,以促使呕吐,然后立即送医院治疗。

2. 吸入刺激性气体或有毒气体

不慎吸入了溴、氯、氯化氢等气体时,可吸入少量乙醇和乙醚的混合蒸气以解毒。若吸入了硫化氢、煤气而感到不适时,应立即到室外呼吸新鲜空气。

3. 玻璃割伤

若伤口内有玻璃碎片,应先取出,再用消毒棉棒擦净伤口,涂上红药水、紫药水或贴上创可贴,必要时撒上消炎粉或敷上消炎膏,并用纱布包扎。如伤口较大,应立即就医。

4. 酸或碱溅到皮肤上

若酸或碱溅到皮肤上,应立即用大量水冲洗,再用饱和碳酸氢钠溶液(或 2% 乙酸溶液)冲洗,然后用水冲洗,最后涂敷氧化锌软膏(或硼酸软膏)。

5. 酸或碱溅入眼内

若酸或碱溅入眼内,应立即用大量水冲洗,再用 20g/L 硼砂溶液(或 30g/L 硼酸溶液)冲洗眼睛,再用水冲洗。

6. 溴灼伤

若发生溴灼伤,先用乙醇或 100g/L 硫代硫酸钠溶液洗涤伤口,再用水冲洗干净,然后涂敷甘油。

7. 白磷灼伤

先用 10g/L 硝酸银溶液、10g/L 硫酸铜溶液或浓高锰酸钾溶液洗涤伤口,然后用浸过硫酸铜溶液的绷带包扎。

8. 烫伤

烫伤是操作者身体直接触及高温、过冷物品（低温引起的冻伤，其性质与烫伤类似）所造成的。如皮肤被烫伤，切勿用水冲洗，更不要把烫起的水泡挑破。可在烫伤处用高锰酸钾溶液擦洗或涂上黄色的苦味酸溶液、烫伤膏或万花油。严重者应立即送医院治疗。

9. 触电

不慎触电时，立即切断电源。必要时进行人工呼吸。

10. 火灾

火灾发生时，应根据起火原因立即采取相应的灭火措施。

三、防火与灭火

易燃物质达到燃点或遇到明火即会燃烧以致引起火灾，而化学实验室所用试剂很多是易燃或助燃的，实验中也经常要使用燃气和电器进行加热操作，因此必须树立防火意识，采取必要的防火措施，并熟悉一些基本的灭火方法。以下是防火灭火的一些基本措施。

① 实验室中，使用或处理易燃试剂时，应远离明火。

② 不能用敞口容器盛放乙醇、乙醚、石油醚和苯等低沸点、易挥发、易燃液体，更不能用明火直接加热。

③ 某些易燃或可发生自燃的物质如红磷、五硫化磷、黄（白）磷及二硫化碳等，不宜在实验室内大量存放，少量的也要密闭存放于阴凉避光和通风处，并远离火源、电源和暖气等。

④ 实验剩余的易挥发、易燃物质，不可随意乱倒，应专门回收处理。

⑤ 要注意偶然着火的可能性，准备适用于各种情况的灭火材料，包括消火沙、石棉布和各种灭火器。灭火器要定期检查，并按规定更换药液；消火沙要经常保持干燥、干净。

⑥ 实验过程中起火时，应立即用湿抹布或石棉布熄灭并拔去电炉插头，关闭总电门。易燃液体和固体有机物着火时，不能用水去浇，因为除甲醇、乙醇等少数化合物外，大多数有机物相对密度小于水，例如燃着的油能浮在水面上继续燃烧并逐渐扩大面积。因此，除了小范围可用湿抹布覆盖外，要立即用消火沙、泡沫灭火器或干粉灭火器扑灭。精密仪器则应用四氯化碳灭火器灭火。

⑦ 电线起火时须立即关闭总电门，切断电流。再用四氯化碳灭火器熄灭已燃烧的电线，不可用水或泡沫灭火器熄灭燃烧的电线，还要及时通知电气管理人员。

⑧ 衣服着火时，应立即以毯子或厚的外衣之类，淋湿后蒙盖在着火者身上使火熄灭，较严重时应就地打滚（以免火焰烧向头部），同时用水冲淋将火熄灭。切忌惊慌失措、四处奔跑，否则会加强气流流向燃烧着的衣服，使火焰加大。

常用灭火器及其适用范围见表 1-20。

表 1-20　常用灭火器及其适用范围

类型	药液主要成分	适 用 范 围
酸碱式	硫酸、碳酸氢钠	适用于非油类及切断了电路的电器失火等一般火灾，不适用于忌酸性的化学药品（如氰化钠等）和忌水的化工产品（如钾、钠、镁、电石等）失火
泡沫式	硫酸铝、碳酸氢钠	适用于扑灭油类及苯、香蕉水、松香水等易燃液体的失火，而不适用于丙酮、甲醇、乙醇等易溶于水的液体失火
高倍泡沫	脂肪醇、硫酸钠加稳定剂、抗烧剂	适用于火源集中、泡沫容易堆积等场合的火灾，如大型油池、室内仓库、油类、木材纤维等失火

续表

类型	药液主要成分	适用范围
二氧化碳	液体二氧化碳	适用于电器(包括精密仪器、电子设备)失火
干粉	主要由碳酸氢钠、硬脂酸铝、云母粉、滑石粉、石英粉等混合配成	适用于扑救油类、可燃气体、电器设备、精密仪器、纸质文件和遇水燃烧等物品的初起火灾
1211	二氟一氯一溴甲烷	主要应用于油类有机溶剂、高压电气设备、精密仪器等失火,灭火效果好
四氯化碳	液体四氯化碳	适用于电器失火,忌用于钾、钠、镁、铝等失火,否则易发生爆炸;严禁用于扑救电石、乙炔、二硫化碳等失火,否则会产生剧毒的光气

四、废弃物的无害化处理

化学实验中会产生各种有毒有害的废气、废液和废渣,其中有些是剧毒物质或致癌物质,如果直接排放,就会污染环境,造成公害,而且"三废"中的贵重和有用的成分也应回收利用。所以尽管实验过程中产生的废液、废气、废渣少而且复杂,仍须经过无害化处理才能排放。

实验室废弃物无害化处理的基本方法见表 1-21。

表 1-21 实验室废弃物无害化处理的基本方法

处理方法	操作步骤
稀释法	实验中产生的大量废液,其中大部分是无毒无害的,可采用稀释的方法处理
中和法	对于那些酸性或碱性较强的气体,可选用适当的碱或酸进行中和吸收。对于含酸或碱类物质的废液,如浓度较大时,可利用废碱或废酸相互中和,再用 pH 试纸检验,若废液的 pH 在 5.8~8.6 之间,且其中不含其他有害物质,则可加水稀释至含盐浓度在 5% 以下排出
溶解法	在水或其他溶剂中溶解度特别大或比较大的气体,只要找到合适的溶剂,就可以把它们完全或大部分溶解掉
燃烧法	部分有害的可燃性气体,只需在排放口点火燃烧即可消除污染。对于化学实验中废弃的有机溶剂,大部分可加以回收利用,少部分可以燃烧处理掉,某些在燃烧时可能产生有害气体的废物,必须配用有洗涤有害废气的装置燃烧
吸附法	选用适当的吸附剂,便可消除一些有害气体的外逸和释放。对于难以燃烧的或可燃性低浓度有机废液,可选用具有良好吸附性的物质,使废液被充分吸收后,与吸附剂一起焚烧
氧化法	一些具有还原性或还原性较强的物质,可选用适当的氧化剂进行处理
沉淀法	这种方法一般用于处理含有害金属离子的无机类废液。处理方法是:在废液中加入合适的试剂,使金属离子(特别是高价重金属离子要还原成低价重金属离子)转化为难溶性的沉淀物,然后进行过滤,将滤出的沉淀物妥善保存,检查滤液,确认其中不含有毒物质后,才可排放
蒸馏法	有机溶剂废液应尽可能采用蒸馏方法加以回收利用。若无法回收,可分批少量加以焚烧处理。切忌直接倒入实验室的水槽中
分解法	含氰化物废液,可将废液调成碱性(pH>10)后,通入氯气和加入次氯酸钠(漂白粉),使氰化物分解成氮气和二氧化碳
萃取法	对于含水的低浓度有机废液,用与水不相溶的正己烷之类挥发性溶剂进行萃取,分离出溶剂后,把它进行焚烧
水解法	对于有机酸或无机酸的酯类,以及部分有机磷化合物等容易发生水解的物质,可加入氢氧化钠或氢氧化钙,在室温或加热条件下进行水解。水解后,若废液无毒时,将其中和,稀释后即可排放
离子交换法	对于某些无机类废液,可采用离子交换法处理。例如,含 Pb^{2+} 的废液,使用强酸性阳离子交换树脂,几乎能把它们完全除去。若要处理铁的含氰配合物废液,也可采用离子交换法
生化法	对于含有乙醇、乙酸、动植物性油脂、蛋白质及淀粉等稀溶液,可用活性污泥之类物质并吹入空气进行处理。因为上述物质易被微生物分解,其稀溶液经加水稀释后即可排放

五、压缩气体的安全使用

在化学实验中,经常会用到一些气体作为反应物、燃料,也会用到气体作为保护气,这些气体一般都装在压缩气体钢瓶中。由于钢瓶里装的是高压的气体,因此在使用、存放时必须严格注意以下有关安全事项。

① 压缩气体钢瓶应直立使用,务必用框架或栅栏围护固定。

② 压缩气体钢瓶应远离热源、火种,置通风阴凉处,防止日光曝晒,严禁受热;可燃性气体钢瓶必须与氧气钢瓶分开存放,周围不得堆放任何易燃物品,严禁接触火种。

③ 禁止随意搬动敲打钢瓶,经允许搬动时应做到轻搬轻放。

④ 使用时要注意检查钢瓶及连接气路的气密性,确保气体无泄漏;使用钢瓶中的气体时,要用减压阀(气压表);各种气体的气压表不得混用,以防爆炸。

⑤ 使用完毕按规定关闭阀门,主阀应拧紧,养成离开时检查气瓶的习惯。

⑥ 不可将钢瓶内的气体全部用完,一定要保留 0.05MPa 以上的残留压力(减压阀表压),可燃性气体如乙炔应剩余 0.2~0.3MPa。

⑦ 绝不可使油或其他易燃性有机物沾在气瓶上(特别是气门嘴和减压阀),也不得用棉、麻等物堵住,以防燃烧引起事故。

⑧ 各种气瓶必须按国家规定进行定期检验,使用过程中必须要注意观察钢瓶的状态,如发现有严重腐蚀或其他严重损伤,应停止使用并提前报检。

为了避免各种气体混淆而用错气体,通常都会依据一定的标准在气瓶外面涂以特定的颜色以便区别,并在瓶上写明瓶内气体的名称,如表 1-22 所示。

表 1-22 常用气体钢瓶的颜色

气体名称	瓶身颜色	标字颜色	气体名称	瓶身颜色	标字颜色
氧气	天蓝色	黑字	氢气	深绿色	红字
氮气	黑色	黄字	氨气	黄色	黑字
压缩空气	黑色	白字	石油液化气	灰色	红字
氯气	草绿色	白字	乙炔	白色	红字

六、实验室规则与一般安全知识

1. 化学实验室规则

实验人员应具有严肃认真的工作态度,科学严谨、精密细致、实事求是的工作作风,整齐、清洁的实验习惯,并注意培养良好的职业道德。为了保证正常的实验环境和秩序,使实验顺利地进行并取得预期的效果,应严格遵守以下实验室规则。

① 实验前要做好充分的准备,认真预习实验教材。要明确实验目的、任务、要求,领会实验原理,熟悉仪器结构和使用方法,了解实验操作步骤和注意事项。要做到心中有数,避免边做实验边翻书的"照方抓药"式的实验。

② 遵守纪律,不迟到、不早退,保持实验室安静,遵守实验室规则,不做与实验无关的事情,不得嬉戏喧哗。

③ 实验中要严格按照规范操作,仔细观察,认真思考,及时记录,遇到问题要深入分析,找出原因并采取有效措施解决。实验中如发生事故,应沉着冷静、妥善处理,并如实报告指导教师。

④ 爱护试剂，取用药品试剂后，要及时盖好瓶盖，并放回原处。不得将瓶盖盖错、滴管乱放，以免污染试剂。所有配制的试剂都要贴上标签，注明名称、浓度、配制日期及配制者姓名。

⑤ 所用的仪器、药品摆放要合理、有序，实验台面要清洁、整齐，实验过程中要随时整理。实验中洒落在实验台上的试剂要及时清理干净，火柴头、废纸片、碎玻璃等应投入废物箱中。清洗仪器或实验过程中的废酸、废碱等，应小心倒入废液缸内。切勿往水槽中乱抛杂物，以免淤塞和腐蚀水槽及水管。

⑥ 节约水、电、燃气、药品等，爱护实验室的仪器设备。损坏仪器应及时报告、登记、补领。

⑦ 使用精密仪器时，应严格遵守操作规程，不得任意拆装和搬动，用毕应做好登记。如发现仪器有故障，应立即停止使用，并及时报告指导老师以排除故障。

⑧ 实验完毕，做好结束工作。要擦拭实验台，清洗仪器，整理药品，将仪器、工具、药品放回指定的位置，并摆放整齐，要打扫、整理实验室，进行安全检查。经教师认定合格后，方可离开实验室。

2. 化学实验室安全守则

为保证实验人员人身安全和实验工作的正常进行，应注意遵守以下实验室安全守则。

① 必须熟悉实验室中水、电、燃气的开关、消防器材、急救药箱等的位置和使用方法，一旦遇到意外事故，即可采取相应措施。

② 所有试剂均应贴有标签，绝不能用容器盛装与标签不相符的物质，严禁任意混合各种化学药品。对于有可能发生危险的实验，应在防护屏后面进行或使用防护眼镜、面罩和手套等防护用具。

③ 倾注试剂，开启易挥发液体（如乙醚、丙酮、浓盐酸、硝酸、氨水等）的试剂瓶及加热液体时，不要俯视容器口，以防液体溅出或气体冲出伤人。夏天取用浓氨水时，应先将试剂瓶放在自来水中冷却数分钟后再开启。

④ 加热试管中的液体时，切不可将管口冲人。不可直接对着瓶口或试管口嗅闻气体的气味，而应用手把少量气体轻轻扇向鼻孔进行嗅闻。

⑤ 使用浓酸、浓碱、溴、铬酸洗涤液等具有强腐蚀性的试剂时，切勿溅在皮肤和衣服上。如溅到身上应立即用水冲洗，溅到实验台上或地上时，要先用抹布或拖把擦净，再用水冲洗干净。

⑥ 稀释浓硫酸时，必须在烧杯或耐热容器中进行，且只能将浓硫酸在不断搅拌的同时缓缓注入水中，温度过高时应冷却降温后再继续加入。配制氢氧化钠等浓溶液时，也必须在耐热容器中溶解。如需将浓酸或浓碱中和则必须先进行稀释。

⑦ 使用盐酸、硝酸、硫酸、高氯酸等浓酸的操作及能产生刺激性气体和有毒气体（如氰化氢、硫化氢、二氧化硫、氯、溴、二氧化氮、一氧化碳、氨等）的实验，均应在通风橱内进行。

⑧ 使用易燃性有机试剂（如乙醇、乙醚、苯、丙酮等）时，要远离火源，用后盖紧瓶塞，置阴凉处保存。加热易燃试剂时，必须使用水浴、油浴、砂浴或电热套等。

⑨ 灼热的物品不能直接放置在实验台上，其与各种电加热器及其他温度较高的容器都应放在隔热板上。

⑩ 进行回流或蒸馏操作时，必须加入沸石或碎瓷片，以防液体暴沸而冲出伤人或引起

火灾。要防止易燃有机物的蒸气外逸，切勿将易燃有机溶剂倒入废液缸中，更不能用开口容器（如烧杯等）盛放有机溶剂。

⑪ 一切有毒药品（如氰化物、砷化物、汞盐、铅盐、钡盐、六价铬盐等），使用时应格外小心，并采取必要的防护措施。严防进入口内或接触伤口，剩余的药品或废液切不可倒入下水道或废液桶中，要倒入回收瓶中，并及时加以处理。处理有毒药品时，应戴护目镜和橡皮手套。装过有毒、强腐蚀性、易燃、易爆物质的器皿，应由操作者亲自洗净。

⑫ 强氧化剂（如氯酸钾）和某些混合物（如氯酸钾与红磷、碳和硫等的混合物）易发生爆炸，保存和使用这些药品要注意安全；银氨溶液放久后会变成氮化银而引起爆炸，用剩的银氨溶液，必须酸化以便回收；钾、钠不要与水接触或暴露在空气中，应将其保存在煤油中，使用时用镊子取用；白磷在空气中能自燃，应保存在水中，使用时在水下切割，用镊子夹取。白磷还有剧毒，能灼伤皮肤，切勿与人体接触。

⑬ 某些容易爆炸的试剂如浓高氯酸、有机过氧化物、芳香族化合物、多硝基化合物、硝酸酯、干燥的重氮盐等要防止受热和敲击，以防爆炸。

⑭ 将玻璃棒、玻璃管、温度计插入或拔出胶塞或胶管时，应垫有垫布，且不可强行插入或拔出。切割玻璃管、玻璃棒，装配或拆卸玻璃仪器装置时，要防止造成刺伤。

⑮ 试剂瓶的磨口塞粘连打不开时，严禁用重物敲击，以防瓶子破裂。可将瓶塞在实验台边缘轻轻磕碰使其松动；或用电吹风稍许加热瓶颈部分使其膨胀；也可在粘连的缝隙间加入几滴渗透力强的液体（如乙酸乙酯、煤油、稀盐酸、水等）以便开启。

⑯ 使用电器设备时，要注意防止触电，不可用湿手或湿物接触电闸和电器开关，使用完毕后应及时切断电源。凡是漏电的仪器设备都不要使用，以免触电。

⑰ 高压钢瓶、电器设备、精密仪器等，在使用前必须熟悉使用方法和注意事项，严格按要求使用。

⑱ 使用燃气灯时，应先将空气调小后，再点燃火柴或打火机，然后开启燃气阀点火并调节好火焰。燃气阀门应经常检查，燃气灯和橡皮管在使用前也要仔细检查，保持完好。禁止用火焰在燃气管道上查找漏气处，而应该用肥皂水检查。如发现漏气，立即熄灭室内所有火源，打开门窗。

⑲ 实验室严禁饮食、吸烟或存放餐具，一切化学药品禁止入口，严禁用实验器皿作餐具使用。

⑳ 进行实验时，不得擅自离开岗位，实验完毕要认真洗手。离开实验室时，要关好水、电、燃气阀门和门窗等。

第九节　实验记录与数据处理

在化学实验中，不仅要仔细地观察实验现象，精确地测量有关物理量，还要正确地报出实验结果，提交实验报告。因此，应按照以下要求做好实验记录、进行数据处理和书写实验报告。

一、实验记录

① 学生应有专门的实验记录本，并标上页码数，不得撕去其中任何一页。更不允许将实验结果记在单页纸片上或随意记在其他地方。

② 用钢笔或圆珠笔记录，文字应简单、明了、清晰、工整，尽可能采用一定的表格形

式。如记录有误,应在记错的文字上画一条横线,并将正确的文字写在旁边,不得涂改、刀刮或补贴。

③ 实验记录上要写明实验名称、日期、实验现象、实验结论、实验数据和其他与实验有关的信息。

④ 实验过程中所得到的实验现象、数据与结论都应及时、准确、清楚地记录下来。要有严谨的科学态度,实事求是,切忌夹杂主观因素,不得随意拼凑和编造数据。

⑤ 实验过程中涉及特殊仪器的型号和溶液的浓度、室温、气压等,也应及时、准确地记录下来。

⑥ 实验过程中记录测量数据时,其数字的准确度应与分析仪器的准确度相一致。如用万分之一分析天平称量时,要求记录至 0.0001g;常量滴定管、移液管的读数应记录至 0.01mL。

⑦ 实验所得每一个数据都是测量的结果,平行测定中即使得到完全相同的数据也应如实记录下来。

⑧ 实验结束后,应该对记录是否正确、合理、齐全,平行测定结果是否超差等进行核对,以决定是否需要重新实验。

二、实验数据处理

1. 有效数字及其运算规则

有效数字是指所有确定的数再加上一位带有不确定性的数字,即有效数字是由全部准确的数字和最后一位可疑数字构成的。在测试工作中,有效数字就是实际能测量到的数字,它不仅表示一个数据的大小,还能说明测量的准确程度。因此,一方面在记录测量数据时,要根据所用仪器的准确度使所保留的数字中只有最后一位是可疑的,并能够规范表示有效数字的位数;另一方面在进行结果计算时,要正确运用有效数字的修约与运算规则。

有效位数的判断见表 1-23。

表 1-23 有效位数的判断

数　字	判　断	示　例
1~9	在数值中任何位置均计位数	3.14:三位;768.2:四位
0	在数值中间计位数 在数值前面不计位数 按规范的书写法在数值后面均计位数	100.2:四位;10863:五位 0.073:两位;0.002221:四位 6.500,3.500×10^{-2},4800:四位
首位数≥8 的数字	可多计一位	8.6:三位;99.1%:四位
对数值	只计小数部分	pH 10.2:一位;pH 12.33:两位
非测量的自然数	无限多位	平行测定次数、电子转移数、1L=1000mL 中的 1 和 1000

数值修约是指通过省略原数值的最后若干位数字,调整所保留的末位数字,使最后所得到的值最接近原数值的过程,经修约后的数值称为(原数值的)修约值。数值修约的基本要求在国家标准 GB/T 8170—2008《数值修约规则与极限数值的表示和判定》中有明确的规定。数值修约基本规则见表 1-24。

运用数值修约规则时还应注意:数值修约时不允许连续修约,即应将拟修约数字一次修约获得结果,不得多次按规则连续修约。

表 1-24 数值修约规则

修约规则	修约示例		修约规则	修约示例	
	修约前数值	修约后数值		修约前数值	修约后数值
小于五舍去	6.8114	6.811	五后零留双		
	6.8112	6.811	前为奇数须进一	6.81150	6.812
大于五进一	6.8116	6.812		6.8115	6.812
	6.8118	6.812	前为偶数要舍去	6.81250	6.812
五后非零入	6.81152	6.812		6.8105	6.810
	6.811503	6.812			

注：修约示例所有数值均修约为四位有效数字。

在具体实施中，有时测试部门与计算部门先将获得的数值按指定的修约位数多一位或几位报出，而后由其他部门判定。报出的数值最右的非零数字为 5 时，应在数值的右上角加"+"、加"-"或不加符号，分别表示已进行过舍、进或未舍未进。如对报出值进行修约，当拟舍弃数字的最左一位数字为 5，且其后无数字或皆为零时，数值右上角有"+"者进一，有"-"者舍去，其他按规定进行。

有效数字运算规则的实质是计算结果准确度的确定，此规则见表 1-25。

表 1-25 有效数字运算规则

运算	有效数字位数的保留
加减法运算	以小数点后位数最少（绝对误差最大）的数值为准
乘除法运算	以有效数字位数最少（相对误差最大）的数值为准
乘方开方运算	同乘除法
对数运算	对数的尾数（小数）与真数有效数字位数相同
误差运算	一位，最多两位
化学平衡运算	两位或三位

按照规定，修约步骤一般是先修约（多保留一位），后计算，得到最后结果时再行修约。

在标定所配制的标准滴定溶液浓度时，要求计算测定值按测定的准确度暂多保留一位数字，报出结果时再进行修约。例如，测定的准确度为 0.1%，标定盐酸溶液浓度 4 次所得的测定值为 0.10048%、0.10043%、0.10049%、0.10044%，其平均值为 0.10046%，报出结果应写为 0.1005%。

2. 测定值与极限数值的比较方法

在实际分析工作中，当判断分析数据是否符合标准要求时，国家标准 GB/T 8170—2008《数值修约规则与极限数值的表示与判定》中规定，将所得测定值或其计算值与标准规定的极限数值进行比较的方法有如下两种。

(1) 修约值比较法　将测定值或其计算值修约至与标准规定的极限数值书写位数一致，然后进行比较，以判定是否符合标准要求。

(2) 全数值比较法　测定值或其计算值不经修约处理，而用其全部数字与标准规定的极限数值进行比较，只要超出规定的极限数值，都判定为不符合标准要求。

根据规定，标准中极限数值无特殊规定时，均指采用全数值比较法；如规定采用修约值比较法，应在标准中加以说明。测定值与极限数值的比较示例见表 1-26。

表 1-26 测定值与极限数值的比较示例

项目	极限数值	测定值	修约值	是否符合标准要求	
				全数值比较法	修约值比较法
NaOH 含量/%	≥97.0	97.01	97.0	符合	符合
		96.96	97.0	不符	符合
		96.93	96.9	不符	不符
		97.00	97.0	符合	符合

三、实验报告

实验完成后，应以原始记录为依据，认真分析实验现象，处理实验数据，总结实验结果，并探讨实验中出现的问题，这些工作都需通过书写实验报告来训练和完成。独立地书写实验报告，是提高学生学习能力和信息加工能力的不可缺少的环节，也是一名实验人员必须具备的能力和基本功。

实验报告应内容准确、逻辑严密、文字简明、字迹工整、格式规范。由于实验类型的不同，对实验报告的要求也不尽相同，但基本内容大体如下。

（1）实验名称

（2）实验日期

（3）实验目的

（4）实验原理　例如，滴定分析实验原理应包括反应式、滴定方式、测定条件、指示剂及其颜色变化等。

（5）实验现象分析或数据处理　对于性质实验，要求根据观察到的实验现象归纳出实验结论；对于制备与合成类实验，要求有理论产量计算、实际产量及产率计算；对于滴定分析法和称量分析法实验，要求写出测定数据、计算公式和计算过程、计算结果平均值、平均偏差等；对于化学、物理参数的测定，要有必要的计算公式和计算过程。

（6）实验结果　根据实验现象分析或数据处理报出实验结论或实验结果。

（7）实验问题及误差分析　对实验中遇到的问题、异常现象进行探讨，分析原因，提出解决办法；对实验结果进行误差计算和分析，对实验提出改进措施。

（8）实验思考题　为促进学生对实验方法的理解掌握，培养其分析问题和解决问题的能力，对预习中思考的问题及教材中的思考题，要作出回答，并写入实验报告中。这也便于教师对学生学习情况的了解，及时解决学习中出现的问题。

第十节　技术标准与标准分析方法

一、技术标准

在实际工作中，产品质量的判定必须以规定的技术标准为依据。标准是标准化活动的结果，而标准化是一项具有高度政策性、经济性、技术性、严密性和连续性的工作。标准是为了在一定的范围内获得最佳秩序，对活动或其结果规定的共同的和重复使用的规则、指导原则或特性的文件，是对重复性事物和概念所作的统一规定。标准是以科学、技术和实践经验的综合成果为基础，经有关方面协商一致，由主管机构批准，以特定形式发布，作为共同遵守的准则和依据。技术意义上的标准就是一种以文件形式发布的统一协定，其中包含可以用来为某一范围内的活动及其结果制定规则、导则或特性定义的技术规范或者其他精确准则，其目的是确保材料、产品、过程和服务能够符合需要。

标准的本质是统一，不同级别的标准是在不同范围内的统一。标准资料种类繁杂，常用者多为产品标准和检验方法标准。按其使用范围分，标准有国际标准、区域标准、国家标准、行业标准、地方标准和企业标准等。近年来我国发布的新国家标准很多都等同或等效采用国际标准。

凡是标准都有编号，编号通常由"代号—顺序号—发布年号—名称"组成。我国国家标准的代号由大写汉语拼音字母构成，强制性国家标准的代号为"GB"（"国标"二字汉语拼音 Guo Biao 的缩写），推荐性国家标准的代号为"GB/T"（T 为"推"的汉语拼音 Tui 的缩写）。国家标准的编号由国家标准的代号、国家标准发布的顺序号和国家标准发布的年号构成，如"GB 601—2002《化学试剂　标准滴定溶液的制备》"。

经常涉及的国内外标准代号包括：

① 国际标准 ISO（全称 International Organization for Standards）；
② 世界卫生组织标准 WHO（全称 World Health Organization）；
③ 国际法制计量组织标准 OIML（全称 International Organization of Legal Metrology）；
④ 联合国粮食与农业组织标准 FAO（全称 Food and Agriculture Organization）；
⑤ 食品法规委员会标准 CAC（全称 Codex Alimentarius Commission Standards）；
⑥ 中国国家标准 GB；
⑦ 中国行业标准，如 HG—化工行业，YY—医药行业，QB—轻工行业，SY—石油天然气行业，YB—冶金行业等；
⑧ 中国地方标准 DB；
⑨ 中国企业标准 QB。

此外，我国还制定有法定的国家药品标准——《中华人民共和国药典》（或简称《中国药典》），这是根据《中华人民共和国药品管理法》规定，由国家药典委员会编纂和修订的。

技术标准包括基础技术标准、产品标准、工艺标准、检测试验方法标准，以及安全、卫生、环保标准等。产品标准是对产品结构、规格、质量和检验方法所作的技术规定，它是一定时期和一定范围内具有约束力的产品技术准则，是产品生产、质量检验、选购验收、使用维护和洽谈贸易的技术依据。如食用盐国家标准 GB 5461—2000《食用盐》，规定了食用盐的技术要求、试验方法、检验规则和包装、标志、运输、贮存等项规定。该标准规定的食用盐的理化指标技术要求见表 1-27。

表 1-27　食用盐的理化指标

	指标		精制盐			粉碎洗涤盐		日晒盐	
			优级	一级	二级	一级	二级	一级	二级
物理指标	白度/度	≥	80	75	67	55	55	55	45
	粒度/%		0.15~0.85mm			0.5~2.5mm		0.5~2.5mm	1.0~3.5mm
			≥85	≥80	≥75	≥80		≥85	≥70
化学指标（湿基）/%	氯化钠	≥	99.1	98.50	97.00	97.00	95.50	93.20	70
	水分	≤	0.30	0.50	0.80	2.10	3.20	5.10	6.40
	水不溶物	≤	0.05	0.10	0.10	0.10	0.20	0.10	0.20
	水溶性杂质	≤	—	—	2.00	0.80	1.10	1.60	2.40
卫生指标/(mg/kg)	铅（以 Pb 计）	≤	1.0						
	砷（以 As 计）	≤	0.5						
	氟（以 F 计）	≤	5.0						
	钡（以 Ba 计）	≤	15.0						
碘酸钾/(mg/kg)	碘（以 I 计）	≤	35±15(20~50)						
抗结剂/(mg/kg)	亚铁氰化钾（以[Fe(CN)$_6$]$^{4-}$计）	≤	10.0						

二、标准分析方法

标准分析方法也属于技术标准，它是按照规定的程序和格式编写，成熟性得到公认，通过协作实验确定了精密度和准确度，并由公认的权威机构颁布的分析方法。

一个项目的测定往往有多种可供选择的分析方法，这些方法的灵敏度不同，对仪器和操作的要求不同，而且由于方法的原理不同，干扰因素也不同，甚至其结果表示的含义也不尽相同，采用不同方法测定同一项目时就会产生结果不可比的问题。因此，对于指定产品的检验必须明确所应采用的技术标准和各项指标的标准分析方法。

如食用盐国家标准（GB 5461—2000）规定了食用盐各项检测指标的标准分析方法为：

(1) 粒度的测定　按 GB/T 13025.1 规定执行。
(2) 白度的测定　按 GB/T 13025.2 规定执行。
(3) 水分含量的测定　按 GB/T 13025.3 规定执行。
(4) 水不溶物含量的测定　按 GB/T 13025.4 规定执行。
(5) 氯离子含量的测定　按 GB/T 13025.5 规定执行。
(6) 钙离子含量的测定　按 GB/T 13025.6 规定执行。
(7) 镁离子含量的测定　按 GB/T 13025.6 规定执行。
(8) 硫酸根离子含量的测定　按 GB/T 13025.8 规定执行。
(9) 碘离子含量的测定　按 GB/T 13025.7 规定执行。
(10) 铅离子限量的测定　按 GB/T 13025.9 规定执行。
(11) 砷离子限量的测定　按 GB/T 13025.13 规定执行。
(12) 钡离子限量的测定　按 GB/T 13025.12 规定执行。
(13) 氟离子限量的测定　按 GB/T 13025.11 规定执行。
(14) 亚铁氰化钾限量的测定　按 GB/T 13025.10 规定执行。
(15) 氯化钠及水溶性杂质成分的计算和检验结果的检查（方法从略）。

在以上标准分析方法中，具体规定了方法所用试剂和仪器的规格、测定步骤和结果计算及允许误差等。按此标准分析方法即可进行食用盐产品质量检测，最后提交实验报告，并将各项分析结果与技术标准的要求对照，从而确定产品的质量与质量等级。

复习思考题

1. 化学试剂分为哪几种类型？进行无机化学实验和分析化学实验分别使用何种类别试剂？
2. 选用化学试剂应注意什么问题？
3. 化学试剂的贮存主要应注意什么问题？
4. 玻璃仪器主要分为几种类型？试举几例说明。
5. 实验室中可以加热的仪器有哪些？不可以加热的仪器又有哪些？
6. 试管、烧杯、锥形瓶有哪些用处？
7. 自来水为什么不能直接用于化学实验？
8. 实验室用水有几种级别？普通化学分析实验是否应该使用一级水，为什么？
9. 实验室常用洗涤剂有哪些？各适合在何种情况下使用？
10. 玻璃仪器洗净的标志是什么？
11. 简述玻璃仪器洗涤的一般过程。

12. 精密玻璃量器的干燥应采用何种方法？
13. 实验室常用于气体和液体的干燥剂有哪些？其适于干燥的物质又有哪些？
14. 哪类物质应采用间接加热法？常用热浴有哪几种？
15. 滤纸有何用途？称量分析中应选用何种滤纸？
16. 试纸有哪些类型？各有什么用途？
17. 测定溶液的酸碱性应选何种试纸？较精确地测定溶液的pH又应选择何种试纸？
18. 鉴定硫化氢、砷化氢气体应选择何种试纸？各有何现象出现？
19. 使用各种试纸时应注意些什么？
20. 分析试样为何必须具有代表性？
21. 固体试样制备的步骤主要有哪些？
22. 试样分解可采用哪些方法？
23. 在做过的实验中，你接触过的毒物有哪些？
24. 当误吸入硫化氢气体、手被玻璃割伤、浓硫酸沾在手上应如何处置？
25. 常用气体钢瓶的瓶身各是什么颜色？使用压缩气体钢瓶时应注意哪些安全事项？
26. 在你做过的实验中，排放的有毒废弃物有什么？如何进行无害化处理？
27. 对实验记录有哪些基本要求？
28. 什么是有效数字？有效数字位数如何进行判断？
29. 有效数字修约与运算规则有哪些？
30. 实验报告包括哪些基本内容？
31. 何谓技术标准与标准分析方法？试举例说明。

第二章 无机及分析化学实验基本操作

【学习目标】
1. 掌握无机化学实验基本知识与操作技能。
2. 掌握分析天平的使用与基本称量方法。
3. 掌握滴定分析仪器的使用与称量分析基本操作技能。

第一节 无机化学实验基本操作

一、试剂的取用

固体试剂通常装在广口瓶内,液体试剂则盛在细口瓶或滴瓶中。取用试剂前,一定要核对标签,确认无误后才能取用。取下瓶塞后,应将瓶塞倒置在桌面上,防止其沾污。取完试剂后应盖好瓶塞(绝不可盖错),并将试剂瓶放回原处,注意应使标签朝外放置。试剂取用量要合适,多取的试剂只能弃去或移作他用,绝不能倒回原瓶,以免污染试剂;有回收价值的,可收集在回收瓶中。任何化学试剂都不得用手直接取用。

1. 固体试剂的取用

① 取用固体试剂要用洁净、干燥的药匙,它的两端分别是大、小两个匙,取大量固体时用大匙,取少量固体时则用小匙。应做到专匙专用,用过的药匙必须洗净干燥后存放在洁净的器皿中。

② 取用一定质量的固体试剂时,可用托盘天平或分析天平等进行称量。称量时,将固体试剂放在洁净的称量纸或其他容器中,对于腐蚀性或易潮解的固体,则必须放在表面皿、小烧杯或称量瓶内称量。称量时应遵守天平使用规则。

当固体试剂的用量不要求很准确时,则不必使用天平称取,而用肉眼粗略估计即可。如要求取试剂少许或米粒、绿豆粒、黄豆粒大小等,根据其要求取相当量的试剂即可。

③ 向试管(特别是湿试管)中加入粉末状固体时,可用药匙或将试剂放在对折的纸槽中,伸入平放的试管中约 2/3 处,然后竖直试管,使试剂落入试管底部,如图 2-1 所示。

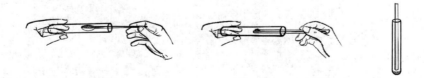

图 2-1 向试管中加入粉末状固体试剂

取用块状固体时,应将试管斜置,将块状药品放入管口,再使其沿管壁缓慢滑下。不得垂直悬空投入,以免碰破管底,如图 2-2 所示。

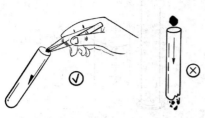
图 2-2　块状固体加入法

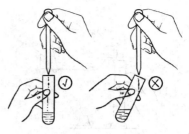
图 2-3　往试管中滴加液体试剂

固体颗粒较大时,则应放入洁净而干燥的研钵中,研磨碎后再取用,放入的固体量不得超过研钵容量的 1/3。

④ 向烧杯、烧瓶中加入粉末状固体时,可用药匙将试剂直接放置在容器底部,尽量不要撒在器壁上,注意勿使药匙接触器壁。

⑤ 有毒药品要在教师指导下取用。

2. 液体试剂的取用

(1) 从滴瓶中取用液体试剂　从滴瓶中取用液体试剂要使用滴瓶固定的滴管,不得用其他滴管代替。取用时先用手指捏紧滴管上部的橡皮乳头,排出其中的空气,然后将滴管插入溶液中,放松手指即可吸入溶液。滴管必须保持垂直,避免倾斜,尤忌倒立,否则试剂将流入橡皮头内而沾污。向试管中滴加试剂时,只能将滴管下口放在试管上方滴加(见图2-3),禁止将滴管伸入试管内或与管器壁接触,以免滴管沾污。滴加完毕应将滴管立即插回原瓶,并将滴管中剩余液体挤回原滴瓶,不能将充有试剂的滴管放置在滴瓶中。

当液体试剂用量不必十分准确时,可以估计液体量。如一般滴管的 20 滴约为 1mL;10mL 的试管中试液约占其容积的 1/5 时,则试液约为 2mL。

(2) 从细口瓶中取用液体试剂　当取用的液体试剂不需定量时,一般用左手拿住容器(试管、量筒等),右手握住试剂瓶,让试剂瓶的标签朝向手心,瓶口靠住容器口内壁,缓缓倾出试剂(见图2-4),倒出所需量试剂后,应将试剂瓶口在容器口边靠一下,再缓慢竖起试剂瓶,避免液滴沿瓶外壁流下。

如盛接容器是烧杯,则应用右手握瓶,左手拿玻璃棒,使棒的下端斜靠烧杯内壁,将瓶口靠在玻璃棒偏下处使液体沿着玻璃棒流下(见图2-5)。取完试剂后,应将瓶口顺玻璃棒向上提一下再离开玻璃棒,使瓶口残留的溶液沿着玻璃棒流入烧杯。悬空将液体试剂倒入试管或烧杯中都是错误的。

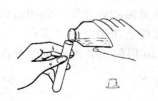
图 2-4　往试管中倒液体试剂

图 2-5　往烧杯中倒液体试剂

(3) 用量筒(杯)定量取用液体试剂　当以量筒或量杯取用一定量的液体试剂时,应如图 2-6 所示量取,左手持量筒(杯)并以大拇指指示所需体积刻度处,瓶口紧靠量筒(杯)口边缘,慢慢注入液体到刻度。读数时,如图 2-7 所示,视线应与量筒内溶液弯月面最低处水平相切,偏高、偏低都不会准确。

图 2-6 用量筒量取液体

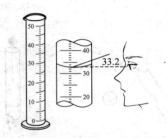
图 2-7 对量筒内液体体积的读数

二、溶液的配制

溶液的配制是指将固态试剂溶于水（或其他溶剂）配制成溶液；或者将液态试剂（或浓溶液）加水（或其他溶剂）稀释制成溶液。

用固态试剂配制溶液时，一般先称取一定量的固体试剂，置于容器中，加适量水（或其他溶剂）搅拌溶解，再稀释至一定体积，即得所配制的溶液。必要时可加热或采用其他方法加速溶解。

用液态试剂（或浓溶液）稀释配制溶液时，一般量取一定量的液态试剂（或浓溶液），加入所需的水（或其他溶剂）混合均匀即可。

试剂溶解时若有较大的热效应（或需加热促其溶解），应在烧杯中配制溶液，待溶液冷却或放置至室温后，再转入试剂瓶中。溶液配好后，应立即贴上标签，注明溶液的名称、浓度和配制日期。

配制溶液时需注意以下几点。

① 配制饱和溶液时，取用溶质的量应稍多于计算量，加热使之溶解后，冷却，待结晶析出后，取用上层清液以保证溶液饱和。

② 配制易水解的盐溶液时（如氯化亚锡、三氯化锑、硫化钠等），必须将它们先溶解在相应的酸或碱中（如盐酸、硝酸、氢氧化钠），以抑制水解，再进行稀释。

③ 配制易被氧化或还原的溶液时，常在使用前临时配制，也可采取适当措施，防止其被氧化或还原。如配制硫酸亚铁、氯化亚锡溶液时，不仅需要酸化溶液，还需加入金属铁或金属锡，以增加溶液的稳定性。

④ 配制指示剂溶液时，指示剂的用量往往很少，这时可用分析天平称量，但只要称准至两位数即可。

⑤ 配好的溶液，应选择适当的容器贮存。易侵蚀玻璃的溶液，不能盛放在玻璃瓶内，应放在聚乙烯瓶中，如强碱溶液、氟化物溶液；盛放碱性溶液的玻璃瓶不能用玻璃塞，要用橡皮塞或塑料塞；见光易分解和易挥发的溶液，应盛放在棕色瓶中并避光保存。

⑥ 经常使用的大量溶液，可先配制成比使用浓度高 10 倍的贮备液，使用时再取贮备液稀释。

三、加热器具与加热操作

在化学实验中，许多物质的溶解、混合物的分离与提纯以及化学反应的发生，都需要在加热的情况下进行。因此，选择适当的加热器具和加热方法、正确进行加热操作往往也是决定实验成败的关键之一。

实验室用以加热的仪器设备称为加热装置。常用的加热装置主要分为两类，即加热灯具和电加热器。

1. 加热灯具

无机化学实验室中常用的加热灯具有酒精灯、酒精喷灯和燃气喷灯等。

（1）酒精灯 酒精灯的构造如图2-8所示，其加热温度为400~500℃。灯焰分为外焰、内焰和焰心三部分，如图2-9所示，其中外焰的温度较高，内焰的温度较低，焰心的温度最低。

图2-8 酒精灯的构造
1—灯帽；2—灯芯；3—灯壶

图2-9 酒精灯的灯焰
1—外焰；2—内焰；3—焰心

使用酒精灯时，应注意以下几点。

① 首先要检查灯芯，将灯芯烧焦和不齐的部分修剪掉。

② 要用漏斗向灯壶内添加酒精，加入的酒精量不能超过总容量的2/3。

③ 点燃酒精灯，需用点燃的火柴或打火机，严禁用一盏燃着的酒精灯点燃另一盏酒精灯，也不允许在灯焰燃烧时添加酒精，以免引起火灾。

④ 加热时，要用灯焰的外焰部分。

⑤ 加热完毕，应盖上灯帽，以防酒精挥发。严禁用嘴吹灭酒精灯。火焰熄灭后将灯帽开启通一下气再盖上，以免下次打不开。

（2）酒精喷灯 酒精喷灯有座式和挂式两种，灯焰温度为800~1000℃，其构造如图2-10和图2-11所示。

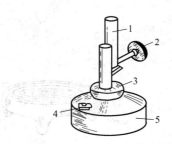
图2-10 座式酒精喷灯的构造
1—灯管；2—空气调节器；3—预热盘；
4—铜帽；5—酒精壶

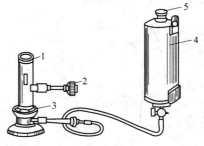
图2-11 挂式酒精喷灯的构造
1—灯管；2—空气调节器；3—预热盘；4—酒精贮罐；5—盖子

使用座式酒精喷灯时，要注意以下几点。

① 使用前先用探针疏通酒精蒸气出口，再用漏斗加入2/3容积的工业酒精。

② 一定要使灯管充分预热，否则酒精不能完全汽化，会有液体酒精从灯管口喷出形成"火雨"，容易引起火灾。一旦出现此情况，应立即关闭喷灯，重新预热。

③ 待预热盘中酒精快烧尽时，在灯管口上方点燃酒精蒸气，并旋转空气调节器调节气孔，以控制火焰的大小。

④ 停止加热时，用石棉网盖灭火焰，也可旋转空气调节器熄灭。

⑤ 座式酒精喷灯因酒精贮量少，连续使用不能超过半小时，如需较长时间使用，应先

熄灭酒精喷灯,冷却后添加酒精后再使用。

挂式酒精喷灯的用法与座式相似,但其酒精贮罐需挂到距喷灯1.5m左右的上方,加热完毕,必须立即先将酒精贮罐的下口关闭,再关闭喷灯。

(3) 煤气灯 煤气灯的构造如图2-12所示,灯焰温度为700~1200℃。灯焰亦分为氧化焰、还原焰和焰心三部分(见图2-13),焰心的温度最低,还原焰温度较高,火焰呈淡蓝色,氧化焰温度最高,火焰呈蓝紫色。

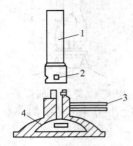
图 2-12 煤气灯的构造
1—灯管;2—空气入口;3—煤气入口;
4—螺旋形针阀

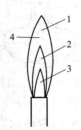
图 2-13 煤气灯的灯焰
1—氧化焰;2—还原焰;3—焰心;
4—最高温度处

使用煤气灯时,要注意以下几点。

① 先将空气入口关闭,点燃火柴,再打开煤气开关,将灯点燃。

② 旋转灯管,调节空气的进入量,拧动螺旋形针阀,调节煤气的进入量,直至火焰明显分为三层,使用时用氧化焰加热。

③ 加热完毕,及时关闭煤气开关。

若空气和煤气的进入量调节得不适当,会产生不正常的火焰,即凌空火焰和侵入火焰,如图2-14和图2-15所示。

图 2-14 凌空火焰

图 2-15 侵入火焰

图 2-16 电炉

a. 凌空火焰。当煤气和空气入口都开得太大时,火焰就会凌空燃烧,称为"凌空火焰",此时应将开关调小一些。

b. 侵入火焰。当煤气进口开得很小,而空气入口开得太大时,火焰就会在灯管内燃烧,并发出"嘶嘶"声,称为"侵入火焰",此时应立即关闭煤气,用湿布将灯管冷却后再关闭空气入口,重新点燃和调节。

2. 电加热器

(1) 电炉 电炉是实验室最常用的加热器具之一,如图2-16所示,主要由电阻丝、炉盘、金属盘座三部分组成,按功率不同分为500W、800W、1000W、1500W、2000W等规格。电炉常与调压器配套使用,以调节电压控制电炉的温度。加热时金属容器不能触及电阻丝，否则会造成短路，发生触电事故。电炉的耐火砖炉盘不耐碱，切勿把碱撒落在炉盘上，要及时清除炉盘内的灼烧焦糊物质，保证电阻丝传热良好，以延长电炉使用寿命。

（2）电热板　电热板实际上是封闭型电炉，如图 2-17 所示。其外壳用薄钢板和铸铁制成，具有夹层，内装绝热材料。发热体装在壳体内部，由镍铬合金电阻丝制成，其底部和四周有玻璃纤维等绝热材料，热量全部由铸铁平板向上散发。电热板的电阻丝排列均匀，热均匀性更好，特别适用于烧杯、锥形瓶等平底容器的加热。

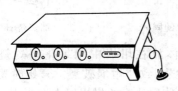 

图 2-17　电热板　　　　　　　　　　　图 2-18　电热套

（3）电热套（电热包）　电热套是专为加热圆底容器（如烧瓶等）而设计的，实际上也是封闭型电炉，如图 2-18 所示。它的电阻丝包在玻璃纤维内，为非明火加热，常用调压器调节温度，使用较为方便、安全。电热套按容积有 50mL、100mL、250mL、500mL 等规格。使用时，受热容器应悬置在加热套的中央，不得接触内壁，形成一个均匀加热的空气浴，温度可达 450～500℃。切勿将化学药品溅入套内，也不能加热空容器。

除以上电加热器具外，在化学实验中进行热处理，还可以采用红外灯、电热干燥箱（见图 2-19）、高温炉（见图 2-20）、微波炉等仪器设备。

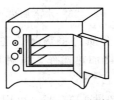 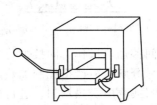

图 2-19　电热干燥箱　　　　　　　　　图 2-20　高温炉

3. 加热操作

加热方式的选择，取决于加热的容器、待加热物质的性质、质量和加热程度等。试管、烧杯、烧瓶、蒸发皿、坩埚等是实验室常用的加热容器，其可以承受一定的温度，但不能骤热和骤冷，加热前应将容器的外壁擦干，加热后不能突然与水或湿物接触。

（1）直接加热操作　直接加热是将被加热物直接放在热源中进行加热。对于热稳定性较强的液体（或溶液）、固体可采用直接加热操作。

① 直接加热试管中的液体或固体　加热时应用试管夹夹在距试管口 1/3 至 1/4 处。加热液体时，试管口应稍微向上倾斜（见图 2-21），液体量不能超过试管高度的 1/3，管口不能对着人，以免溶液沸腾时冲出，造成烫伤。要先加热液体的中部，再慢慢向下移动，然后不时地上下移动使液体各部分受热均匀。不要集中加热某一部分，以免造成局部过热而使液体迸溅。加热固体时，试管口应略向下倾斜（见图 2-22），以防从固体中释放出的水蒸气冷凝成水珠后倒流到试管的灼热处导致试管炸裂。加热前期应先将整个试管预热，一般是使灯焰从试管内固体试剂的前部缓慢向后部移动，然后在有固体物质的部位加强热。

② 加热烧杯中的液体　加热烧杯中的液体时，应如图 2-23 所示将烧杯放在石棉网上，也可直接放在电炉上。所盛液体不超过烧杯容量的 1/2，并不断搅拌以防暴沸。

  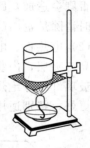

图 2-21 加热试管中的液体　　图 2-22 加热试管中的固体　　图 2-23 加热烧杯中的液体

③ 灼烧　当需要在高温下加热固体时，可将固体放在坩埚中用氧化焰灼烧（见图 2-24），不要让还原焰接触坩埚底部，以免坩埚底部结炭，致使坩埚破裂。开始时要先用小火使坩埚受热均匀，然后逐渐加大火焰。灼烧完毕，应使用洁净的坩埚钳夹取坩埚，坩埚钳事先应在火焰上预热一下其尖端。使用后应将坩埚钳的尖端向上平放于石棉网上，以保证尖端不会沾污。

图 2-24 灼烧坩埚中的固体　　　　　图 2-25 水浴加热

(2) 间接加热操作　间接加热是先用热源将介质加热，介质再将热量传递给被加热物。对于受热易分解及需严格控制加热温度的液体，只能采取间接加热操作，这种加热方式可使被加热容器或物质受热均匀，进行恒温加热。

① 水浴加热　当被加热物质要求受热均匀，而温度又不超过100℃时，可用水浴加热（见图2-25）；对于低沸点的易燃物质，如乙醇、丙酮等必须用水浴加热。水浴是在浴锅内盛水（一般不超过2/3），将要加热的容器浸入水中，在一定温度下加热。也可将容器不浸入水中，而是通过水蒸气来加热，此方法称为水蒸气浴。加热过程中应注意补充水，切勿烧干。

电热恒温水浴锅（见图2-26）可根据需要在37～100℃之间自动控制恒温。使用时必须先加好水，箱内水位应保持在2/3高度处（严禁水位低于电热管），然后通电加热。

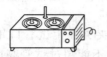 

图 2-26 电热恒温水浴锅　　　　　图 2-27 沙浴加热

② 油浴加热　油浴适用于100～250℃的加热，加热时将容器浸入油浴锅中，并在油浴锅内悬挂温度计，以便调节加热温度。常用的油浴物质有甘油、植物油、液体石蜡、硅油等。使用时要小心控制加热温度，当油的冒烟情况严重时，应停止加热。

③ 沙浴加热　当温度高于100℃，尤其是温度在200℃以上时，可以用沙浴加热。沙浴是将细沙盛在平底铁盘内，将加热容器部分埋在沙中，下面用热源加热（见图2-27）。若要测量沙浴的温度，可将温度计插入沙中。沙浴加热的特点是升温比较慢，停止加热后散热也

④ 空气浴加热　目前实验室中广为使用的电热套加热就是一种空气浴加热。它适用于对圆底容器进行加热，用调压器可调节加热温度，最高可达500℃。

除水浴、油浴、沙浴和空气浴外，还有金属（合金）浴、盐浴等加热方法。

四、温度计与温度测量

温度计是用来测量温度的仪器，其种类甚多，包括液体温度计、气体温度计、电阻温度计、热电偶温度计、辐射温度计、光测高温计、转动式温度计与液晶温度计等。其中利用物质的体积、电阻等物理性质与温度的函数关系制成的温度计为接触式温度计。

测量温度时必须将温度计触及被测体系，使温度计和被测体系达成热平衡，二者温度相等，从而由被测物质的特定物理参数直接或间接地换成温度，如水银温度计（见图 2-28）就是根据水银的体积变化直接在玻璃管上刻以温度值的。每种温度计都有一定的测温范围，水银温度计可用于-30～360℃区间温度的测量；封在玻璃管中不同烃类化合物的温度计可以测量低于-30℃，甚至-200℃的温度；若要测量高温温度，可用热电偶或辐射高温计等；而接点温度计（见图 2-29）不能用于温度测量，只能作为定温器使用。

图 2-28　水银温度计

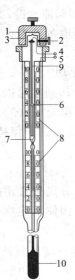

图 2-29　接点温度计

1—调节帽；2—调节帽固定螺丝；3—磁铁；
4—螺丝杆引出线；5—水银槽引出线；
6—指示铁；7—触针；8—刻度板；
9—调节螺丝杆；10—水银球

利用水银温度计测量温度时应该注意：

① 根据所测温度的高低选择合适的温度计。实验室中常用的水银温度计有0～100℃、0～250℃、0～360℃三种规格。例如要测量温度在200℃左右时，最好选择0～250℃的温度计，而不能选0～100℃（易胀破）或0～360℃（精度差）的温度计。

② 根据实验要求选择合适精度的温度计。例如利用冰点下降法测化合物的相对分子质量时，最好选用刻度为1/10的温度计，可准确测到0.01℃。对于一般的温度测量，则没有必要使用如此高精度的温度计（价格偏高）。

③ 利用温度计测量时，要使温度计浸入液体的适中位置，不要使温度计接触容器的底部或器壁。

④ 不能将温度计当搅拌棒使用，以免水银球碰破。

⑤ 测量高温的温度计取出后不能立即用凉水冲洗，也不要放置在温度较低的水泥台上，以免水银球炸裂。

⑥ 使用温度计时要轻拿轻放，不要随意甩动。水银温度计不慎被打碎后，要立即报告指导教师处置，撒出的水银应立即回收，不能回收者，要用硫黄覆盖清扫。

五、冷却

有些反应需要在低温下进行；还有些反应放出大量的热，需要除去过剩的热量；结晶时，也需要通过降温使晶体析出，以上过程都需要进行冷却。在化学实验中，可以根据不同的要求，选用适宜的冷却方法。

1. 自然冷却

这是一种最简单的冷却方法，即将热溶液等在空气中放置一段时间，使其自然冷却至室温。

2. 吹风冷却和流水冷却

需冷却到室温的溶液，可用此法。将盛有热溶液的容器直接用流动的自来水冲淋或用吹风机吹冷风冷却。

3. 制冷剂冷却

当溶液需冷却到室温以下时，可用制冷剂冷却（见表 1-11）。常用的制冷剂有冰水、冰盐溶液（温度可降至 $-20℃$）、干冰与有机物的混合物（温度可降至 $-78℃$）、液氮（温度可降至 $-190℃$）等。为了保持冷却的效率，也要选择绝热较好的容器，如杜瓦瓶等。

六、过滤

过滤是固液分离最常用的操作，借助于过滤器，可使固液混合物中的溶液部分通过过滤器进入接收器，固体沉淀物（或晶体）部分则留在过滤器上。过滤的方法有常压过滤、减压过滤和热过滤等。

1. 常压过滤（普通过滤）

在常温常压下，使用漏斗过滤的方法称为常压过滤。此法简捷方便，但过滤速度较慢。常压过滤多使用普通漏斗加滤纸作过滤器。所用滤纸根据实验要求选择，一般固液分离选用定性滤纸，定量分析中选用定量滤纸。若过滤强氧化剂，则应选用玻璃纤维等。

用漏斗和滤纸过滤的基本操作详见本章第四节。

2. 减压过滤

减压过滤也称吸滤或抽滤。此方法过滤速度快，沉淀抽得较干，适合于大量溶液与沉淀的分离，但不宜过滤颗粒太小的沉淀和胶体沉淀，因颗粒太小的沉淀易堵塞滤纸或滤板微孔，而胶体沉淀易穿滤。

（1）减压过滤装置　减压过滤装置如图 2-30(a) 所示，它由吸滤瓶、过滤器、安全瓶和减压系统四部分组成。

① 过滤器和吸滤瓶　过滤器为布氏漏斗或微孔玻璃滤器。布氏漏斗是瓷质的，耐腐蚀，耐高温，底部有很多小孔，使用时需衬滤纸或滤膜，且必须置于橡皮垫或装在橡皮塞上。吸滤瓶用于承接滤液。微孔玻璃过滤器常用于烘干后需要称量的沉淀的过滤，不适合用于碱性

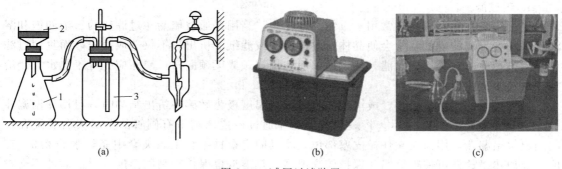

图 2-30 减压过滤装置
1—吸滤瓶；2—过滤器；3—安全瓶

溶液，因为碱会与玻璃作用而堵塞滤芯的微孔。

② 安全瓶 安全瓶安装在减压系统与吸滤瓶之间，防止在关闭抽气管后，压力的改变引起自来水倒吸入吸滤瓶中，致使滤液沾污。

③ 减压系统 一般为抽气管或油泵。抽气管多安装在实验室的自来水龙头上。当减压系统将空气抽走时，吸滤瓶中形成负压，造成布氏漏斗的液面与吸滤瓶内具有一定的压力差，使滤液快速滤过。

（2）减压过滤操作方法

① 按图 2-30(a) 安装好抽滤装置。注意将布氏漏斗插入吸滤瓶时，漏斗下端的斜面要对着吸滤瓶侧面的支管，以便吸滤。

② 将滤纸剪成较布氏漏斗内径略小的圆形，以全部覆盖漏斗小孔为准。把滤纸放入布氏漏斗内，用少量蒸馏水润湿滤纸，微开与抽气管相连的水龙头，滤纸便吸紧在漏斗的底部。

③ 缓慢将水龙头开大，然后进行过滤。过滤时，也可采用倾泻法，即先将上层清液过滤后再转移沉淀。抽滤过程中要注意，溶液加入量不得超过漏斗总容量的 2/3；吸滤瓶中的滤液要在其支管以下，否则滤液将被抽气管抽出；如欲停止抽滤，应先将吸滤瓶支管上的橡皮管拔下，再关水龙头，否则水将倒灌入安全瓶中。

④ 洗涤沉淀时，先拔下吸滤瓶上的橡皮管，关上水龙头，加入洗涤液润湿沉淀，再微开水龙头接上橡皮管，让洗涤液缓慢透过沉淀。最后开大水龙头抽干。重复上述操作，洗至达到要求为止。洗涤晶体时，若滤饼过实，可加溶剂至刚好覆盖滤饼，用玻璃棒搅松晶体（不要把滤纸捅破），使晶体完全润湿。为了更好地抽干漏斗上的晶体，可用清洁的平顶玻璃塞在布氏漏斗上挤压晶体，再抽气把溶剂抽干。

⑤ 过滤结束后，应先将吸滤瓶上的橡皮管拔下，关闭水龙头，再取下漏斗倒扣在清洁的滤纸或表面皿上，轻轻敲打漏斗边缘，或用洗耳球向漏斗下口吹气，使滤饼脱离漏斗而倾在滤纸或表面皿上。

⑥ 将滤液从吸滤瓶的上口倒入洁净的容器中，不可从侧面的支管倒出，以免污染滤液。

随着科学技术的发展，越来越多更为先进的自动化仪器走进实验室，取代较为陈旧的仪器。现代教学常用减压过滤装置如图 2-30(b)、(c) 所示，它的减压系统用循环水式多用真空泵代替过去的小水泵。它比传统真空泵节约了水资源，降低了噪声，加快了过滤速度。机体装有 2 个或 4 个真空表，采用双抽头，一台仪器可供 2~4 名学生同时使用。

3. 热过滤

热过滤又称保温过滤，常用于重结晶操作中。当用普通玻璃漏斗过滤热的、浓的饱和溶液时，随着温度的降低，常会使晶体在漏斗颈中或滤纸上析出，不仅造成损失，而且使过滤产生困难，此时宜采用热过滤。热过滤一般选用短颈或无颈漏斗，漏斗应先置于热水、热溶剂或烘箱中预热后再使用。

如果过滤的溶液量较多，或溶质的溶解度对温度极为敏感易析出结晶时，可用保温漏斗过滤，其装置如图 2-31 所示。将短颈玻璃漏斗通过橡皮塞与带有侧管的金属夹套装配在一起制成保温漏斗，用铁夹夹住橡皮塞部位，将其固定在铁架台上，夹套中充热水约 2/3，在侧管处加热。这样可使玻璃漏斗保持较高温度，热溶液也保持较高的温度，过滤时就不会析出晶体。注意若溶剂为易燃液体，过滤时侧管处应停止加热。

热过滤时，为充分利用滤纸的有效面积，达到最大的过滤速度，常使用扇形滤纸（也称褶纹滤纸），其折叠方法如图 2-32 所示。

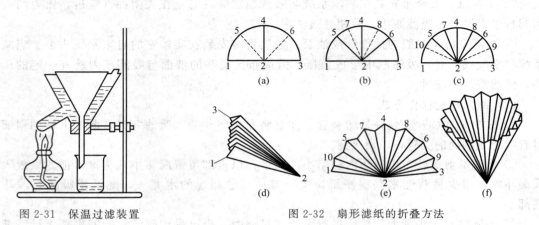

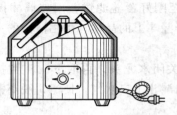

图 2-31　保温过滤装置　　　　　图 2-32　扇形滤纸的折叠方法

七、离心分离

离心分离法是固液分离的方法之一，它使用离心机来使少量溶液与沉淀进行分离，此法操作简单而迅速。

实验室用离心机有手摇式和电动式两种，电动离心机的结构如图 2-33 所示。

图 2-33　电动离心机的结构　　　　　图 2-34　用吸管吸取上层清液

离心分离时，先将盛有固液混合物的离心试管放入电动离心机的试管套内，并放置对称。用一支试管进行离心分离时，在与之相对称的试管套内也要装入一支盛有相同体积水的试管，以保证离心机旋转时平衡稳定。离心机开始启动要缓慢，并逐渐加速，转速的大小和旋转时间视沉淀的性质而定，离心结束时旋转钮旋至停止挡，使其自然停止转动。注意在任何情况下，都不能猛力启动离心机，或用外力强制其停止转动，否则离心机很容易损坏，甚至造成事故。

离心完毕,取出试管。由于离心作用,沉淀紧密地聚集于离心试管的底部,上层则是澄清的溶液,可用吸管小心地吸出上层清液(见图2-34),注意吸管管尖不要接触沉淀。也可用倾泻法将其倾倒出。

完成分离操作后,如沉淀需要洗涤,则加少量水或洗涤液,用玻璃棒搅拌后,再离心分离,吸出上层清液。如此反复2～3次即可。

八、蒸发与结晶、重结晶

1. 蒸发

蒸发一般是利用加热的方法使溶剂部分汽化,从而提高溶液浓度或析出固体溶质的过程,因此也叫浓缩。蒸发的快慢不仅和温度的高低有关,也与被蒸发液体的表面积大小有关。常用的蒸发容器是蒸发皿,它能使被蒸发的液体有较大的表面积,很适合水溶液的蒸发。

在无机制备、提纯实验中,蒸发、浓缩多在水浴上进行。若溶液很稀,物质对热的稳定性较强时,可将蒸发皿的外壁擦干后,放在石棉网上用燃气灯直接加热蒸发。蒸发时温度不宜过高,以防止溶液暴沸、迸溅现象发生。蒸发皿中溶液的体积不得超过其容积的2/3,如溶液量较大,蒸发皿一次盛不下,可以在蒸发过程中视溶剂的减少而酌情添加溶液。随着溶剂的不断蒸发,溶液不断浓缩,蒸发到一定程度后冷却,就会有结晶析出。有机溶剂的蒸发应在通风橱中进行,视溶剂的沸点和易燃性,注意选择适宜的温度。有机溶剂蒸发常用水浴加热,不可用灯焰直接加热,最好加入沸石,以防止暴沸。

蒸发时,如果溶质溶解度较大,可加热至溶液表面出现晶膜时停止;如果溶质溶解度较小或高温时溶解度较大而室温时溶解度较小时,则不必加热至出现晶膜即可停止。

2. 结晶

结晶是指溶液达到过饱和后,从溶液中析出晶体的过程。通常结晶有两种方法:一种是恒温加热蒸发,减少溶剂,使溶液达到过饱和而析出晶体,它适用于溶解度随温度变化不大,溶解度曲线比较平坦的物质,如氯化钠、氯化钾等;另一种是通过降温使溶液达到过饱和而析出晶体,此法适用于溶解度随温度的降低而显著减小,即溶解度曲线很陡的物质,如硝酸钾、草酸等。

形成的晶体颗粒大小与结晶性质和操作条件有关。当溶液浓度较高、溶质溶解度较小、冷却速度较快、有某些诱导因素(如剧烈搅拌、投放晶体)时,较易析出细小的晶体;反之,则易得到颗粒较大的晶体。有时,某些物质的溶液已达到一定的过饱和程度,仍不析出晶体,则可用搅拌、摩擦器壁、投入"晶种"等方法促使结晶析出。

3. 重结晶

制备所得的固体产物或一次结晶后所得到的晶体,其纯度仍不符合要求时,可采用重结晶对其进行提纯。重结晶一般适用于杂质含量小于5%的固体物质的提纯。重结晶的原理是:利用被提纯物质及杂质在溶剂中的溶解度不同,将被提纯物质溶解在热的溶剂中达到饱和,冷却时被提纯物质从溶液中析出结晶,杂质则全部或大部分留在溶液中(或杂质在热溶液中不溶而趁热过滤除去),从而达到提纯的目的。

重结晶操作的主要步骤如下。

(1) 选择合适的溶剂 选择合适的溶剂是重结晶操作的关键,所用溶剂必须符合下列条件。

① 不与被提纯物质起化学反应。

② 在高温时,被提纯物质在溶剂中的溶解度较大,而在低温时,溶解度应该很小。

③ 杂质在溶剂中的溶解度很大(结晶时留在母液中)或很小(趁热过滤即可除去)。

④ 溶剂沸点应低于被提纯物质的熔点。

⑤ 溶剂的沸点不可太高,以便于重结晶之后的干燥操作。

(2) 配制热饱和溶液　在烧杯或圆底烧瓶中加入比理论量稍少的溶剂,加入粗产品,加热煮沸(根据溶剂的性质,选择适当的加热方式),继续滴加溶剂,直至固体刚好完全溶解,配制成热饱和溶液。考虑到溶剂的挥发及温度下降而过早析出结晶,溶剂要适当过量,一般再补加15%~20%的溶剂。注意用易挥发的有机溶剂加热溶解时,应在回流操作下进行。

(3) 活性炭脱色及热过滤　若粗产品溶解后溶液中含有一些有色杂质,或溶液中存在少量树脂状物质及极细小的不溶性杂质时,可在溶液稍冷后,加入少量活性炭(用量一般为粗产品质量的1%~5%),搅拌,然后再加热煮沸5~10min。脱色后应趁热迅速进行热过滤,除去活性炭。活性炭在水溶液和极性有机溶剂中脱色效果较好,但在非极性溶剂中,脱色效果较差。

(4) 冷却结晶　将过滤后的滤液静置,自然冷却,使晶体析出。注意不要将滤液放入冷水或冰水中快速冷却,也不要用玻璃棒剧烈搅动,这样会使晶体颗粒过细,晶体表面易吸附杂质,难以洗涤。若滤液冷却至室温,仍无晶体析出,可用玻璃棒摩擦器壁或投入该化合物的晶体作为"晶种",以促使晶体析出。

(5) 减压抽滤及干燥　待结晶完全析出后,减压抽滤。晶体用少量溶剂洗涤1~2次后,取出,进行干燥。如溶剂的沸点较低,可在室温下自然晾干;若溶剂的沸点较高,可用红外灯烘干;对易吸水的晶体,应采用真空恒温干燥法干燥;若晶体吸附的溶剂在过滤时很难抽干,可用滤纸吸干,即将晶体放在两三层滤纸上,上面再盖上滤纸挤压吸出溶剂。

第二节　分析天平与称量

分析天平是准确称量物质质量的精密衡器,也是分析化学实验中的常用计量仪器。正确、熟练地使用分析天平进行称量是做好分析工作的基本保证。

一、天平的分类

根据设计原理,天平可以分为杠杆式天平、弹性力式天平、电磁力式天平和液体静力平衡式天平四类。杠杆式天平分为等臂天平与不等臂天平,包括等臂双盘天平、等臂单盘天平与不等臂单盘天平,等臂双盘天平又分为普通标牌天平与电光天平。

根据量值传递范畴,天平可分为标准天平(直接用于检定传递砝码质量量值的天平)和工作用天平。工作用天平分为分析天平(称量精度0.0001~0.00001g)、工业天平(称量精度0.1~0.01g)和其他专用天平(如密度天平、采样天平、水分测定天平)。分析天平又分为常量(0.1mg/分度值)、半微量(0.01mg/分度值)与微量(0.001mg/分度值)分析天平。

国家标准GB/T 4168—92《非自动天平　杠杆式天平》中,将非自动天平中杠杆式天平准确度级别（最大称量与检定标尺间隔之比）为 $1\times10^4 \sim 2\times10^7$ 的单杠杆式天平分为特种准确度级（Ⅰ）——高精密天平和高准确度级（Ⅱ）——精密天平，特种准确度级细分为7个小级，高准确度级细分为3个小级，如表2-1所示。

表 2-1　分析天平的精度级别

精度级别		最大称量与检定标尺间隔之比 n	精度级别		最大称量与检定标尺间隔之比 n
Ⅰ	1	$1\times10^7 \leqslant n < 2\times10^7$	Ⅰ	6	$2\times10^5 \leqslant n < 4\times10^5$
	2	$4\times10^6 \leqslant n < 1\times10^7$		7	$1\times10^5 \leqslant n < 2\times10^5$
	3	$2\times10^6 \leqslant n < 4\times10^6$	Ⅱ	8	$4\times10^4 \leqslant n < 1\times10^5$
	4	$1\times10^6 \leqslant n < 2\times10^6$		9	$2\times10^4 \leqslant n < 4\times10^4$
	5	$4\times10^5 \leqslant n < 1\times10^6$		10	$1\times10^4 \leqslant n < 2\times10^4$

常用分析天平的型号及规格见表2-2。

表 2-2　常用分析天平的型号及规格

种　类	型　号	名　称	规　格
双盘天平	TG-328A	全机械加码电光天平	200g/0.1mg
	TG-328B	半机械加码电光天平	200g/0.1mg
	TG-332A	微量天平	20g/0.01mg
单盘天平	DT-100	单盘精密天平	100g/0.1mg
	DTG-160	单盘电光天平	160g/0.1mg
	BWT-1	单盘微量天平	20g/0.01mg
电子天平	MD100-2	上皿式电子天平	100g/0.1mg
	MD200-3	上皿式电子天平	200g/0.1mg

二、分析天平的构造

1. 半机械加码电光分析天平

各种型号和规格的等臂双盘分析天平的构造基本相同，现以常用的TG-328B型半机械加码电光分析天平（见图2-35）为例进行介绍。

(1) 天平箱　天平箱起保护天平的作用，以防止灰尘、湿气或有害气体的侵入，称量时可减少外界湿度、气流、人的呼吸等影响。天平箱前面有一个可以向上开启的门，供装配、调整和修理天平使用，称量时不可打开；两侧各有一个玻璃门，供取放称量物和砝码用，但是在读取天平的零点、平衡点时，两侧门必须关好。

天平箱下装有三只支脚，脚下有垫脚。后面一只支脚固定不动，前面两只装有可以调节的升降螺丝，用以调节天平的水平位置。

(2) 天平横梁　横梁是天平的主要部件，它相当于一个杠杆，起平衡和承载物体的作用，一般由质轻坚固、膨胀系数小的铜铝合金制成。横梁上装有三个三棱柱形玛瑙刀，中间为支点刀，刀口向下，由固定在立柱上的玛瑙平板刀承所支承；左右两边各有一个承重刀，刀口向上，刀口上方各悬有一个嵌有玛瑙平板刀承的吊耳，这三个刀的刀口应互相平行并在同一水平面上，如图2-36所示。

横梁左右两端还各装有一个平衡调节螺丝，用来调整梁的平衡位置（即粗调零点）。支点刀的后上方装有重心螺丝，用来调整天平的灵敏性和稳定性。横梁中间装有向下垂直的指针，指针下端装有微分标尺，经光学系统放大成像于投影屏上，用于指示天平平衡位置。

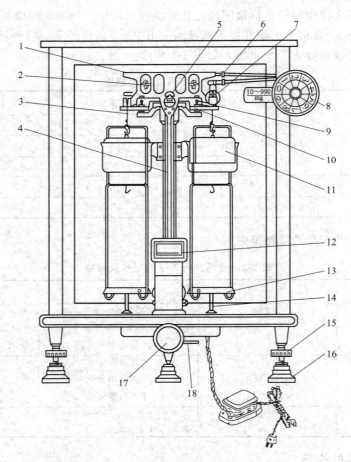

图 2-35　TG-328B 型半机械加码电光分析天平
1—横梁；2—平衡调节螺丝；3—吊耳；4—指针；5—支点刀；6—加码杆；7—环码；
8—加码器；9—支柱；10—托翼；11—阻尼器；12—投影屏；13—秤盘；14—盘
托；15—螺旋脚；16—垫脚；17—升降旋钮；18—投影屏微动拉杆

（3）立柱　天平正中央是立柱，安装在天平底板上。立柱的上方嵌有一块玛瑙平板，用于承受支点刀；立柱的上部装有能升降的托翼，天平关闭时托住横梁，使刀口架空，以减少磨损，保护刀口；柱的中部两端装有空气阻尼器的外筒。立柱上还装有水准器，用来检查天平的水平位置。

（4）悬挂系统

① 吊耳　天平的两吊耳通过下嵌玛瑙平板（刀承），坐落在横梁左右两边的承重刀上，使吊钩及秤盘、阻尼器内筒能自由摆动。其中一个吊耳上还装有加码承受片，用于放置环码，如图 2-37 所示。

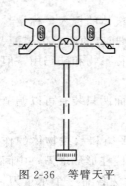

图 2-36　等臂天平的横梁

② 空气阻尼器　阻尼器由两个互相罩合而又不相接触的铝合金圆筒构成，外筒固定在立柱上，内筒挂在吊耳上。两筒间隙均匀，没有摩擦，开启天平后，内筒能上下自由运动，靠空气阻力的作用使天平横梁很快停摆而达到平衡。

③ 秤盘　天平左右两个秤盘挂在吊耳的挂钩上，称量时左盘上放置被称量的物体，右盘上放置砝码。秤盘下面各有一盘托，天平休止时盘托上升托住秤盘，以减轻横梁负重。

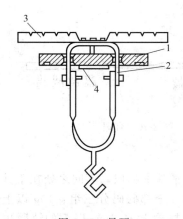
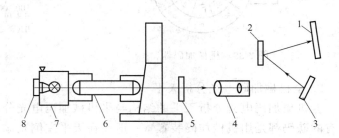

图 2-37 吊耳
1—承重板；2—十字头；
3—加码承受片；4—刀承

图 2-38 光学读数系统
1—投影屏；2—大反射镜；3—小反射镜；4—物镜筒；5—微分标尺；
6—聚光镜；7—照明筒；8—灯座

吊耳、阻尼器内筒、秤盘上一般都刻有左"1"、右"2"标记，安装时要注意区分。

（5）光学读数系统　　天平指针下端装有微分标尺，通过光学读数装置使微分标尺上的刻度放大，再反射到投影屏上即可读出天平的平衡位置（见图 2-38）。天平的微分标尺上刻有 10 大格，每大格相当于 1.0mg，每一大格又分为 10 小格，每小格为 0.1mg。指针左右摆动时，从投影屏上可以看到微分标尺的投影在移动。在投影屏的中央有一条竖直的固定刻线，标尺投影与该线重合处即天平的平衡点位置。天平空载时刻线与微分标尺上的"0"位应恰好重合，此即天平的零点位置。通过微分标尺在投影屏上的投影，可直接读取 10mg 以下的质量。天平箱下面的调节杆可使投影屏在小范围内左右移动，以细调天平的零点。

（6）天平升降（开关）旋钮　　天平升降旋钮位于天平底板下方正中，连接托翼、盘托和光源开关。顺时针旋转升降旋钮，天平开启，托翼和盘托下降，横梁上的三个刀口与相应的玛瑙平板接触，吊钩及秤盘自由摆动，同时接通了光源，屏幕上显示出标尺的投影，天平进入工作状态；逆时针旋转升降旋钮，天平关闭，横梁、吊耳及秤盘被托住，刀口与玛瑙平板脱离，光源被切断，屏幕变暗，天平进入休止状态。

（7）砝码和环码　　半机械电光分析天平 1g 以上的砝码装在砝码盒中，使用时用盒内备有的塑料尖镊子夹取，而 1g 以下的砝码用机械加码装置加减。

每台天平都附有一盒配套的砝码，砝码组合多采取 1、2、2、5 型，即有 1g、2g、2g、5g、10g、20g、20g、50g、100g 共 9 只砝码，按固定顺序放在砝码盒中。标称值相同的两个砝码，其实际质量可能有微小的差异，所以规定其中一只用单点"·"或单星"*"作标记加以区别。为了尽量减少称量误差，同一个试样分析中的几次称量，应尽可能使用同一砝码。

1g 以下的砝码用金属丝制成环状，称为环码，按照一定顺序放置在天平右侧的加码勾上。环码有 10mg、10mg、20mg、50mg、100mg、100mg、200mg、500mg，可以组合成 10～990mg 的任意数值。机械加码器（见图 2-39）的指数盘上标有环码的质量数值，内层为 10～90mg 组，外层为 100～900mg 组。转动加码器可在天平梁右端吊耳的承受片上加 10～990mg 的环码（见图 2-40），在指数盘上即可以读取所加环码的质量值。

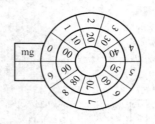

图 2-39 机械加码器

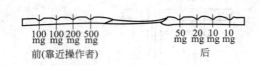

图 2-40 环码

2. 全机械加码电光分析天平

全机械加码电光分析天平的结构与半机械加码电光分析天平基本相似,不同之处在于其所有的砝码都是用机械加码装置(一般设在天平左侧)添加的。全部砝码分三组:10g 以上组、1~9g 组、10~990mg 组,分别装在三个机械加码转盘的挂钩上,10mg 以下的读数也是从光幕标尺直接读取。

TG-328A 型全机械加码电光分析天平如图 2-41 所示。

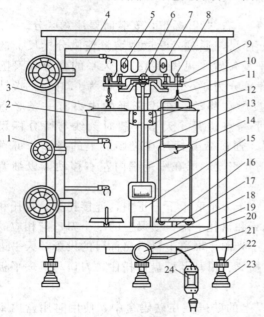

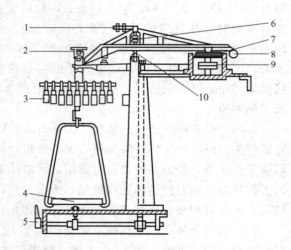

图 2-41 TG-328A 型全机械加码电光分析天平
1—加码器;2—阻尼器外筒;3—阻尼器内筒;4—加码杆;5—平衡调节螺丝;6—支点刀;7—横梁;8—吊耳;9—边刀盒;10—托翼;11—吊钩;12—阻尼架;13—指针;14—立柱;15—投影屏座;16—天平盘;17—盘托;18—底座;19—框座;20—升降旋钮;21—投影屏微动拉杆;22—螺旋脚;23—垫脚;24—变压器

图 2-42 不等臂全机械减码式单盘电光天平
1—平衡调节螺丝;2—补偿挂钩;3—砝码;4—秤盘;5—升降旋钮;6—调节重心螺丝;7—空气阻尼片;8—微分标尺;9—配重锤;10—支点刀

3. 单盘电光天平

单盘电光天平分为等臂和不等臂两种,它们的另一个"盘"被配重体所代替,并隐藏在顶罩内后部,起杠杆平衡作用。为减小天平的外观尺寸,承重臂设计的长度一般比配重力臂短,故常见的单盘天平多是不等臂的。单盘天平具有感量恒定、无不等臂误差、称量速度快等优点。

如图 2-42 所示为不等臂全机械减码式单盘电光天平的主要部件示意图。

此种不等臂单盘天平只有两个刀口,一个是支点刀,另一个是承重刀。后者承载悬挂系统,内含的砝码及秤盘都在同一悬挂系统中,横梁的另一端挂有配重锤并安装了微分标尺。

天平空载时,砝码都在悬挂系统的砝码架上。开启天平后,合适的配重锤使天平梁处于平衡状态,当被称物放在秤盘上后,必须减去一定质量的砝码,才能保持原有的平衡位置,所减去砝码的质量就等于被称量物的质量。这种天平的称量方法称为"替代称量法"。

4. 电子天平

电子天平是采用电磁力平衡的原理,应用现代电子技术设计而成的。它是将秤盘与通电线圈相连接,置于磁场中,当被称物置于秤盘后,因重力向下,线圈上就会产生一个电磁力,与重力大小相等方向相反。这时传感器输出电信号,经整流放大,改变线圈上的电流,直至线圈回位,其电流强度与被称物体的重力成正比。而这个重力正是物质的质量所产生的,由此产生的电信号通过模拟系统后,将被称物品的质量通过显示屏自动显示出来。目前应用较多的电子天平有顶部承载式(吊挂单盘)和底部承载式(上皿式)两种。

由于电子天平没有机械天平的横梁,没有升降枢装置,全量程不用砝码,直接在显示屏上读数,所以具有操作简单、性能稳定、称量速度快、灵敏度高等特点。目前一般电子天平还具有去皮(净重)称量、累加称量、计件称量等功能,并配有对外接口,可连接打印机、计算机、记录仪等,实现了称量、记录、计算自动化。

电子天平的外形及基本部件(以 Sartorius110s 型为例)如图 2-43 所示。

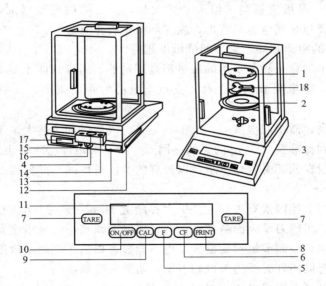

图 2-43 Sartorius110s 型电子天平的外形
1—秤盘;2—屏蔽环;3—地脚螺旋;4—水平仪;5—功能键;6—清除键;7—去皮键;
8—打印键;9—校正键;10—开关键;11—显示器;12—CMC 标签;13—具有
cε 标记的型号牌;14—防盗装置;15—菜单-去联锁开关;16—电源
接口;17—数据接口;18—秤盘支架

电子天平的使用方法如下。

① 调水平。调整地脚螺旋高度,使水平仪内的空气泡位于圆环中央。

② 接通电源、预热（0.5h）。
③ 按开关键（ON/OFF 键），直至全屏自检。
④ 校准。按校正键（CAL 键），天平将显示所需校正砝码的质量（如 100g）。放上 100g 标准砝码，直至显示 100.0g，校正完毕，取下标准砝码。
⑤ 零点显示（0.0000g）稳定后即可进行称量。
⑥ 称量。根据实验要求，选用一定的称量方法进行称量，读取数值并记录，如连接有打印机可按打印键完成。使用去皮键（TARE 键），可消去不必记录的数字如容器的质量等。
⑦ 关机。称量完毕，记下数据后将重物取出，天平自动回零。
⑧ 天平不使用时将开关键关至待机状态，可以保持保温状态，延长其使用寿命。

三、分析天平的计量性能

天平的计量性能主要有灵敏性、稳定性、正确性和示值变动性，通过其性能指标可以衡量天平的质量。

1. 天平的灵敏性

天平的灵敏性是指天平"觉察"两臂质量差的能力，通常用灵敏度与感量来表示。天平的灵敏度 E 一般是指载荷改变 1mg 引起的指针偏移的格数，单位为格/mg。

$$E = \frac{指针偏移的格数}{1\text{mg}}$$

天平的灵敏度与下列因素有关。
① 天平梁的质量越大，天平的灵敏度越低。
② 天平臂越长，灵敏度越高。但天平臂太长，天平梁的质量增加，灵敏度反而降低。而且天平载荷时，臂越长就越容易变形，故实际天平臂不宜过长。
③ 支点与重心的距离越短，天平的灵敏度越高。

由于同一台天平的臂长和天平梁的质量都是固定的，通常只能改变支点与重心的距离来调整天平的灵敏度。感量调节螺丝上移，支点与重心的距离减小，天平的灵敏度增加；反之，灵敏度降低。

天平灵敏度过高，微小的湿度差、灰尘、温差、气流等即可使天平不能很快静止；天平灵敏度太低，达不到称准至 0.1mg 的目的。因此，天平灵敏度必须适当。

此外，天平一般在载荷时臂微下垂，以致臂的实际长度减小并使梁的重心下移，故载荷后其灵敏度会减小。

天平灵敏度除与上述因素有关外，在很大程度上还取决于三个玛瑙刀口接触点的状况。刀口的棱边越锋利，玛瑙刀承表面越光滑，两者接触时摩擦小，灵敏度高。如果刀口已受损伤，则无论怎样移动重心调节螺丝的位置，也不能显著提高天平的灵敏度。因此，在使用天平时，应该特别注意保护好天平的刀口和刀承，勿使其受到损伤。

天平的灵敏度也可以用感量 D（或称分度值）来表示，它是指指针位移一格或一个分度所需要增加的质量（mg/格）。感量 D 是灵敏度 E 的倒数，即 $D=1/E$。

如 TG-328B 型半自动电光天平的感量为 0.1mg/格，则其灵敏度为 $E=1/D=1/0.1=10$ 格/mg，表示 1mg 砝码使投影屏上有 10 小格的偏移。由于采用了光学放大读数的装置，提高了读数的精确度，可直接准确读出 0.1mg，所以这类电光天平也被称为"万分之一"分析天平。

2. 天平的稳定性

天平的稳定性是指天平在空载或载荷时平衡状态被扰动后，自动回复到初始平衡位置的性能。

天平稳定的条件是梁的重心在支点的下方，重心越低越稳定；反之，天平的稳定性就越差。天平不仅要有一定的灵敏性，而且要有相当的稳定性，才能完成准确的称量。灵敏性和稳定性是相互矛盾的两种性能，一台天平，其灵敏性和稳定性必须兼顾，才能使天平处于最佳状态。

3. 示值变动性

天平的示值变动性是指天平在载荷平衡的情况下，多次开关天平后，其回复到原平衡位置的性能。变动性也是天平计量性能的一个重要指标，它表明天平衡量结果的可靠程度。

影响示值变动性的因素主要是天平元件的质量和天平装配调整状况；而环境条件（如温度、气流、震动等）对其也有影响。

4. 天平的正确性

天平的正确性，对于等臂天平系指其等臂性。等臂天平的两臂应是等长的，但实际上稍有差别。由于两臂不等长产生的误差称为不等臂误差，亦称偏差。

影响天平正确性的因素是多方面的，其中主要是温度的影响，它能造成天平两臂长的改变。因此，保持环境温度的稳定是很重要的。

新天平安装后或天平使用一段时间后，都要对其主要计量性能和砝码进行检查鉴定。工作用天平属于国家强制性检定的计量器具，检定周期一般为一年，对于使用频繁的天平可适当缩短检定周期，天平搬动后也必须重新进行检定。机械杠杆式天平的国家计量检定规程见JJG 98—2006《机械天平》，电子天平的国家计量检定规程见JJG 1036—2008《电子天平》。

四、分析天平的称量方法

1. TG-328B 型双盘半机械加码电光分析天平称量的一般程序

（1）准备工作　取下防尘罩，折叠好后放在天平后面。称量者端坐在天平正前方，记录本放在胸前的台面上，承接称量物品的容器放在天平左侧，砝码盒放在右侧。

（2）检查　查看天平秤盘是否清洁（必要时可以用软毛刷轻轻扫净），加码指数盘是否在零位，砝码是否脱钩，吊耳是否错位等。

（3）调节水平　从天平上面观察立柱后上方的气泡水准器，如果气泡处于圆圈中央，说明天平水平；否则，通过旋转天平箱底板下的螺旋支脚，调至天平水平。

（4）调节零点　接通电源，轻轻开启升降旋钮（全部开启），此时，灯泡亮，投影屏上可以看到标尺的投影在移动。当天平停止摆动时，投影屏中央的刻线和标尺的零点应恰好重合。偏离较大时，可关闭天平，通过天平横梁上的平衡螺钉调节；偏离较小时，通过拨动投影屏微动拉杆，移动投影屏的位置，直至屏中央的刻线与标尺的零点重合为止。

（5）称量　先将被称量物放在托盘天平上粗称其质量（这样既可以缩短称量时间，又可保护天平），然后将被称量物放在一侧秤盘中央，根据粗称的质量在另一秤盘加上相应的砝码，大的砝码放中央，小的砝码放两边。依次用加码器加减百毫克组和十毫克组环码，直至天平投影屏的刻线在标尺的 0～10mg 之间后，完全开启天平，准备读数。

注意砝码和环码的添加顺序是由大到小，依次确定，未完全确定时不可完全开启天平，以免横梁过度倾斜，造成错位或吊耳脱钩。

（6）读数　关闭天平侧门，待标尺停稳后即可读数，被称量物的质量等于砝码、环码与标尺读数之和。

（7）结束工作　称量结束，关闭天平，取出被称量物，将砝码放回砝码盒，环码回位，关闭侧门，重新检查零点后，盖上防尘罩，认真填写使用记录。

2. 分析天平的称量方法

根据称量对象的不同,采用不同的称量方法。对机械天平而言,主要有以下几种常用的称量方法。

(1) 直接称量法　天平零点调定后,将被称量物直接放在秤盘上,在另一侧由大到小加减砝码,平衡后所得读数即为被称量物的质量。这种称量方法适宜称量洁净干燥的器皿,但应注意,禁止用手直接拿取被称量物,可采用戴称量手套、垫纸条或用镊子夹取等方法。

(2) 固定质量称量法(增量法)　固定质量称量法又称为增量法、指定质量称量法,多用于称量指定质量的物质。如配制 1000mL 氯化钠溶液[c(NaCl)=0.1000mol/L],需要称取氯化钠基准试剂 0.5844g。称量方法为:用直接称量法准确称量一洁净干燥小烧杯(50mL 或 100mL)的质量,读数后增加 0.58g 质量的环码,在天平半开状态下,用左手持盛有试剂的药匙小心缓慢地伸向小烧杯的上方 2～3cm 处,以手指轻弹匙柄,将试剂弹入小烧杯中,直至所加试样的质量相差很小时(小于缩微标尺的满刻度),完全开启天平,极其小心地以左手拇指、中指及掌心拿稳药匙,以食指摩擦匙柄,让试样以极小的量慢慢抖入小烧杯内(见图 2-44),这时眼睛既要注意药匙,同时也要注意标尺的读数;待标尺移到所需刻度时,立即停止抖入试样(右手一直不要离开天平的升降旋钮,以便及时开关天平),关上侧门进行读数,读数应正好增加 0.5844g。固定质量称量法操作缓慢,适用于称量不易吸潮的粉末状或小颗粒状试样。

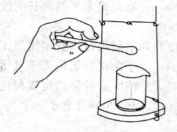

图 2-44　固定质量称量法

称量时应注意下面几点。

① 用牛角匙添加试样时,试样绝不能撒落在秤盘上。

② 开启天平加样时,切忌抖入过多的试样,否则会使天平突然失去平衡。

③ 称好的试样必须定量地直接转入接受器。若试样为可溶性盐类,沾在容器上的少量试样可用纯水吹洗到接受器中。

(3) 递减称量法(减量法、差减法)　取适量待称试样置于一干燥洁净的高形称量瓶中,在天平上准确称量后,倾出欲称取量的试样于接受器皿中,再次准确称量,两次读数之差就是所称得样品的质量,如此重复操作,可连续称量。此种方法简单、快速,一般用来称取多份颗粒状、粉末状试样或基准试剂。

递减称量法的操作如下:称量瓶使用前要洗净烘干,在干燥器中冷却至室温。拿取时要戴上称量手套,或用折叠成几层的纸条套住瓶身中部,捏住纸条进行操作(见图 2-45),瓶盖也应用一张小纸条捏住盖柄取下,不可用手直接拿取,以避免手汗和体温的影响。初学者可先将装有试样的称量瓶放在托盘天平上粗称,再于分析天平上准确称量并记录读数。取出称量瓶,在接受试样的容器上方慢慢倾斜瓶身,打开瓶盖并用瓶盖的上缘轻轻敲击瓶口的上沿,使样品缓缓倾入容器(见图 2-46)。估计倾出的试样量已接近所需量时,再边敲击瓶口边将瓶身扶正(回磕),使瓶口的试样落下(落入称量瓶或落入容器),盖好瓶盖,再准确称量。如果一次倾出的样品质量不够,可再次倾倒,直至满足要求后再记录分析天平的读数。

称量时应注意以下事项。

① 若倾出试样不足,可重复上述操作直至倾出试样量符合要求为止,但重复次数不宜超过 3 次;若倾出试样量大大超过所需数量,则只能弃去重称。

② 盛有试样的称量瓶除放在表面皿上存放于干燥器中和置于秤盘上外,不得放在其他地方,以免沾污。

图 2-45 称量瓶持法

图 2-46 倾出试样

③ 在倾出试样的过程中,应保证试样没有损失,要边敲击边观察试样的转移量,在回磕试样并盖上瓶盖后才能将称量瓶拿离接受容器上方。

(4) 液体试样的称量　液体试样的准确称量比较烦琐,根据试样的性质不同,主要有以下三种称量方法。

① 性质较稳定、不易挥发的试样可装在干燥的小滴瓶中用递减法称量。称量前最好预先粗测每滴试样的大致质量。

② 较易挥发的试样可用增量法称取。例如,称取浓盐酸试样时,可先在 100mL 具塞锥形瓶中加入 20mL 水,准确称量后加入适当的试样,立即塞上瓶塞,再进行准确称量。

③ 易挥发或与水作用强烈的试样需要采用特殊的方法称量。例如,冰醋酸试样可用小称量瓶准确称量,然后连瓶一起放入已装有适量水的具塞锥形瓶中,摇动使瓶盖打开,试样与水混合。发烟硫酸和硝酸试样一般采用安瓿(见图 2-47)称取。先准确称量空安瓿的质量,将其球体部分于火焰上微热后,迅速将毛细管插入试液,待球体中试液吸入量达到要求后,随即抽出,用吸水纸将毛细管擦干并用火焰封住管尖,再准确称量,然后将安瓿放入盛有试剂的容器中,摇碎或用玻璃棒捣碎。

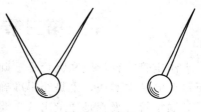

图 2-47 安瓿

3. 分析天平的使用规则

使用杠杆式分析天平时,必须遵守以下规则。

① 天平安放好后,不准随便移动。要保持天平箱内清洁干燥,箱内吸湿用变色硅胶应有效。

② 被称物外形不能过高过大,不得超过该天平的最大载荷,称量物和砝码应位于秤盘中央。

③ 必须使用同一台天平和与之配套的固定砝码完成实验的全部称量,一个实验中间不可调换天平。

④ 天平的前门不得随意打开,以防止称量者呼出的热量、水汽和二氧化碳影响称量。称量过程中取放物体、加减砝码只能打开天平的左、右两边的侧门。

⑤ 称量过程中要特别注意保护玛瑙刀口,启动升降旋钮应轻、缓、匀,不得使天平剧烈振动,取放物体、加减砝码时必须休止天平。

⑥ 取放砝码必须用镊子夹取,严禁用手拿取,以免沾污。砝码只能放在秤盘和砝码盒的固定位置,不得放在其他任何地方。

⑦ 加减环码时应一挡一挡慢慢地加减,防止环码跳落、互撞、重叠、环码脱钩或损坏

机械加码装置；刻度盘既可顺时针方向旋转，也可逆时针方向旋转，但不要将箭头对着两个读数之间。

⑧ 严禁将各种试剂、试样直接放在天平盘上称量，应根据其性质和实验要求，选用适宜的容器（或称量纸）进行称量；易吸潮和易挥发的物质必须加盖密闭称量；热的或冷的物品要放在干燥器中与室温平衡后再进行称量；被称物撒落在天平盘或天平箱内，应及时清扫。

⑨ 读数前要关好两边的侧门，防止气流影响读数。记录称量结果时，应先以砝码盒中的空位计算一次，然后将砝码由大到小取出时再复核一遍。记录数据应及时、准确、规范，要记录在记录本或实验报告上。

称量的基本要求是准确快速。为尽量减少添加砝码的次数，常采用"由大到小，中间截取"的等分添加法。例如，一坩埚粗称为二十七点几克，在第一次添加环码时，应是500mg，这样一次就能确定其质量在27.0~27.5g之间，还是在27.5~28.0g之间，即添加一次砝码就缩小了质量区间的一半。

为了减少称量时由于砝码组合情况带来的误差，同一物体前后两次称量时应使用同一组合的砝码，尽量减少更换。例如，一称量瓶18g多，克组砝码组合为10+5+2+1，当添加了2g试样后，质量超过了20g，此时应在原组合基础上添加一个2g的砝码，克组砝码组合为10+5+2+2+1，而不是应该换上20g的单个砝码。

第三节 滴定分析仪器的使用

滴定管、容量瓶和吸管是准确测量溶液体积的精密量器，这些量器的正确使用是滴定分析重要的基本操作，也是获得准确分析结果的基本保障。

滴定管、吸管是"量出式"量器，用于测量从量器中放出液体的体积。容量瓶一般为"量入式"量器，用于测量量器中所容纳液体的体积。量器又根据其容量允差（量器的实际容量与标称容量之间允许存在的最大差值）和水流出时间分为A级和B级（量器上标有"A"和"B"字样）。

由于玻璃具有热胀冷缩的特性，在不同的温度下量器的容量也不同。由钠钙玻璃制成的1000mL玻璃量器，温度改变1℃，引起0.026mL的体积变化。为了消除温度的影响，必须规定一个共用的温度值，称之为标准温度，国际上规定玻璃量器的标准温度为20℃。

一、滴定管

滴定管是可放出液体的量出式玻璃量器，主要用于准确测量滴定时标准滴定溶液的流出体积。

1. 滴定管的分类与规格

滴定管按其容积分为常量、半微量和微量滴定管。常量滴定管的容积为25mL、50mL、100mL，最常用的是50mL，其最小刻度是0.1mL，可估读到0.01mL，测量溶液体积读数最大误差为0.02mL。半微量、微量滴定管容积为10mL、5mL、4mL、3mL、2mL、1mL、0.5mL、0.2mL、0.1mL等。

滴定管按其结构又可分为普通滴定管、三通活塞自动定零位滴定管、侧边活塞自动定零位滴定管、侧边三通活塞自动定零位滴定管和座式滴定管（见表1-4）等。在教学、生产和科研中广泛使用的是普通滴定管。

普通滴定管按控制流出液体方式区分，下端有玻璃磨口旋塞者称为具塞滴定管，惯称酸式滴定管；而无旋塞，用胶管连接尖嘴玻璃管，胶管内装有玻璃珠者称为无塞滴定管，惯称碱式滴定管（具聚四氟乙烯旋塞者为酸碱通用滴定管）。

酸式滴定管适用于装酸性、中性及氧化性溶液，不适于装碱性溶液，因为碱能腐蚀玻璃，时间过久，旋塞便无法转动。碱式滴定管适用于装碱性和非氧化性溶液，凡能与橡胶起作用的溶液，如高锰酸钾、硝酸银、碘溶液等都不应装入碱式滴定管。除不能使用酸式滴定管而必须用碱式滴定管的情况外，尽可能使用酸式滴定管。因为碱式滴定管的准确度不如酸式滴定管（主要因胶管的弹性会造成液面的变动）。

滴定管还有无色与棕色之分，后者用来装见光易分解挥发的溶液，如高锰酸钾、硝酸银、碘、硫代硫酸钠溶液等。

国家标准 GB 12805—2011《实验室玻璃仪器　滴定管》中规定的滴定管容量允差和水的流出时间见表 2-3。

表 2-3　常用滴定管

标称总容量/mL		5	10	25	50	100
分度值/mL		0.02	0.05	0.1	0.1	0.2
容量允差/mL	A	±0.010	±0.025	±0.04	±0.05	±0.10
	B	±0.020	±0.050	±0.08	±0.10	±0.20
水的流出时间/s	A	30～45		45～70	60～90	70～100
	B	20～45		35～70	50～90	60～100
等待时间/s				30		

2. 滴定管的准备

滴定管在使用前应先做一些初步检查，如酸式管旋塞是否匹配，碱式管的胶管孔径与玻璃珠大小是否合适，胶管是否有孔洞、裂纹和硬化，滴定管是否完好无损等。初步检查合格后，进行下列准备工作。

(1) 洗涤　滴定管无明显污染时，可以直接用自来水冲洗，有油污时可用滴定管刷蘸洗衣粉溶液刷洗（精密实验用滴定管或校准过的滴定管不能用毛刷刷洗）。注意滴定管刷的刷毛必须相当软，刷头的铁丝不能露出，也不能向旁侧弯曲，以免划伤内壁。洗涤剂也可以用肥皂、餐具洗涤剂，但不能用去污粉（去污粉易划伤管壁，又不易冲净）洗涤。如用铬酸洗涤液洗涤酸式管，关闭好旋塞后，倒入 5～10mL 洗涤液，一只手拿住滴定管上端无刻度处，另一只手拿住旋塞上部无刻度处，边转动边向管口倾斜，使洗涤液布满全管。然后开启旋塞使洗涤液从下口处放出少许，再旋转从上口放回原洗涤液瓶中。当滴定管内壁相当脏时，则需用洗涤液充满滴定管（包括旋塞下部出口管），浸泡数分钟至数小时（根据滴定管沾污的程度）。若用铬酸洗涤液浸洗碱式滴定管，可以把滴定管倒置在滴定台上，插入洗涤液中，用洗耳球把洗涤液吸上，直到临近胶管处，如此放置数分钟以后，放出洗涤液。总之，为了尽快而方便地洗净滴定管，可根据污物的性质和沾污的程度，选择合适的洗涤剂和洗涤方法。无论用哪种方法洗涤，最后都要用自来水充分冲净，继而用纯水润洗 3 次，50mL 滴定管一般第一次用纯水 10mL，第二次及第三次各 5mL。每次加入纯水后，也是边转边向管口倾斜使水布满全管，并稍微振荡。立起以后，打开旋塞使水流出一些以冲洗出口管,然后关闭旋塞,将其余的水从上端管口倒出。注意不要在打开旋塞时将水从上端管口倒出,这样很容易使凡士林冲入滴定管。当然,可以把水全部都从下口放出,不过慢些。在每次倒出水时,注意尽量不使水残留。滴定管要洗涤到装满水后再放出时,内外壁全部为一层薄水膜润湿而不挂水珠即可,这个标准应该在用自来水冲洗时就达到,否则说明未洗净,必须重洗。

(2)涂凡士林 使用酸式滴定管时,为使玻璃旋塞旋转灵活而又不致漏水,一般需在旋塞上涂一薄层凡士林。其方法是把滴定管平放在台面上,先取下旋塞上的小橡胶圈,再取下旋塞,用滤纸将旋塞擦干净,再用滤纸卷成小卷通入旋塞槽,将槽的内壁擦干净(如图2-48所示)。再用手指蘸少量凡士林涂在旋塞两头,沿圆周均匀地各涂一薄层[如图2-49(a)所示],但要避免涂得过多,尤其是塞孔近旁。涂完以后,将旋塞一直插入旋塞槽中(不要转着插),然后向同一方向旋转,直至从外面观察时全部透明为止。除上述方法外,也可以只在旋塞大头涂凡士林,另用牙签取少量凡士林涂在槽的小口内部[如图2-49(b)所示],再如上转动。

图 2-48 擦拭旋塞槽

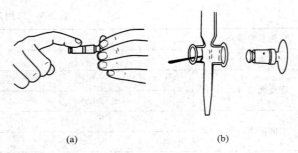

图 2-49 涂凡士林

如果发现旋塞旋转不灵活,或出现纹路,表示涂油不够;如果有凡士林从旋塞缝隙溢出或被挤入塞孔,表示涂油太多。遇有这些情况,都必须重新涂凡士林。涂好后使旋塞柄在下并与管身垂直把滴定管平放在实验台上,将小橡胶圈(由胶管剪下一小段)套在旋塞小头的槽上。涂凡士林过程中特别要小心,切莫让旋塞跌落在地上。

如果酸式滴定管旋塞孔或出口管孔被凡士林堵住,则必须清除。旋塞孔堵住时,可以取下旋塞,用细铜丝疏通。如果是出口管孔堵塞,则将水充满全管,将出口管浸在热水中。温热片刻后打开旋塞,使管内水突然冲下,即把熔化的凡士林带出。如果这样仍然不能除去堵塞物,可以用四氯化碳等有机溶剂浸溶。一切方法都失败时,则取下旋塞,用一根细铜丝或铝丝由下端管口自下向上穿入出口管。穿时动作要轻,遇有堵塞物时不要勉强用力,以免损坏管口。当金属丝上端已进入旋塞槽时,将滴定管平放桌上,用一根玻璃棒从活塞槽的小口伸入,把金属丝顶出旋塞槽的大口(见图2-50)。然后取一根细玻璃棒(直径约3mm)放在伸出的金属丝旁,将金属丝绕在玻璃棒上使之成为螺旋形,取去玻璃棒后,由下面抽出金属丝。金属丝抽出管口时,螺旋变直并把堵塞物带出。用此方法时,注意所用铜丝或铝丝不能太粗太硬,缠绕用的玻璃棒也不能太粗。

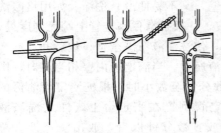

图 2-50 滴定管管孔堵塞物清除

(3)检漏 滴定管使用前应检查是否漏水。检查酸式滴定管时,把旋塞关闭,在管中充水至"0"刻度附近,然后夹在滴定台上,用滤纸将滴定管外擦干,静置2min,仔细观察管尖或旋塞周围有无水渗出，然后将旋塞转动180°，重新检查。如有漏水，必须重新涂油。

检查碱式滴定管是否漏水，只需要装水后直立2min即可。碱式管如漏水则需换玻璃珠或胶管。

3. 滴定方法

(1) 溶液的装入　在装入溶液之前滴定管应用操作溶液洗涤3次（用量仍为10mL、5mL、5mL），洗涤方法同前。特别注意一定要使操作溶液洗遍全管，而且使溶液接触管壁1~2min，以便与原来残余溶液混合均匀，然后再放出。在放出时一定要尽可能完全放净，然后再洗下一次。注意每次都要打开旋塞冲洗出口管一次。

装入操作溶液之前应先将瓶中溶液摇匀，使凝结在瓶内壁的水混入溶液，这在天气比较热或室温变化较大时更为必要。装溶液时先把旋塞完全关好，左手三指拿住滴定管上部无刻度处（如果拿住有刻度地方，会因受热膨胀而造成误差），滴定管可以稍微倾斜以便接受溶液；另一只手拿住瓶子往滴定管中倒溶液，小瓶可以手握瓶肚（瓶签向手心），拿起来慢慢倒入，大瓶则仍放在桌上，只是手持瓶颈，使瓶慢慢倾斜。溶液要慢慢顺管内壁流下，直到达到"0"刻度以上为止。

为了使滴定管的出口管充满溶液，在使用酸式滴定管时，右手拿住滴定管上部无刻度处，倾斜约30°角，左手迅速打开旋塞（打开旋塞的操作见后文）使溶液冲出，从而充满全部出口管。此时出口管中不能留有气泡或未充满部分，否则应再迅速打开旋塞使溶液冲出。如果此办法仍然不能使溶液充满，就可能是由于出口管没有洗干净。在使用碱式滴定管时，充满溶液后，左手轻轻挤胶管（挤的方法见后文）使溶液冲出而充满出口管。对光检查橡皮管内及出口管内是否有未充满的地方或有气泡，如果有，则按下述方法赶去气泡：把胶管向上弯曲，出口斜向上。用两指挤压胶管稍高于玻璃球所在处，使溶液从出口管喷出（见图2-51)，这时一边挤胶管，一边将其放直。一般来说，这种方法完全可以把气泡消除。

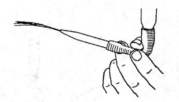
图2-51　碱式滴定管赶除气泡

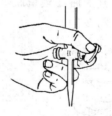
图2-52　酸式滴定管的操作手势

将溶液加到滴定管"0"刻度以上，放开旋塞调到"0"刻度以上约5mm处，静置1~2min，再调到0.00处，即为初读数。

(2) 滴定管的操作　滴定管应垂直地夹在滴定台上。使用酸式滴定管滴定时，旋塞柄在右，左手向右伸出，拇指在管前，食指及中指在管后，食指及中指由下向上顶住旋塞柄，拇指在上面配合动作，无名指和小拇指弯向手心（见图2-52)。在需要旋塞柄逆时针方向转动时，食指上顶，拇指向下按，使旋塞轻轻转动；在需要旋塞柄顺时针方向转动时，中指向上顶，拇指向下按，使旋塞轻轻转动。注意转动时，中指及食指不要伸直，应该微微弯曲，轻轻向里扣住，这样既容易操作又可防止把旋塞顶出。为了滴定时能放出极少量溶液，必须熟练掌握旋转旋塞的方法，要做到只将旋塞转动极微小的角度，即可使旋塞孔开启很小一点或完全关闭。不要旋转过快过大，注意手握空拳且手心不要向外顶，以免将旋塞顶出。必须慢慢打开旋塞，而且可根据需要使旋塞孔打开的大小不同，以控制溶液流速。必须掌握以下三种加液方法：使溶液逐滴滴入；只加一滴，立即关闭旋塞；加半滴、1/4 滴，使液滴悬而不落。这三种方法只是在旋转旋塞的速度和程度上有所不同。

使用碱式滴定管时，左手拇指在管前，食指在管后，执胶管玻璃珠所在的部位稍上处，无名指和小拇指夹住尖嘴，使出口管垂直不摆动。拇指与食指向手心挤胶管（见图 2-55），使玻璃珠旁边形成空隙，溶液从缝隙处流出。注意不能使玻璃珠上下移动，更不能挤玻璃珠下部的胶管，以免手松开时空气进入而形成气泡。

(3) 滴定操作 操作者正对滴定管站立或坐下。在锥形瓶中滴定时，先用一只洁净烧杯的内壁碰去滴定管管尖悬挂的溶液，调节好滴定管的高低位置，使滴定管下端深入锥形瓶口约 1cm，锥形瓶底离滴定台面 2～3cm。滴定时左手按前述方法操作滴定管，右手拇指在前，食指、中指在后执锥形瓶颈，无名指和小拇指弯向手心并抵住瓶外壁，边滴边摇动。摇动时要手腕用力，以同一方向作圆周运动（见图 2-53）。在整个滴定过程中，左手不能离开旋塞任溶液自流，摇动锥形瓶时要注意勿使瓶口碰滴定管口，也不要使瓶底碰滴定台台面，不要前后振动，更不要把锥形瓶放在台面上前后推动。注意观察溶液的滴落点。一般滴定开始时，滴落点无可见颜色变化，滴定后期，滴落点周围出现暂时性颜色变化。在离滴定终点很远时，这个颜色变化一般立即消失，随着离终点越来越近，颜色消失越慢，常常会在溶液转动一两圈以后才会消失。当离终点很近时，颜色可以暂时扩散到全部溶液，但溶液转动一两圈后还会消失。此时，应改为滴 1 滴摇几下。等到必须摇 2～3 圈颜色才能完全消失时，表明离终点已经很近，要用洗瓶以纯水冲洗锥形瓶内壁将留在瓶壁上的溶液洗下，洗时应使洗瓶嘴指向锥形瓶瓶颈稍下处，一边吹水，一边转动锥形瓶，旋转冲洗 2～3 圈。最后，每加入半滴或 1/4 滴溶液，即摇动锥形瓶，如此重复直至刚好出现到达终点应有的颜色而又不再消失为止。每次悬挂在滴定管管口的溶液，应用锥形瓶内壁引入，再用少量纯水冲洗瓶壁。纯水冲洗次数不能太多，一般不应超过 2～3 次。

使用具塞锥形瓶或碘量瓶进行滴定时，瓶塞应夹在右手（即执锥形瓶的手）的中指与无名指之间（见图 2-54）。

图 2-53 滴定操作　　图 2-54 使用具塞锥形瓶的滴定操作　　图 2-55 碱式滴定管的滴定操作

在烧杯中滴定时，烧杯要放在滴定台台面上，滴定管管口伸入烧杯内 1cm，且在烧杯中心的左后方处，但又不要过于靠近烧杯壁。滴定时，右手执玻璃棒在烧杯中心右前方搅拌溶液，同时左手操作滴定管旋塞滴入标准滴定溶液，操作方法与在锥形瓶中滴定相同（见图 2-55）。搅拌时注意不要前后拨动，而是作圆周搅动，混匀滴下的标准滴定溶液使之分布于整个溶液；还要注意不要划烧杯底，也不要敲击烧杯壁。加一滴或半滴溶液时，用玻璃棒下端轻轻接触液滴下缘将其引下，注意玻璃棒只能接触液滴，不能触及滴定管。

滴定管用毕，倒去剩余的溶液，用自来水冲净后，以纯水润洗3次。再装入纯水至刻度以上，用一支试管套在滴定管口，夹在滴定台上；也可将滴定管中的水控净后，倒置夹在滴定台上。

滴定还应注意以下几点。

① 滴定最好在"0"或接近"0"刻度的任一刻度开始。不要从滴定管中间滴起，因为滴定管刻度并不是十分均匀的，每次都从上端开始，可以消除因上下刻度不匀所造成的误差。

② 无论在何种容器中滴定，滴定速度一般以每分钟滴下6~8mL为宜。

③ 标准滴定溶液不宜长期装在滴定管中。强碱溶液腐蚀玻璃，用后应立即洗净。

4. 滴定管读数

滴定管读数应遵守下列规则。

① 装入溶液或放出溶液后，必须等1~2min，使附着在内壁上的溶液流下来以后再读数。在放出溶液速度相当慢时（例如，滴定到最后阶段，标准滴定溶液每次只加1滴、半滴时），等0.5~1min即可。

② 可以把滴定管垂直地夹在滴定台上读取读数（包括初读在内），也可以右手执滴定管上部无刻度处读数。初读与终读的方法应一致，并均应使滴定管保持垂直状态。

③ 读数时，对无色或浅色溶液应读弯月面下缘最低点，视线与此点液面成水平（见图2-56）；溶液颜色太深，下缘不易观察时，可以读两侧最高点，初读与终读应用同一标准。对于具有乳白板蓝线衬背的滴定管，应当以蓝线最尖部分的位置读数［见图2-57(a)］。

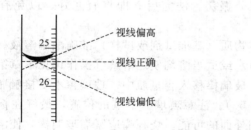

图2-56 读数视线的位置

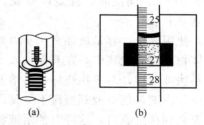

图2-57 蓝线滴定管读数与利用读数卡读数

④ 对于常量滴定管，读数必须读到小数点后第二位，而且要求估准至0.01mL。

⑤ 为了协助读数，可在滴定管后面衬一张读数卡，可用一张黑纸或涂有一黑长方形（3cm×1.5cm）的白纸作读数卡。读数时，手持读数卡放在滴定管背后，使黑色部分在弯月面下约1mm左右，即看到弯月面的反射层成为黑色［见图2-57(b)］，读此黑色弯月面下缘的最低点。深色溶液可以用白色读数卡反衬，读两侧最高点。

二、容量瓶

容量瓶是用来配制准确浓度的溶液或准确地稀释溶液的精密量器（见表1-4）。它是一个细颈梨形平底玻璃瓶（也有聚丙烯等塑料容量瓶，但应用不多），带有磨口塞（或塑料塞），瓶颈上有环形标线，表示在所指温度下（一般为20℃）当液体充满到标线时，液体体积恰等于容量瓶标称容量。

1. 容量瓶的规格

国家标准GB 12806—2011《实验室玻璃仪器 单标线容量瓶》中规定的容量瓶规格见

表 2-4。

表 2-4　国家标准规定的容量瓶规格

标称容量/mL		10	25	50	100	200	250	500	1000	2000
容量允差/mL	A	±0.020	±0.03	±0.05	±0.10	±0.15	±0.15	±0.25	±0.40	±0.60
	B	±0.040	0.06	±0.10	±0.20	±0.30	±0.30	±0.50	±0.80	±1.20

2. 容量瓶的准备

(1) 检查　容量瓶使用前应检查其容积与所要求的是否一致；标线位置距离瓶口的距离是否较大；容量瓶塞是否已用一根皮筋或塑料绳系在瓶颈上；是否漏水。

为检查瓶塞是否漏水，可在瓶中放入自来水到标线附近，盖好瓶塞，左手按住瓶塞，右手指尖顶住瓶底边缘，倒立 2mm。观察瓶塞周围是否有水渗出，如果不漏，把瓶直立后，转动瓶塞大约 180°后，再倒过来试一次。这样做两次检查是必要的，因为有时瓶盖与瓶口不是在任何位置都是密合的。如漏水应调换新的容量瓶（具塑料塞的容量瓶一般不会漏水）。

(2) 洗涤　容量瓶的洗涤原则与洗涤滴定管相同，也是尽可能只用水冲洗，必要时才用洗涤液浸洗，但绝对不能用毛刷刷洗。用铬酸洗涤液洗涤时，倒入 10～20mL（注意瓶中尽可能没有水），边转动边向瓶口倾斜，至洗涤液布满全部内壁，放置数分钟后，将洗涤液由上口慢慢倒回原来装洗涤液的瓶中。倒出时，应边倒边旋转，使洗涤液在流经瓶颈时，布满全颈。然后用自来水充分洗净，向外倒水时，顺便冲洗瓶塞。用自来水洗后，再用纯水润洗 3 次，根据容量瓶大小决定纯水用量，250mL 容量瓶大约用水 30mL、20mL 及 20mL。润洗时，应盖好瓶盖，充分振荡。洗完后立即将瓶塞好，以免有灰尘落入或瓶塞沾污。

(3) 使用操作　容量瓶经常用于以固体物质（基准试剂或试样）准确配制溶液。配制时先将固体物质盛在烧杯中，在其中加入少量水或适当溶剂使之溶解（操作详见本章第四节），然后右手执玻璃棒，左手执烧杯，将溶液沿玻璃棒移入容量瓶中。玻璃棒不要接触瓶口，下端靠住瓶颈内壁，使溶液顺壁流下（见图 2-58）。注意玻璃棒下端的位置，最好在标线稍低处，不要高到接近瓶口，这样有使溶液流到外面的可能。烧杯嘴应紧靠玻璃棒，使溶液完全顺玻璃棒流下。溶液全部流完后，将烧杯沿玻璃棒轻轻向上提，同时直立，使附着在玻璃棒与烧杯嘴之间的溶液回流到烧杯中。玻璃棒放回烧杯，用洗瓶吹水洗涤烧杯壁及玻璃棒 3 次，要从烧杯壁上方旋转吹洗，每次用水 5～10mL，洗涤液如上转移入容量瓶中。洗涤完毕继续加水为容量瓶容积的 2/3～3/4，水平旋摇几次，以使溶液初步混匀。平摇时，先用右手食指及中指夹住瓶盖的扁头，然后拇指在前，中指及食指在后拿住瓶颈标线以上处（见图 2-59）。不要全手握住瓶颈，更不要拿标线以下地方，以免受热时体积发生变化。如果容量瓶很大，可同时用左手指尖托住瓶底边缘（除 2000mL 以上大容量瓶以外，不能用手掌托瓶底）。注意在平摇时，勿使溶液溅出。把容量瓶平放在台面上，慢慢加水到标线以下 1cm 左右。等候 1～2min，使附着在瓶颈内壁的水流下后，用细而长的滴管加水至标线。加水时要平视标线，滴管伸入瓶颈使管口尽量接近但不要接触液面，随着液面上升，滴管也应随之提起，勿使接触溶液，直到弯月面下缘最低点与标线刚好相切为止。无论溶液颜色有无与深浅，一律按照这个标准调节液面，即使溶液颜色比较深，但最后所加的水位于溶液最上层，尚未与有色溶液混合，所以弯月面下缘仍然非常清楚，不会影响观察。加水至标线以后，盖好瓶塞。如图 2-60 所示，左手拇指在前，中指、无名指及小拇指在后拿住瓶颈标线以上部分，以食指顶住瓶塞，用右手指尖顶住瓶底边缘（如果容积小于100mL，最好不用手顶住瓶底，因为由此造成的温度变化对较小体积有比较大的影响，而且由于瓶子很小也没有顶住的必要），将容量瓶倒转，使气泡上升到顶部，此时将瓶振荡。再倒转过来，仍使气泡上升到顶部，振荡，如此反复10～20次。在振荡过程中，瓶塞应打开数次，以使其周围的溶液流下。

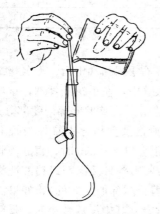  

图 2-58　溶液的转移　　　　图 2-59　平摇手势　　　　图 2-60　摇匀手势

在称取固体物质溶解制备溶液时，如果没有很大的热效应，则可把固体物质直接盛入容量瓶中溶解。即将漏斗插入容量瓶，将已称固体物质倾入漏斗（此时大部分已经落入容量瓶中），再用洗瓶将残留在漏斗上的固体物质完全洗入容量瓶中。应将洗瓶出口嘴指向漏斗边以下1cm处，旋转向下移动用水吹洗，不要直吹到固体物质上。吹洗时不要过于用力，以免固体物质及溶液溅出。冲洗数次后，轻轻提起漏斗，再用洗瓶充分冲净（包括漏斗颈下端外壁），然后如前操作。

如将浓溶液稀释，则用吸管吸取一定体积的该溶液，放入容量瓶中后，按上述方法稀释至标线。

配好的溶液如果需要保存，应移入磨口试剂瓶中，不要用容量瓶存放。

容量瓶不得在烘箱中烘烤（容量瓶一般无需干燥），也不能用任何加热的办法（包括用热水温热）来加速溶解。容量瓶长期不用时，可在瓶口处夹一张小纸条，以防粘连。

三、吸管

吸管是用于准确移取一定体积溶液的量出式玻璃量器，分为单标线吸管（惯称移液管）和分度吸管（惯称吸量管）两类（见表1-4）。

单标线吸管中间有一膨大部分，管颈上部刻有一环形标线，此标线是按放出液体的体积来刻度的；分度吸管是带有分刻度的吸管，用于准确移取所需不同体积的液体。单标线吸管标线部分管径较小，准确度较高；分度吸管读数的刻度部分管径较大，准确度稍差。因此当量取整数体积的溶液时，常用相应单标线吸管而不用分度吸管。分度吸管在仪器分析中配制系列溶液时应用较多。

1. 吸管的规格

吸管的容量为在20℃时按规定方式排空后所流出液体的体积。其产品按容量精度分为A级和B级，国家标准GB 12808—91《实验室玻璃仪器　单标线吸量管》中规定常用移液管的规格见表2-5。

表 2-5　常用移液管的规格

标称容量/mL		2	5	10	20 或 25	50	100
容量允差/mL	A	±0.010	±0.015	±0.020	±0.030	±0.050	±0.080
	B	±0.020	±0.030	±0.040	±0.060	±0.100	±0.160
水的流出时间/s	A	7～12	15～25	20～30	25～35	30～40	35～40
	B	5～12	10～20	15～30	20～35	25～40	30～40

2. 吸管的准备

（1）洗涤　洗涤吸管也是先用水洗。在烧杯中放入自来水，右手拇指和中指、无名指拿住移液管管颈标线以上的部位或吸量管无刻度部分，将吸管下端伸入水中，左手执洗耳球，排出空气后紧按在管口上，借吸力轻轻将水吸入，直至达到移液管球部的 1/3 处或吸量管刻度部分约 1/2 处，用右手食指按住管口，取出后，把管横过来。左右两手的拇指及食指分别拿住吸管上下两端，使其一边旋转一边向上口倾斜（可以配合振动），当水流至距上口 2~3cm 时，直立吸管，将水由尖嘴（下口）放出，此时内壁应完全润湿不挂水珠。否则需要用餐具洗涤剂或铬酸洗涤液洗涤，洗涤方法同上，只是吸上的洗涤液可以少些（移液管可充满至球部的 1/5 处）。如果需要比较长时期浸泡在洗涤液中，应在一大量筒中装满洗涤液，将吸管直立其中浸放数小时。量筒的高度应比吸管稍高一点，这样可以用表面皿将量筒盖住。用洗涤液洗涤完毕，用自来水充分冲净（可以直接使自来水由上口洗下），然后再吸取纯水润洗 3 次（用量由吸管大小决定，移液管以液面上升到球部为度，吸量管则以充满全部体积的 1/5 为度），洗法同前。

（2）使用　用吸管吸取容量瓶中的溶液时，先用待吸溶液润洗 3 次（洗法、用量同前）。然后右手拿住吸管标线以上处，左手扶住容量瓶瓶颈，将吸管插入瓶中。吸管下端伸入液面以下 1~2cm，不应伸入太多，以免管口外壁附着溶液过多；也不应伸入太少，以免液面下降后而吸空。用洗耳球轻轻将溶液吸上，眼睛注意上升的液面的位置，吸管应随容量瓶中液面下降而下降。当液体上升到刻度以上 5~10mm 时，迅速用右手食指堵住管口（食指最好是潮而不湿）。将容量瓶直立放在桌上，取出吸管，左手执一洁净烧杯使成 45°倾斜，右手三指执移液管使其下口尖端靠住杯壁。微微松开食指（或左右移动拇指及中指、无名指，使吸管在拇指及中指之间微微转动），但食指仍然轻轻按住管口，这时液面缓缓下降。平视标线直到弯月面刚好与之相切，立即按紧食指，使溶液不再流出。取出吸管放入准备接受溶液的锥形瓶中，使其出口尖端靠住瓶壁并保持垂直，锥形瓶倾斜 45°。抬起食指，使溶液自由地顺壁自然流下（见图 2-61）。待溶液全部流尽后，等候 15s，取出。此时所放出的溶液的体积即等于吸管上所标示的体积。在任溶液自然放出时，最后因毛细作用总有一小部分溶液留在管口不能落下，此时绝对不可用外力将其震出或吹出，因为在检定吸管时就没有把这一点溶液放出（部分吸量管下口残液处理方法见后文）。另外，将溶液吸入吸管以后，调节液面到标线的操作，也可以在原瓶中进行，不必另取烧杯接受放出的溶液，因为前面已经用待吸溶液将吸管洗过 3 次，由吸管放出的溶液应与原来瓶中的溶液浓度相等。不过，吸管下端必须离开液面，并且将其下口尖端接触瓶颈内壁。

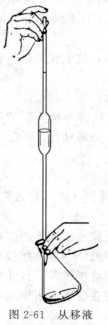

图 2-61　从移液管放出溶液

如果在吸取溶液时，吸管下端没有浸入溶液过多，而且出口管外部已清洗至不挂水珠，则出口管外面所附着的溶液不会引起误差,不需要用滤纸擦去。如果吸管体积很小或伸入溶液过深,可以用滤纸擦拭外壁,但这一操作只允许在调整液面到标线以前进行,调整好以后则不能再用纸擦,以防止滤纸吸收溶液而改变体积。如果所装溶液具有强氧化性(如高锰酸钾、重铬酸钾等)或能与滤纸起作用,则以不擦为宜。

吸管用毕,应立即放在移液管架上。如短时期内不再用它吸取同一溶液,应立即用自来水冲洗,再用纯水润洗后放在移液管架上。在精密工作中使用的吸管不能在烘箱中烘干。

使用吸量管时还需注意以下几点。

① 由于吸量管的容量精度低于移液管,所以在移取 2mL 以上固定量溶液时,应尽可能使用移液管。

② 使用吸量管时,尽量在最高标线调整零点。一般总是使液面由最高标线落到另一标线,使两标线间的体积刚好等于所需体积。放溶液的方法与用移液管基本相同,只是当液面降至下标线以上几毫米时,应按紧管口停止排液 15s,再将液面调至该标线;放溶液过程中食指不能完全抬起,一直要轻轻按在管口,以免溶液流下过快以致液面落到下标线时来不及按住。

③ 尽可能在同一实验中使用同一吸量管的同一段,而且尽可能不使用末端收缩部分。

④ 根据国家标准 GB 12807—91《实验室玻璃仪器 分度吸量管》规定,吸量管分为"不完全流出式""完全流出式""等待 15s 式"和"吹出式"等。要根据实验要求合理选用并注意其使用方法的不同,如不完全流出式吸量管要注意看清下口尖端的最低标线,将溶液放至此标线时即可;吹出式吸量管则在放完溶液后随即吹出最后一滴溶液。

⑤ 由于种种原因,目前市场上的产品不一定都符合标准,有些产品标志不全,有的产品质量不合格,无法分辨其类型和级别,如果实验精度要求很高,最好经校准后再使用。

四、滴定分析仪器的校准

滴定分析用玻璃量器的实际容积与其标称容积间都会有一定的误差,合格产品容量误差往往小于国家规定的容量允差。但也常有质量不合格的产品流入市场,可能会给实验结果带来误差。在进行分析化学实验之前,必须保证所用玻璃量器测量的精度能满足实验结果准确度的要求。在进行高精确度的定量分析工作时,尤其是对所用量器的质量有怀疑时,或需要使用 A 级产品而只能买到 B 级产品时,以及不知道现有量器的精度级别时,都有必要按照国家标准 GB 12810—91《实验室玻璃仪器 玻璃量器的容量校准和使用方法》的规定进行校准。滴定分析仪器的校准是一项不可忽视的工作,熟练掌握仪器的校准方法也是实验人员必备的基本技能之一。

分析仪器的校准是技术性较强的工作,所以实验室应具备下列条件:

① 具有足够承载范围和称量空间的天平,其称量误差应小于被校量器允差的 1/10;

② 有新制备的实验室用蒸馏水或去离子水;

③ 有分度值为 0.1℃ 的温度计;

④ 室温最好控制在 20℃±5℃,且温度波动不超过 1℃/h。校准前,量器和纯水应在该室温下达到平衡。

1. 量器校准方法

滴定分析量器的校准在实际工作中往往采用下述的绝对校准和相对校准两种方法。

(1) 绝对校准法(称量法) 绝对校准法是准确称取量器某一刻度内放出或容纳纯水的

质量，根据该温度下纯水的密度，将水的质量换算成体积的方法。其计算公式为：

$$V_t = \frac{m_t}{\rho_w}$$

式中 V_t——t℃时水的体积，mL；
m_t——t℃时在空气中称得水的质量，g；
ρ_w——t℃时在空气中水的密度，g/mL。

测量体积的基本单位是"升"（L），1L 是指在真空中质量为 1kg 的纯水在 3.98℃时所占的体积。滴定分析中常以"毫升"即"升"的千分之一作为基本单位，即在 3.98℃时，真空中质量为 1g 纯水的体积为 1mL。国产的滴定分析仪器，其体积都是以 20℃为标准温度进行标定的。例如，一个标有 20℃、标称容积为 250mL 的容量瓶，即表示该温度下其容积为真空中 0.25kg 纯水在 3.98℃时所占的体积。但实际工作中不可能在真空中称量，也不可能在 3.98℃时进行分析测定，而是在空气中称量，在室温下进行分析测定。因此，将称出的纯水质量换算成体积时，必须考虑下列三方面的因素。

① 水的密度随温度的变化而改变。水在 3.98℃的真空中相对密度为 1，高于或低于此温度，其相对密度均小于 1。

② 温度对玻璃仪器热胀冷缩的影响。温度改变时，因玻璃的膨胀和收缩，量器的容积也随之而改变。因此，在不同的温度校准时，必须以标准温度为基础加以校准。

③ 空气浮力对纯水质量的影响。在空气中称量时，由于空气浮力的影响，水在空气中称得的质量必小于在真空中称得的质量，这个减轻的质量应校准。

在一定温度下，上述三个因素的校准值是一定的，所以可将其合并为一个总校准值。此值表示玻璃量器中容积 20℃为 1mL 的纯水在不同温度下，于空气中以黄铜砝码称得的质量。不同温度下的总校准值见表 2-6。

表 2-6 玻璃量器中 1mL 纯水在空气中以黄铜砝码称得的质量

温度/℃	质量/g	温度/℃	质量/g	温度/℃	质量/g	温度/℃	质量/g
1	0.99824	11	0.99832	21	0.99700	31	0.99464
2	0.99832	12	0.99823	22	0.99680	32	0.99434
3	0.99839	13	0.99814	23	0.99660	33	0.99406
4	0.99844	14	0.99804	24	0.99638	34	0.99375
5	0.99848	15	0.99793	25	0.99617	35	0.99345
6	0.99851	16	0.99780	26	0.99593	36	0.99312
7	0.99850	17	0.99765	27	0.99569	37	0.99280
8	0.99848	18	0.99751	28	0.99544	38	0.99246
9	0.99844	19	0.99734	29	0.99518	39	0.99212
10	0.99839	20	0.99718	30	0.99491	40	0.99177

用总校准值可以将不同温度下水的质量换算成 20℃时的体积，其换算公式为：

$$V_{20} = \frac{m_t}{\rho_t}$$

式中 V_{20}——20℃时水的体积，mL；
m_t——t℃时在空气中以黄铜砝码称得玻璃量器中放出或装入纯水的质量，g；
ρ_t——1mL 纯水在 t℃时以黄铜砝码称得的质量，g/mL。

绝对校准法计算示例如下。

【例 2-1】 校准滴定管时，在 21℃时由滴定管的 0.00 刻度处为始放出 20.00mL 纯水，称得其质量为 19.9622g，计算滴定管该段在 20℃时的实际体积及校准值各是多少？

解 查表 2-6 得 $\rho_{21}=0.99700\text{g/mL}$，则

$$V_{20}=\frac{m_{21}}{\rho_{21}}=\frac{19.9622}{0.99700}=20.02\ (\text{mL})$$

即滴定管该段在 20℃时的实际体积为 20.02mL。

体积差值 $\Delta V=20.02-20.00=0.02\ (\text{mL})$

即滴定管该段的校准值为 0.02mL。

(2) 相对校准法　相对校准法是相对比较两量器所容纳或放出液体体积的比例关系，此法多用于容量瓶与移液管的校准。在实际的分析工作中，容量瓶与移液管常常配套使用，如用移液管将溶液移入容量瓶中定容，或用移液管取出一部分在容量瓶中定容的溶液，此时重要的不是所用容量瓶和移液管的绝对容积，而是二者的容积比是否正确。如用 25mL 移液管从 250mL 容量瓶中移出溶液的体积与容量瓶中溶液的体积的比值是否是准确的 1/10，这时就需要对这两件量器进行相对校准。

在分析工作中，滴定管一般采用绝对校准法；用作取样的移液管，也必须采用绝对校准法；而对于配套使用的容量瓶和移液管，多采用相对校准法。绝对校准法准确，但操作比较烦琐；相对校准法操作简单，但两件量器必须配套使用。

2. 溶液体积的校准

滴定分析量器都是以 20℃为标准温度来标定和校准的，但其使用时的温度则往往不是 20℃。温度变化会引起量器容积和溶液体积的改变，如果在某一温度下配制溶液，并在同一温度下使用，就不必校准，因为这时所引起的体积误差在计算时可以抵消。如果在不同的温度下使用，则需要校准。当温度变化不大时，玻璃仪器容积变化的数值很小，可忽略不计，但由于密度改变所导致的溶液体积的变化则不能忽略，必须加以校准。

不同温度下 1000mL 水或稀溶液换算为 20℃时的体积，其校准值（补正值）见附录一。溶液体积的校准示例如下。

【例 2-2】 在 10℃时，滴定用去 26.00mL 盐酸标准滴定溶液 $[c(\text{HCl})=0.1\text{mol/L}]$，计算在 20℃时该标准滴定溶液的体积应是多少？

解 查附录一得，10℃时 1000mL 盐酸溶液 $[c(\text{HCl})=0.1\text{mol/L}]$ 的补正值为 +1.5，则在 20℃时该溶液的体积为：

$$V_{20}=V_t+V_t\times\frac{\text{补正值}}{1000}=26.00+26.00\times\frac{1.5}{1000}=26.04\ (\text{mL})$$

*第四节　称量分析法基本操作

沉淀称量法是最常用的称量分析法，该方法的基本操作包括试样的溶解、沉淀、过滤、洗涤、烘干、灼烧与恒重等。

一、试样的溶解

溶解试样时，要根据试样的性质选择合适的溶剂，将试样溶解制成分析试液。

试样在烧杯中溶解时，要将溶剂顺杯壁倒入，或使溶液顺着一根下端紧靠杯壁的玻璃棒（其长度约为烧杯高度的 1.5 倍）流下，特别注意防止溶液飞溅。如果试样在溶解时有气体产生，应先在试样中加入少量水，调成糊状，用一表面皿将杯口盖好，然后通过烧杯嘴与表

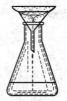

图 2-62 在锥形瓶中煮沸溶样

面皿间的窄缝注入溶剂，以防止粉末状试样飞逸。待作用完以后，用洗瓶冲洗表面皿下面和烧杯壁，冲洗时，应该使流下来的水顺杯壁流下，以免直接冲入烧杯内而引起溶液的溅失。溶剂加完后，可以用玻璃棒搅拌或加热以促进溶解。

如果必须加热煮沸，则最好在锥形瓶中进行。操作时可在锥形瓶口置一短颈漏斗，漏斗上盖一表面皿，如图 2-62 所示。煮沸溶解后，可先用洗瓶吹洗表面皿，冲下的水经漏斗流入锥形瓶，然后再冲洗漏斗的内外壁并将锥形瓶内壁溅起的溶液冲下。

二、沉淀

称量分析法对沉淀的要求是尽可能沉淀完全和纯净，为了达到此要求，应按照沉淀的不同性质选择不同的沉淀条件，如沉淀时溶液的体积、温度、加入沉淀剂的种类、浓度、用量、滴加速度、搅拌速度、放置时间等，必须严格按照规定的操作程序进行。

沉淀剂溶液要在搅拌下加入，以免局部浓度过高。操作时，左手拿滴管加沉淀剂溶液，使溶液或顺器壁流下，或使滴管口接近液面滴下，勿使溶液溅起；同时右手持玻璃棒，充分地搅拌，搅拌时不要用力，而且不能碰烧杯壁或杯底，以免划损烧杯。通常沉淀是在热溶液中进行的（一般用水浴或电热板加热，不用火直接加热），但不能在正在沸腾的溶液中进行。沉淀剂溶液应该一次加完，加完后检查是否沉淀完全。检查方法是：将溶液放置，待沉淀下沉后，在上层清液中，沿烧杯内壁加 1 滴沉淀剂，观察滴落处是否出现浑浊，无浑浊说明已沉淀完全；如出现浑浊，需再补加沉淀剂，直至再次检查时上层清液中不再出现浑浊为止。然后盖上表面皿，玻璃棒放于烧杯嘴处。

三、沉淀的过滤和洗涤

1. 滤纸的选择

称量分析中应用定量滤纸（又称无灰滤纸）进行过滤（见表 1-14）。滤纸的选择应根据沉淀的类型和沉淀量来考虑。粗大晶形沉淀和不易过滤的非晶形沉淀如氢氧化铁、氢氧化铝等，应选用孔隙较大的快速滤纸；中等粒度的晶形沉淀如碳酸锌等，宜选用中速滤纸；细晶形沉淀如硫酸钡、草酸钙等因易穿透滤纸，应选用最紧密的慢速滤纸。选择滤纸的直径大小应与沉淀的量相适应，即沉淀量应不超过滤纸折叠成圆锥高度的一半，经常使用的是直径为 8~10cm 的滤纸。

2. 漏斗的选择

称量分析所用的漏斗是长颈漏斗，颈长为 15~20cm，漏斗锥体角为 60°，颈的直径为 3~5mm，以便在颈内容易保留水柱，出口处磨成 45°，如图 2-63 所示。漏斗的大小可根据滤纸的大小来选择。

3. 滤纸的折叠与安放

在折叠滤纸前手应洗净擦干。

滤纸的折叠如图 2-64 所示，先把滤纸整齐地对折并将折边的一半按紧，然后再对折成一直角，锥顶不能有明显的折痕。把折好的滤纸打开，使成圆锥体放入洁净干燥的漏斗中，此时滤纸上边缘应低于漏斗边缘 0.5~1cm，若过高需剪去一圈。为保证贴合紧密，第二次折叠时折边不要按紧，先放在漏斗中试，若折叠角度不合适，可稍微改变后再试，直至贴合紧密后，再把第二次的折边按紧，但滤纸尖角不要重折，以免破裂。取出圆锥形滤纸，将半边为三层的最外层撕下一块,以使此处内层滤纸紧密贴合在漏斗内壁上,否则会有空隙。撕下来的纸角保存在洁净的表面皿上,以备后面擦拭烧杯使用。

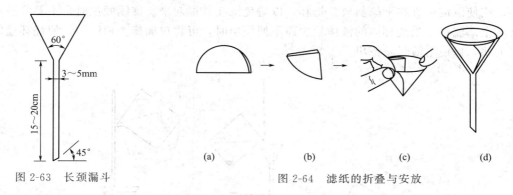

图 2-63　长颈漏斗　　　　　　图 2-64　滤纸的折叠与安放

4. 做水柱

将折叠好的滤纸锥体放入漏斗中,使滤纸三层的一边位于漏斗出口短的一边,用手向下按紧三层部分使之密合,然后用洗瓶吹出细水流将滤纸全部润湿,以手指轻压滤纸赶去滤纸与漏斗壁间的气泡。再加水至漏斗边缘,漏斗颈内应全部充满水形成水柱,而且滤纸上的水全部流尽后,漏斗颈内的水柱应仍能保持。在整个过滤过程中漏斗颈必须被滤液所充满,这样才能因液柱的重力产生抽滤作用而使滤速加快。

若如上操作做不成水柱,可用手指堵住漏斗下口,稍稍掀起滤纸三层的一边,用洗瓶向滤纸和漏斗间的空隙加水,直到漏斗颈及锥体的一部分被水充满,然后按紧滤纸边,再松开下面堵住出口的手指,此时水柱应该形成。若水柱不能保持,则表示滤纸没有完全贴紧漏斗壁;如果水柱虽能形成,但其中有气泡而不是连续的水柱,则说明滤纸边可能有微小缝隙,可以再将滤纸边按紧。有时水柱不能形成或不连续是因为漏斗颈不干净或漏斗颈太大,必须重新清洗或更换漏斗。

做好水柱的漏斗应放在漏斗架上,滤纸三层一侧在外。漏斗下方置一承接滤液的烧杯,漏斗颈出口长的一侧贴紧烧杯内壁,漏斗位置的高低以下口不接触滤液为度。即使不利用滤液进行其他组分的分析,下面承接滤液的烧杯也应是洁净的,烧杯盖上一表面皿,以便于发生穿滤或滤纸意外破裂时重新过滤。进行平行测定时,应将盛有待滤溶液的烧杯分别放在相应的漏斗前面。

5. 倾泻法过滤和初步洗涤

过滤一般分三个阶段。为了避免沉淀堵塞滤纸的微孔,影响过滤速度,第一阶段先采用倾注法把尽可能多的清液过滤过去,并对烧杯中的沉淀作初步洗涤;第二阶段把沉淀转移到漏斗上;第三阶段清洗烧杯并洗涤漏斗上的沉淀。

为了在倾注清液时尽可能不搅起沉淀,最好将沉淀用烧杯的一端垫起,倾斜静置,注意烧杯嘴应向下,如图 2-65(a) 所示。待溶液与沉淀分清后,轻轻拿起烧杯,移到漏斗上方,倾斜烧杯的同时小心提起玻璃棒(在加沉淀剂溶液时用以搅拌后,玻璃棒应一直留在溶液中,不得拿出),并将玻璃棒下端碰一下烧杯内壁,使悬挂在其下端的液滴流回烧杯。将玻璃棒贴紧烧杯嘴,下端指向三层滤纸的一边,尽可能接近但不能接触滤纸,继续倾斜烧杯,使上层清液沿玻璃棒流入漏斗中,如图 2-65(b) 所示。注意漏斗中的液面不要超过滤纸高度的 2/3,或液面离滤纸上边缘约 5mm,以免沉淀因毛细管作用越过滤纸上边缘而造成损失。暂停倾注时,应如图 2-65(c) 所示,将烧杯嘴沿玻璃棒往上提,逐渐使烧杯直立,然后将玻璃棒轻触烧杯嘴而移入烧杯中,切勿使留在棒端及烧杯嘴上的溶液流到外面。玻璃棒放回原烧杯中时,不要将清液搅浑,也不能靠在烧杯嘴处,因烧杯嘴处沾有少量沉淀。过滤过程中,应使沉淀一方在下倾斜放置烧杯,以避免沉淀被搅起来。继续倾注时,不要等漏斗中的溶液全部流尽。当烧杯内的液体较少而不便倾出时,可将玻璃棒稍稍倾斜,使烧杯倾斜程度更大些,以使清液尽量流出。

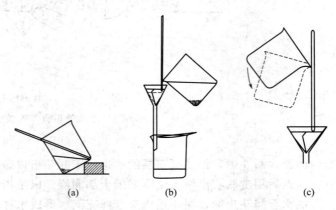

图 2-65　倾泻法过滤操作

在上层清液倾注完以后,应在烧杯中作初步洗涤。洗涤时,每次将约 10 mL 洗涤液沿烧杯内壁四周注入,用玻璃棒充分搅拌,静置。待沉淀沉降后,用倾泻法过滤。一般晶形沉淀洗涤 3~4 次,无定形沉淀洗涤 5~6 次。每次尽量把洗涤液倾尽后,再加下一份洗涤液。

过滤和洗涤要一次完成,不能间断,否则沉淀干涸板结后很难完全洗净,尤其是过滤胶状沉淀。

在过滤一开始就要注意查看滤液是否透明,如不透明,可能是滤纸致密度不够,必须更换合适的滤纸,重新实验。在测定的准确度要求不高时,可拿起漏斗,使其上口斜向下置于原烧杯上方,用玻璃棒将滤纸移入烧杯。然后用撕下来的滤纸角擦净漏斗内壁,也投入烧杯中,再直立漏斗用洗瓶吹水充分洗涤其内壁并使洗涤液全部流入烧杯。原滤液也一并转入此烧杯,用玻璃棒搅拌并打碎滤纸后,更换合适的致密滤纸重新过滤。

6. 沉淀的转移

沉淀洗涤几次后,在烧杯中加入 10~20 mL 洗涤液,搅拌,悬浊液全部按以上方式倾入漏斗中。如此反复 2~3 次,使大部分沉淀转移至漏斗中。再如图 2-66 所示,将玻璃棒横放在烧杯口上,使玻璃棒下端正对烧杯嘴且比烧杯嘴长出 2~3 cm,左手食指按住玻璃棒的较高地方,大拇指在前,其余手指在后,拿起烧杯,放在漏斗上方,倾斜烧杯使玻璃棒仍指向三层滤纸的一边,右手执洗瓶吹洗烧杯整个内壁上沾附的沉淀,使流出液全部沿玻璃棒流入漏斗中。然后用撕下来的滤纸角擦净玻璃棒,再投入烧杯中,用玻璃棒压住滤纸由上到下旋转擦拭杯壁,滤纸拨至漏斗中,最后再用洗涤液吹洗烧杯 1~2 次。

经吹洗、擦拭后的烧杯内壁,包括玻璃棒、表面皿,应在明亮处检查,若稍有沉淀痕迹,应重新处理,保证沉淀全部转移至漏斗中。

7. 沉淀的洗涤

沉淀全部转移到漏斗中的滤纸上后,再于漏斗中进行洗涤。如图 2-67 所示,用洗瓶由滤纸边缘稍下一些的地方由上到下进行螺旋形移动冲洗沉淀,这样可使沉淀洗得干净且集中到滤纸的底部。不能直接将洗涤液冲到滤纸中央的沉淀上,以免沉淀溅出。注意三层滤纸的一侧不易洗净,应适当多洗几次。

图 2-66　少量沉淀的吹洗

图 2-67　洗涤沉淀的方法

洗涤沉淀应采用"少量多次,每次使洗涤液沥尽"的原则,这样既可提高洗涤效率,又能尽量减少沉淀的溶解损失。一般晶形沉淀洗涤 8～10 次,胶状沉淀洗涤 10～20 次后,检查洗涤的完全程度,直至沉淀洗净为止。

8. 沉淀的包裹

从漏斗中取出洗净的沉淀和滤纸,按如下的方法进行包裹。

对于晶形沉淀,用尖头玻璃棒从滤纸的三层处小心将滤纸从漏斗壁上拨开,用洗净的手拿住滤纸三层部分将滤纸锥体取出。如图2-68(A)上所示程序折卷成小卷,将沉淀包裹在里面,其步骤是:滤纸对折成半圆形,自右端约 1/3 半径处向左折,由上边向下折,再自右向左折卷,折成的滤纸包使滤纸层数较多的一端向上放入已恒重的瓷坩埚中。也可如图 2-68(A)下所示方法折叠:滤纸锥体取出后不打开而折成四折(撕去一角处应在边缘),然后将上边下折,再将左右两边向里折,尖端(即有沉淀的地方)向下,放在已恒重的坩埚中。

对于无定形沉淀,因沉淀体积较大,可如图 2-68(B) 所示,用尖头玻璃棒把滤纸的边缘挑起,向中间折叠,将沉淀全部盖住然后小心取出,放入已恒重的坩埚中,使三层滤纸部分向上,以便滤纸的炭化和灰化。

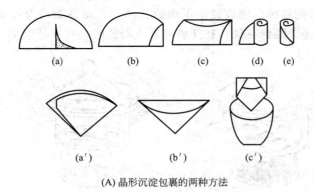

(A) 晶形沉淀包裹的两种方法

(B) 无定形沉淀的包裹

图 2-68　沉淀的包裹

四、沉淀的烘干和灼烧

沉淀的烘干和灼烧是获得沉淀称量形式的重要操作步骤。通常在 250℃ 以下的热处理称为烘干；250～1200℃的热处理称为灼烧。

1. 沉淀的烘干

装有沉淀滤纸包的坩埚放在电炉上，坩埚盖半掩于坩埚上，加热使沉淀和滤纸慢慢干燥。在干燥过程中，温度不能太高，干燥不能过快，否则瓷坩埚与水滴接触易炸裂。

2. 滤纸的炭化与灰化

滤纸和沉淀干燥后，继续加热，使滤纸炭化。炭化时要防止滤纸着火燃烧，以免沉淀微粒飞散损失。如果滤纸着火，应立即将坩埚盖盖好，让火焰自行熄灭，切勿用嘴吹灭。

滤纸炭化后，逐渐增高温度，并用坩埚钳不断转动坩埚，使滤纸灰化。将炭素燃烧成二氧化碳而除去的过程称为灰化。滤纸若灰化完全，应不再呈黑色。

3. 沉淀的灼烧与恒重

灰化好带有沉淀的坩埚移入高温炉中灼烧时，坩埚应先放在打开炉门的炉膛口预热，再送至炉膛中，盖上坩埚盖（但要错开一点），在规定的温度下灼烧一定时间。通常在高温炉中灼烧沉淀时，第一次灼烧时间为30～45min，重复灼烧时间为15～20min。

灼烧好的坩埚用长坩埚钳取出放到石棉板或泥三角上，冷却到略高于室温时，再将其移入干燥器中冷却至室温后称量。继续灼烧一定时间，冷却后再称量，直至连续两次称量数值相差在0.2mg以内即达到恒重为止。

需要注意的是，空坩埚与带有沉淀的坩埚恒重的条件，包括灼烧的温度和时间、于干燥器内冷却的时间等应尽可能完全一致。

有些沉淀不能和滤纸一起灼烧（易被还原），有些沉淀不能在高温灼烧（高温易分解），这些沉淀通常可用微孔玻璃坩埚（或微孔玻璃漏斗）减压过滤，烘干后即可称量。微孔玻璃滤器的滤板是用玻璃砂在高温下烧结而成的，按滤板微孔的直径大小可将其分为不同的规格（见表1-4），称量分析中常用的是 P_{40} 和 P_{16} 号滤器，应将其洗净、烘干、恒重后置于干燥器中备用。

五、干燥器的使用

在称量分析中，干燥后的容器与试剂一般均置于干燥器内密封冷却或保存。干燥器是一种具有磨口盖的厚壁玻璃容器，底部常放入无水氯化钙、变色硅胶或浓硫酸作为干燥剂[见图2-69(a)]，其中部有一块带孔瓷板以便放置待干燥的物品。干燥器盖的磨口面涂有一层凡士林，当器盖盖上时，可以保持隔绝空气；在开启或盖上器盖时，可保持润滑。

(a) 装干燥剂的方法

(b) 干燥器的开启方法

(c) 干燥器的搬动方法

图2-69 干燥器的使用

使用干燥器时，如图2-69(b) 所示，用左手扶住干燥器主体，右手按住器盖的圆柄，向左手方向推开器盖，放入物品后，用同样的方法再盖严。在移动干燥器时，如图2-69(c)

所示，要用双手拇指同时按住器盖以防滑落。灼热的物体必须冷却到略高于室温后再放入干燥器，以防干燥器内温度升高而冲开器盖，也防止灼热的物体冷却后，造成干燥器内形成负压，致使推动器盖困难以致无法开启。

复习思考题

1. 一般溶液配制时，应注意些什么？
2. 取用固体试剂和液体试剂时应注意什么问题？
3. 间接加热有哪些方法？冷却有哪些方法？
4. 在间接加热时，测定不同加热介质的温度，应如何选择温度计？
5. 使用酒精灯、燃气灯时，各应注意什么问题？
6. 减压过滤时，有哪些注意事项？
7. 重结晶操作选择的溶剂应具备什么条件？使用易燃的有机溶剂重结晶时，应如何操作？
8. 天平是如何进行分类的？常用分析天平属于何种类别？
9. TG-328B型分析天平的主要部件有哪些？各自的作用是什么？
10. 天平的灵敏性用哪两种指标表示？二者的关系如何？
11. 分析天平称量方法有哪些？称量应注意什么问题？
12. 使用电子天平的主要操作步骤包括哪些？
13. 酸式滴定管适用于装什么溶液？为何不适于装碱性溶液？碱式滴定管适用于装什么溶液？为何不适于装酸性溶液？
14. 酸式滴定管漏水应如何处理？碱式滴定管漏水又如何处理？
15. 滴定操作应如何进行？滴定时应注意什么问题？
16. 何为定容操作？定容操作怎样进行？
17. 用吸管吸取容量瓶中的溶液时，如何进行操作？操作应注意什么问题？
18. 如何读取滴定管、容量瓶与吸管中深色和无色溶液的体积？
19. 滴定仪器的校准方法有哪两种？各适合什么情况下使用？
20. 沉淀称量法的基本操作步骤有哪些？
21. 试样溶解时应注意什么问题？转移试液时又应注意什么问题？
22. 过滤沉淀时，滤纸、洗涤液如何选择？洗涤的基本原则是什么？
23. 晶形沉淀如何包裹？无定形沉淀又如何包裹？
24. 何种情况下使用滤纸过滤？何种情况下采用微孔玻璃坩埚过滤？微孔玻璃坩埚如何洗涤？
25. 空坩埚与带有沉淀的坩埚为什么必须在同一条件下进行恒重？
26. 干燥器应如何开启？灼热的物体置于干燥器中冷却时应如何进行操作？

第三章　无机化学实验

【学习目标】
1. 掌握无机化学实验基本操作技术。
2. 掌握原盐的提纯、硫酸亚铁铵与过氧化钙的制备方法。
3. 熟悉玻璃管与玻璃棒的加工技术。

一、无机化学实验基本操作练习

无机化学实验所用仪器和操作看似简单，但如果不甚了解仪器的性能，不能正确掌握实验基本操作和有关注意事项，就不可能保证实验得以顺利进行，甚至还可能引发意外事故。因此，在进行无机化学实验之前，必须做好充分的练习，熟练掌握仪器的规范使用方法和正确的操作方法。

无机化学实验基本操作包括：仪器的洗涤与干燥、试剂的取用、称量、溶液的配制、加热、冷却、过滤与洗涤、离心分离、蒸发与浓缩、结晶与重结晶等。

二、原盐的提纯

在盐田晒制的海盐及从天然盐湖或盐矿开采出的未经人工处理的湖盐或岩盐等统称为原盐，除主要组分氯化钠外，其还含有 Ca^{2+}、Mg^{2+}、K^+、SO_4^{2-} 等可溶性杂质和泥沙等不溶性杂质。采用过滤的方法除去不溶性杂质，选择适宜的沉淀剂使 Ca^{2+}、Mg^{2+}、SO_4^{2-} 等离子转化为难溶化合物沉淀除去，即可得到精盐即纯度较高的氯化钠。

氯化钠是白色立方晶体或细小的结晶粉末，味咸。它是人不可缺少的营养性调味品，也是重要的化工、轻工原料，医学上可作为电解质补充药物。

原盐提纯的主要步骤如下。

首先，在原盐溶液中加入氯化钡溶液，除去 SO_4^{2-}：

$$Ba^{2+} + SO_4^{2-} \longrightarrow BaSO_4 \downarrow$$

然后在溶液中加入碳酸钠溶液，除去 Ca^{2+}、Mg^{2+} 和过量的 Ba^{2+}：

$$Ca^{2+} + CO_3^{2-} \longrightarrow CaCO_3 \downarrow$$

$$2Mg^{2+} + 2CO_3^{2-} + H_2O \longrightarrow Mg_2(OH)_2CO_3 \downarrow + CO_2 \uparrow$$

$$Ba^{2+} + CO_3^{2-} \longrightarrow BaCO_3 \downarrow$$

过量的碳酸钠用盐酸中和：

$$CO_3^{2-} + 2H^+ \longrightarrow H_2O + CO_2 \uparrow$$

原盐中的 K^+ 与以上沉淀剂不起作用，仍留在溶液中。但由于氯化钾的溶解度比氯化钠的大，而且在原盐中的含量较少，故蒸发浓缩食盐溶液时，氯化钠结晶析出，而氯化钾仍留在母液中。

三、硫酸亚铁铵的制备

硫酸亚铁铵，俗名莫尔盐，是一种复盐。它是一种浅蓝绿色透明晶体，溶于水，不溶于乙醇，约在100℃失去结晶水。硫酸亚铁铵在空气中比一般亚铁盐稳定，不易被氧化，是实验室中常用的试剂，在定量分析中常用它来制备亚铁离子标准溶液，也可用于制药、电镀、染料等行业。

本实验以废铁屑为原料，将其溶于稀硫酸得到硫酸亚铁，再用等物质的量的硫酸铵溶液与之混合，经过蒸发、冷却、结晶后，得到溶解度比硫酸亚铁和硫酸铵都小的硫酸亚铁铵。反应式如下：

$$Fe + H_2SO_4 \longrightarrow FeSO_4 + H_2\uparrow$$

$$FeSO_4 + (NH_4)_2SO_4 + 6H_2O \longrightarrow (NH_4)_2Fe(SO_4)_2 \cdot 6H_2O$$

上述三种盐的溶解度数据见表3-1。

表 3-1 三种盐的溶解度   单位：g/100g 水

物质	0℃	10℃	20℃	30℃	50℃	70℃
硫酸亚铁	15.7	20.5	26.6	33.2	48.6	56
硫酸铵	70.6	73.0	75.4	78.1	84.5	91.9
硫酸亚铁铵	12.5	18.1	21.2	24.5	31.3	38.5

因亚铁离子具有还原性，故硫酸亚铁铵主成分的含量可用高锰酸钾法直接测定。硫酸亚铁铵中杂质 Fe^{3+} 的含量多少，是影响其质量的重要指标之一，本实验采用目视比色法对 Fe^{3+} 含量进行限量分析，将试样溶液分别与硫酸亚铁铵标准溶液作对比，以确定杂质 Fe^{3+} 的含量范围，进而确定产品级别。

四、三草酸根合铁（Ⅲ）酸钾的制备

三草酸根合铁（Ⅲ）酸钾 $\{K_3[Fe(C_2O_4)_3] \cdot 3H_2O\}$ 是一种翠绿色的单斜晶体，溶于水而不溶于乙醇等有机溶剂，光照易分解。它是制备负载型活性铁催化剂的主要原料，也是一些有机反应很好的催化剂，可用于化学试剂、有机合成、电镀等行业以及光量测定、摄影、科研工作等。

本实验制备三草酸根合铁（Ⅲ）酸钾晶体，首先用硫酸亚铁铵与草酸反应制备出草酸亚铁，然后再用草酸亚铁在草酸钾和草酸的存在下，以过氧化氢为氧化剂反应，制得草酸铁配合物。反应式如下：

$$(NH_4)_2Fe(SO_4)_2 \cdot 6H_2O + H_2C_2O_4 \longrightarrow FeC_2O_4 \cdot 2H_2O\downarrow + (NH_4)_2SO_4 + H_2SO_4 + 4H_2O$$

$$2FeC_2O_4 \cdot 2H_2O + H_2O_2 + 3K_2C_2O_4 + H_2C_2O_4 \longrightarrow 2K_3[Fe(C_2O_4)_3] \cdot 3H_2O$$

因草酸根具有还原性，故三草酸根合铁（Ⅲ）酸钾的主成分含量可采用高锰酸钾法直接测定。

五、过氧化钙的制备

过氧化钙为白色或淡黄色粉末，难溶于水，可溶于稀酸生成过氧化氢，室温下稳定，加热到300℃可分解为氧化钙及氧。它广泛用作杀菌剂、防腐剂、解酸剂、油类漂白剂、种子及谷物的无毒消毒剂，还可作为食品、化妆品等的添加剂。

过氧化钙可用氯化钙与过氧化氢及碱反应来制取，在水溶液中析出的八水过氧化钙，于

150℃左右脱水干燥,即得无水产品。反应式如下:

$$CaCl_2 + H_2O_2 + 2NH_3 \cdot H_2O + 6H_2O \longrightarrow CaO_2 \cdot 8H_2O + 2NH_4Cl$$

$$CaO_2 \cdot 8H_2O \xrightarrow{\triangle} CaO_2 + 8H_2O \uparrow$$

过氧化钙主成分含量可利用其与酸反应生成过氧化氢,以高锰酸钾标准滴定溶液滴定而测得。

实验一　无机化学实验基本操作练习

1. 实验目的

(1) 了解实验室守则及安全注意事项。
(2) 掌握一般玻璃仪器的洗涤、干燥方法。
(3) 掌握常用仪器的用途、使用方法。
(4) 掌握试剂的取用和一般溶液的配制步骤。
(5) 熟悉沉淀的生成与离心沉降的方法。

2. 试剂与仪器

(1) 重铬酸钾:工业品。
(2) 浓硫酸:工业品。
(3) 氢氧化钠:化学纯试剂。
(4) 盐酸:化学纯试剂。
(5) 氯化钡溶液:$c(BaCl_2)=0.5mol/L$。
(6) 硫酸钠溶液:$c(Na_2SO_4)=0.5mol/L$。

100mL烧杯、250mL烧杯、10mL量筒、100mL量筒、试管、离心试管、滴管、玻璃棒、试管夹、药匙、酒精灯、电吹风机、离心机、托盘天平、称量纸等。

3. 实验步骤

(1) 熟悉实验室内水、电、燃气线路的走向,了解实验室规则及一般安全知识。
(2) 认领实验仪器,了解其一般用途。
(3) 用毛刷蘸取洗衣粉或肥皂,洗涤所用烧杯、试管、离心试管、量筒、玻璃棒等,并请指导教师检查。
(4) 用试管夹夹住洗净的试管用酒精灯或电吹风机干燥。然后另取一支洗净的试管,加入5mL水,在酒精灯焰上加热至沸。
(5) 用10mL量筒分别量取1mL、2mL、3mL、5mL水,分别倒入4只试管中,比较其体积,并用滴管测出1mL所相当的液滴数。
(6) 用托盘天平称量一只100mL干燥烧杯的质量。
(7) 配制100mL $c(NaOH)=2mol/L$ 的氢氧化钠溶液　计算出配制所需要固体氢氧化钠的量,用药匙取用氢氧化钠于称量纸上,在托盘天平上称取所需量,置于250mL烧杯中。再用量筒取100mL纯水加入烧杯中,用玻璃棒搅拌至全溶。冷却后,将溶液倒入指定的回收瓶中。
(8) 配制100mL $c(HCl)=2mol/L$ 的盐酸溶液　计算出配制所需要的浓盐酸(相对密度1.19)和水的量,用量筒将所需的纯水加到250mL烧杯中,再用10mL量筒量取所需的浓盐酸,沿玻璃棒缓慢注入水中,充分搅拌均匀。配好后,将溶液倒入指定回收瓶中。

(9) 配制铬酸洗液　用称量纸在托盘天平上称取 2g 重铬酸钾固体于 100mL 烧杯中，加约 4mL 热水，用玻璃棒搅拌至全溶，在不断搅拌下小心注入 30mL 浓硫酸（相对密度 1.84）。冷却后，将洗液倒入指定回收瓶中。

(10) 沉淀的生成　用铬酸洗液洗涤干净 2 只滴管备用。用滴管取 10 滴氯化钡溶液 $[c(BaCl_2)=0.5mol/L]$ 于离心试管中，以另一滴管逐滴加入 5～6 滴硫酸钠溶液 $[c(Na_2SO_4)=0.5mol/L]$，同时不断振摇，观察沉淀的析出。将离心试管于离心机中离心沉降，再于上层清液中沿管壁滴加一滴硫酸钠溶液，如不出现浑浊，则表明沉淀完全，否则继续滴加 2～3 滴硫酸钠溶液，直至沉淀完全为止。

实验完毕，洗净所用仪器并放到指定位置，关好水、电、燃气阀门，经指导教师检查后方可离开实验室。

4. 实验提要

(1) 实验前应充分预习仪器的洗涤、干燥、试剂的取用、加热、溶液的配制、沉淀及离心分离等操作方法，熟悉操作要领。

(2) 浓硫酸、浓盐酸、固体氢氧化钠腐蚀性强，须小心取用。

5. 思考题

(1) 稀释浓硫酸时，为何要将硫酸在不断搅拌下慢慢倒入水中而不能将水倒入浓硫酸中？

(2) 如何判断铬酸洗液是否已经失效？

(3) 配制溶液时需注意哪些问题？

(4) 在试管中加热液体时应注意什么问题？

(5) 为何往酒精灯中加入酒精时应适量？若过量会出现什么问题？

实验二　原盐的提纯

1. 实验目的

(1) 掌握原盐提纯的原理和方法。

(2) 学会溶解、沉淀、减压抽滤、蒸发浓缩、结晶和烘干等基本操作。

(3) 了解 SO_4^{2-}、Ca^{2+}、Mg^{2+} 等离子的定性方法。

2. 试剂与仪器

(1) 原盐。

(2) 盐酸溶液：$c(HCl)=6mol/L$。

(3) 乙酸溶液：$c(HAc)=2mol/L$。

(4) 氢氧化钠溶液：$c(NaOH)=6mol/L$。

(5) 氯化钡溶液：$c(BaCl_2)=1mol/L$。

(6) 碳酸钠溶液：饱和。

(7) 草酸铵溶液：饱和。

(8) 六亚硝基合钴酸钠溶液：$c\{Na_3[Co(NO_2)_6]\}=1mol/L$。

(9) 镁试剂Ⅰ：$0.1g/L$。

托盘天平、100mL 烧杯、布氏漏斗、抽滤瓶、减压装置、蒸发皿、石棉网、玻璃棒、10mL 及 100mL 量筒、电炉、小试管、pH 试纸。

3. 实验步骤

（1）**原盐的溶解** 称取 5.0g 原盐于 100mL 烧杯中，加约 20mL 纯水，加热搅拌使其溶解（不溶性杂质沉降于底部）。

（2）**沉淀 SO_4^{2-}** 加热溶液到近沸，边搅拌边逐滴加入氯化钡溶液 $[c(BaCl_2)=1mol/L]$ 3～5mL。继续加热 5min，使硫酸钡沉淀颗粒长大而易于沉降。

（3）**滤除 SO_4^{2-}** 停止加热，待沉淀沉降后，在上层清液中，沿杯壁滴加 1～2 滴氯化钡溶液 $[c(BaCl_2)=1mol/L]$，如果出现浑浊，表示 SO_4^{2-} 尚未除尽，需继续加氯化钡溶液以除去剩余的 SO_4^{2-}。如果无浑浊出现，表示 SO_4^{2-} 已除尽，减压抽滤，弃去沉淀。

（4）**沉淀 Ca^{2+}、Mg^{2+}、Ba^{2+} 等阳离子** 将所得的滤液加热至近沸，一边搅拌，一边滴加饱和碳酸钠溶液，直至不再产生沉淀为止。再多加 0.5mL 碳酸钠溶液，静置。

（5）**滤除 Ca^{2+}、Mg^{2+}、Ba^{2+} 等阳离子** 在上层清液中，加几滴饱和碳酸钠溶液，如果出现浑浊，表示 Ba^{2+} 未除尽，需在原溶液中继续加碳酸钠溶液直至除尽为止。如沉淀完全，继续加热至沸腾，使沉淀沉降。抽滤，弃去沉淀。

（6）**除去过量的 CO_3^{2-}** 往溶液中滴加盐酸溶液 $[c(HCl)=6mol/L]$，加热搅拌，中和至溶液的 pH≈2～3（用 pH 试纸检查）。

（7）**浓缩、结晶与烘干** 将上述溶液加热，蒸发浓缩到有大量 NaCl 结晶出现（为原体积的 1/4～1/3）。冷却，抽滤，然后用少量蒸馏水洗涤晶体，抽干。

将氯化钠晶体转移到蒸发皿中，在石棉网上用小火加热，边搅拌边烘干，以防止溅失与结块，再用大火灼烧 1～2min。冷却后称量，按下式计算收率：

$$\text{收率} = \frac{\text{精盐的质量}}{\text{原盐的质量}} \times 100\%$$

（8）**产品质量的检验** 取产品和原料各 1g，分别溶于 5mL 纯水中，按以下步骤进行检验。

① **硫酸盐的检验** 各取溶液 1mL 于试管中，分别加入 2 滴盐酸溶液 $[c(HCl)=6mol/L]$ 和 2 滴氯化钡溶液 $[c(BaCl_2)=1mol/L]$。若有白色沉淀产生，表示有 SO_4^{2-} 存在。比较两溶液中沉淀产生的情况。

② **钙盐的检验** 各取溶液 1mL 于试管中，分别加乙酸溶液 $[c(HAc)=2mol/L]$ 使呈酸性（排除 Mg^{2+} 的干扰），再分别加入饱和草酸铵溶液 3～4 滴，若有白色沉淀产生，表示有 Ca^{2+} 存在。比较两溶液中沉淀产生的情况。

③ **镁盐的检验** 各取溶液 1mL 于试管中，分别加 5 滴氢氧化钠溶液 $[c(NaOH)=6mol/L]$ 和 2 滴镁试剂 I，若有天蓝色沉淀生成，表示有 Mg^{2+} 存在。比较两溶液的颜色。

④ **钾盐的检验** 各取溶液 1mL，加 3 滴六亚硝基合钴酸钠溶液 $\{c[Na_3Co(NO_2)_6]=1mol/L\}$，放置片刻，若产生黄色沉淀，表示有 K^+ 存在。比较两溶液的颜色。

4. 实验提要

（1）抽滤过程中要控制好洗涤的用水量，不可太多。

（2）抽滤瓶、布氏漏斗等要用纯水洗净，以防带入新的杂质。

5. 思考题

（1）在除去 Ca^{2+}、Mg^{2+}、SO_4^{2-} 时，为什么要先加入氯化钡溶液，然后再加入碳酸钠溶液？

（2）可否用硝酸钡溶液代替氯化钡溶液除去 SO_4^{2-}？为什么？

（3）在除去 Ca^{2+}、Mg^{2+}、Ba^{2+} 等离子时，能否用其他可溶性碳酸盐代替碳酸钠？

(4) 影响精盐收率的因素有哪些？

实验三　硫酸亚铁铵的制备

1. 实验目的

（1）掌握硫酸亚铁铵的制备原理和方法。
（2）掌握水浴加热、蒸发、结晶、减压抽滤等基本操作。
（3）熟悉目视比色法检验产品质量的方法。

2. 试剂与仪器

（1）铁屑。
（2）硫酸溶液：$c(H_2SO_4)=3mol/L$。
（3）浓硫酸：化学纯试剂。
（4）盐酸溶液：$c(HCl)=2mol/L$。
（5）碳酸钠溶液：100g/L。
（6）硫氰酸钾溶液：$c(KSCN)=1mol/L$。
（7）硫酸铵：化学纯试剂。
（8）无水乙醇：化学纯试剂。
（9）十二水硫酸铁铵：分析纯试剂。

托盘天平、分析天平、电炉、水浴锅、抽滤装置、100mL 小烧杯、蒸发皿、表面皿、比色管架、25mL 比色管、pH 试纸。

3. 实验步骤

（1）**清洗铁屑**　称取 2g 铁屑，放入 100mL 小烧杯中，加入 20mL 碳酸钠溶液（100g/L），用小火加热并搅拌 10min，以除去铁屑上的油污。用倾泻法将碱液倒出，依次用自来水、纯水把铁屑冲洗干净。

（2）**硫酸亚铁的制备**　在盛放铁屑的小烧杯中，加入 10mL 硫酸溶液 $[c(H_2SO_4)=3mol/L]$，于通风橱中的水浴上加热（温度低于 80℃）至不再有气泡放出。加热过程中适当补加少量纯水，以保持原体积，防止水蒸发后硫酸亚铁晶体析出。趁热减压抽滤，用少量热水洗涤小烧杯及漏斗上的残渣，抽干。滤液转移至蒸发皿中，滤纸上的铁屑及残渣洗净，收集起来，用滤纸吸干后称重，计算出已作用的铁屑质量，再根据反应的计量关系计算出生成的硫酸亚铁质量。

（3）**硫酸亚铁铵的制备**　根据溶液中硫酸亚铁的量，按关系式 $n[(NH_4)_2SO_4]:n(FeSO_4)=1:1$ 计算出所需固体硫酸铵的质量。按计算量称取所需硫酸铵，参照其溶解度，配成饱和溶液。在搅拌下将此溶液加入硫酸亚铁溶液中，此时溶液的 pH 为 1～2，如 pH 偏大，可滴加几滴浓硫酸调节。水浴加热，蒸发浓缩至液体表面出现晶膜为止。放置，让溶液自然冷却至室温后，即有硫酸亚铁铵晶体析出。减压抽滤，用无水乙醇洗涤晶体 2 次，尽量抽干，将晶体转移至表面皿晾干，观察晶体的颜色和形状。称其质量，按下式计算产率：

$$产率=\frac{硫酸亚铁铵的实际产量}{硫酸亚铁铵的理论产量}\times 100\%$$

（4）**Fe^{3+} 限量分析**　称取 1.0g 产品于 25mL 比色管中，用 15mL 无氧纯水溶解，加入 2mL 盐酸溶液 $[c(HCl)=2mol/L]$ 和 1mL 硫氰酸钾溶液 $[c(KSCN)=1mol/L]$，再加无氧纯水至 25mL 刻度，摇匀后将所呈现的红色和标准色阶比较，以确定 Fe^{3+} 含量及产品等级。

(5) 标准色阶的配制 称取 0.4317g 十二水硫酸铁铵溶于少量水中,加入 1.3mL 浓硫酸,定量移入 500mL 容量瓶中,稀释至刻度,摇匀。此即 0.10mg/mL Fe^{3+} 标准溶液。

取三支 25mL 比色管,按顺序编号,依次加入 Fe^{3+} 标准溶液 0.5mL、1.0mL、2.0mL。分别加入 2mL 盐酸溶液 [$c(HCl)=2mol/L$] 和 1mL 硫氰酸钾溶液 [$c(KSCN)=1mol/L$],再加无氧纯水至 25mL 刻度,摇匀。

一级标准含 Fe^{3+} 0.05mg,二级标准含 Fe^{3+} 0.10mg,三级标准含 Fe^{3+} 0.20mg。

4. 实验提要

(1) 通过用眼睛观察,比较溶液颜色深浅来确定物质含量的方法称为目视比色法。其中最常用的是标准色阶法,它是将被测试样溶液和一系列已知浓度的标准溶液在相同条件下显色,当试液与某一标准溶液的厚度相等、颜色深浅度相同时,二者的浓度相等。

(2) 铁屑与硫酸溶液反应,开始时反应剧烈,要控制温度不宜过高,以防反应液溅出。

(3) 制备硫酸亚铁铵时,切忌用直接火加热,宜采用水浴加热。否则 Fe^{2+} 易被氧化,生成大量 Fe^{3+}(溶液变成棕红色)。

5. 思考题

(1) 在制备硫酸亚铁时,为什么要使铁过量?而制备硫酸亚铁铵时,为什么要按理论量配比?

(2) 能否将最后产物硫酸亚铁铵直接放在蒸发皿内加热干燥?为什么?

(3) 为什么制备硫酸亚铁铵晶体时,溶液必须呈酸性?蒸发浓缩时是否需要搅拌?

(4) 分析产品中杂质 Fe^{3+} 的含量,为什么要使用不含氧的纯水?

*实验四 三草酸根合铁(Ⅲ)酸钾的制备

1. 实验目的

(1) 掌握三草酸根合铁(Ⅲ)酸钾制备的基本原理和方法。
(2) 熟练掌握溶解、加热、结晶和减压过滤等基本操作。
(3) 加深对 3 价铁和 2 价铁化合物的重要性质的了解。

2. 试剂与仪器

(1) 六水硫酸亚铁铵:自制或化学纯试剂。
(2) 硫酸溶液:$c(H_2SO_4)=3mol/L$。
(3) 无水乙醇:化学纯试剂。
(4) 一水草酸钾:化学纯试剂。
(5) 草酸溶液:饱和。
(6) 过氧化氢溶液:$w(H_2O_2)=3\%$。

烧杯、量筒、表面皿、托盘天平、玻璃棒、加热装置、恒温水浴、吸滤瓶及布氏漏斗等。

3. 实验步骤

(1) 二水草酸亚铁的制备 称取 5.0g 六水硫酸亚铁铵于 250mL 烧杯中,加入 15mL 纯水,再滴入硫酸溶液 [$c(H_2SO_4)=3mol/L$] 5~6 滴,微热至全溶。

加入 25mL 草酸饱和溶液,继续加热至沸并在不断搅拌下保持微沸约 5min,静置,待黄色晶体(二水草酸亚铁)沉降后,倾去上层清液。用倾泻法以 20mL 水分两次洗涤沉淀,再静置，倾去上层清液。

(2) 三草酸根合铁（Ⅲ）酸钾的制备　称取 3.5g 一水草酸钾于 100mL 烧杯中，加 10mL 纯水微热溶解，将该溶液加到已洗净的置有二水草酸亚铁的烧杯中，烧杯置于 40℃ 的恒温水浴上，在不断搅拌下逐滴加入 20mL 过氧化氢溶液 [$w(H_2O_2)=3\%$]，沉淀转为棕色。将溶液加热至沸，加入 6mL 草酸饱和溶液，在保持微沸的状况下，继续滴加草酸溶液直至溶液完全变成透明的绿色，趁热抽滤，滤液转入 100mL 烧杯中。

滤液中加入 15mL 无水乙醇，温热溶液使析出的晶体再溶解，流水冷却，用表面皿盖好烧杯，避光放置约 10min。结晶完全析出后抽滤，抽干后用少量乙醇（约 20mL）分多次洗涤产品，继续抽干。产品置于表面皿中晾干，称量，按下式计算产率：

$$产率 = \frac{三草酸根合铁（Ⅲ）酸钾的实际产量}{三草酸根合铁（Ⅲ）酸钾的理论产量} \times 100\%$$

4. 实验提要

(1) 严格控制实验的温度。
(2) 加入过氧化氢溶液速度勿过快，以防止其分解。
(3) 为加快三草酸根合铁（Ⅲ）酸钾的结晶速度，可滴加几滴硝酸钾溶液。
(4) 抽滤时不可用水冲洗沾附在烧杯和布氏漏斗上的绿色产品。
(5) 三草酸根合铁（Ⅲ）酸钾见光易分解，应避光保存。

5. 思考题

(1) 影响三草酸根合铁（Ⅲ）酸钾产率的主要因素有哪些？
(2) 实验中加硫酸溶液酸化的目的是什么？
(3) 加入过氧化氢溶液后，沉淀为何转为棕色？
(4) 溶液中最后加入乙醇有什么作用？能否用蒸干溶液的办法来提高产率？为什么？

*实验五　过氧化钙的制备

1. 实验目的

(1) 掌握过氧化钙制备的原理及方法。
(2) 巩固无机物制备的基本操作。

2. 试剂与仪器

(1) 六水氯化钙：化学纯。
(2) 过氧化氢溶液：$w(H_2O_2)=30\%$。
(3) 浓氨水：化学纯。
(4) 冰。

托盘天平、分析天平、水浴锅（放冰水）、抽滤装置、100mL 烧杯、蒸发皿、烘箱。

3. 实验步骤

(1) 过氧化钙晶体的制备　称取 11g 六水氯化钙于 100mL 烧杯中，加入 10mL 纯水溶解，加入 25mL 过氧化氢溶液（30%），边搅拌边滴入 5mL 的浓氨水，最后再加入 25mL 冷的纯水，置于冰水中冷却半小时，析出过氧化钙晶体。减压抽滤，用少量冷水洗涤晶体 2～3 次，抽干。

(2) 过氧化钙晶体的脱水干燥　将过氧化钙晶体转移入蒸发皿中，置于烘箱内在 150℃ 下烘 0.5～1h。取出后冷却即得固体过氧化钙。称其质量，按下式计算产率：

$$产率 = \frac{过氧化钙的实际产量}{过氧化钙的理论产量} \times 100\%$$

4. 实验提要

(1) 溶液放在冰水中要充分冷却，使晶体析出。

(2) 注意正确使用烘箱，控制好晶体干燥的温度及时间。

5. 思考题

(1) 所得产物中的主要杂质是什么？

(2) 如何提高产品的产率与纯度？

第四章 分析化学实验

【学习目标】
1. 掌握分析天平与滴定分析仪器的使用。
2. 掌握标准滴定溶液的制备与滴定分析的测定方法。
3. 熟悉称量分析操作技术与称量分析的测定方法。

第一节 分析仪器使用练习

滴定分析是根据称得试样的质量和滴定时所消耗标准滴定溶液的体积及其浓度来计算分析结果的。天平的称量误差和溶液体积的测量误差是滴定分析中误差的主要来源，如称得的质量不准确、体积测量不准确，其他操作步骤即使做得都很准确也是徒劳的。因此，为了使分析结果能符合所要求的准确度，一方面要正确熟练掌握分析天平的使用与称量方法，另一方面要正确熟练掌握滴定管、容量瓶、移液管及吸量管等的操作方法，能够准确地测量溶液的体积。

实验六 分析天平的使用与称量练习

1. 实验目的
(1) 熟悉双盘半机械加码分析天平的构造。
(2) 掌握分析天平使用的基本操作。
(3) 掌握分析天平的各种称量方法。

2. 试剂与仪器
(1) 无水碳酸钠：固体粉末。
(2) 磷酸：化学纯或工业品。
双盘半机械加码电光分析天平、托盘天平、表面皿、称量瓶、小烧杯、瓷坩埚、滴瓶。

3. 实验步骤
(1) 天平的查验
① 对照图 2-35 和有关说明观察天平的构造，熟悉各部件的名称、位置和作用。
② 检查天平各部件是否正常，如加码指数盘是否在零位、环码是否脱落、吊耳是否错位，箱内吸湿用变色硅胶是否有效，底盘和天平盘是否清洁，如有灰尘应用软毛刷扫净。
③ 从天平上面观察立柱后上方的气泡水准器，如果气泡处于圆圈中央，说明天平水平；否则应通过旋转天平箱底板下的螺旋脚，调至天平水平。
④ 打开砝码盒，了解砝码的组合，熟悉各砝码在盒中的位置。

(2) 天平零点的测定 接通电源,缓缓开启天平升降枢旋钮,此时投影屏上出现微分标尺的投影,其"0"刻度与投影屏上的标线应相重合。如不重合可拨动旋钮下面的调零杆使其重合,偏差较大时应请教师指导调节天平梁上的平衡调节螺丝,使"0"刻度与投影屏上的标线重合。

(3) 直接称量法 先在托盘天平上粗称表面皿的质量,然后将其放在分析天平的秤盘上,按粗称质量在天平的另一秤盘加上整克数的砝码,再调节环码称出表面皿的质量,读数并记录下来。按同样的方法依次练习称量称量瓶、小烧杯、瓷坩埚的质量。称量数据填入表 4-1。

表 4-1 直接称量法记录

称量物品	表面皿	小烧杯	称量瓶	瓷坩埚
质量/g				
称量后天平零点/mg				

(4) 差减法称量 取一只称量瓶,先在托盘天平上粗称,然后加入约 1.0g 碳酸钠固体,在分析天平上准确称量其质量。估计一下试样的体积,倾出大约 0.3g 试样(约 1/3)于一小烧杯中,称量并记录倾出后的质量,二者之差即倾出的碳酸钠质量。以同样的方法再倾出第二份、第三份碳酸钠。称量数据填入表 4-2。

表 4-2 差减法记录

项目	第一份	第二份	第三份
称量瓶+试样质量(倾出前)m_1/g			
称量瓶+试样质量(倾出后)m_2/g			
试样质量 m_1-m_2/g			
称量后天平零点/mg			

(5) 固定质量称量法 准确称量小烧杯的质量,读数后在对应的一方加 500mg 环码。然后用药匙将碳酸钠粉末慢慢加到小烧杯中,直至天平的平衡点刚好与称量小烧杯时的平衡点一致,所称得的碳酸钠的质量就是 0.5000g;再以同样的方法分别称取 3 份相同质量的碳酸钠。称量数据填入表 4-3。

表 4-3 固定质量称量法记录

项目	第一份	第二份	第三份	第四份
小烧杯+试样质量/g				
小烧杯的质量/g				
试样质量/g				
称量后天平零点/mg				

(6) 液体试样的称量 首先称量装有磷酸的滴瓶的质量,从其中取出 10 滴磷酸于小烧杯中,再称量滴瓶的质量,计算出 1 滴磷酸的质量和 1g 磷酸的滴数。然后,从滴瓶中取出 1g 磷酸,再称量滴瓶的质量,计算出取出磷酸的准确质量。以同样的方法再分别取出 1.5g、2g、3g 试样,准确称量。称量数据填入表 4-4。

表 4-4　液体试样称量记录

项　　目	第一份	第二份	第三份	第四份
滴瓶＋磷酸试样质量/g				
取出磷酸后滴瓶＋试样质量/g				
取出磷酸试样质量/g				
称量后天平零点/mg				

4. 实验提要

(1) 调节天平水平时应注意边旋转螺旋脚边观察，不要旋反方向。

(2) 调节平衡螺丝、取放被称量物、加减砝码和环码时，必须使天平处于休止状态。

(3) 纸条应夹在称量瓶的中部，不能太靠上，夹取称量瓶时，纸条不得碰瓶口；倾出与回磕过程中，瓶口不能离开接受容器上方，但不能碰接受容器。

(4) 试称操作，只能半启天平；观察零点和读数时，要关闭天平的侧门。

(5) 每次加样量不要太多，否则会超出称量范围，差减法称量时，一份试样倾出不要超过 3 次。

(6) 称量磷酸前，检查滴管的胶帽应完好，不能将滴管倒置，滴瓶的外壁应干净。取出磷酸时，必须将滴管下端所挂的溶液碰去，滴管下端不要接触接受容器，以免被污染。

5. 思考题

(1) 使用天平前，应对天平做哪些检查？

(2) 为什么要先关闭天平，再取放被称量物和砝码？

(3) 砝码的使用原则是什么？

(4) 减量法称量时，天平零点未调到零位对结果有无影响？为什么？

(5) 基准氯化钠、金属铜粉末、浓氨水试样各适合采用何种称量方法？为什么？

实验七　滴定分析仪器的使用与滴定终点练习

1. 实验目的

(1) 掌握滴定分析仪器的洗涤方法。

(2) 掌握滴定管、容量瓶、移液管的基本操作。

(3) 熟悉判断滴定终点的方法。

2. 试剂与仪器

(1) 餐具洗涤剂或铬酸洗涤液。

(2) 碳酸钠：固体。

(3) 盐酸：分析纯试剂。

(4) 氢氧化钠：分析纯试剂。

(5) 甲基橙指示液：1g/L。

(6) 酚酞指示液：10g/L 乙醇溶液。

(7) 常用滴定分析仪器。

3. 实验步骤

(1) 认领、清点仪器　按实验仪器清单认领、清点所用滴定仪器。

(2) 仪器洗涤　将所用仪器按正确洗涤方法洗涤干净，使之达到要求的标准——器壁内外不挂水珠。洗涤时要注意保管好酸式滴定管的旋塞、容量瓶磨口塞和保护移液管尖,防止损坏。

(3) 滴定管的使用

① 检查滴定管的有关规格、标志和质量,如滴定管是否完好无损,酸式滴定管旋塞是否匹配,碱式滴定管的胶管孔径与玻璃珠大小是否合适,胶管是否有孔洞、裂纹和硬化等。

② 酸式滴定管涂油,试漏。

③ 酸式、碱式滴定管使用操作。

a. 用待装溶液润洗。

b. 装溶液,赶气泡。

c. 调零(注意先调至"0"刻度以上约 5mm 处,静置 1~2min 再调至 0.00 处)。

d. 滴定操作练习:滴定管装入纯水,以 6~8mL/min 的流速滴定;逐滴滴加;加 1 滴、半滴及 1/4 滴。

e. 读数(注意滴定管保持自然垂直,视线要与最低液面成水平)。

(4) 移液管的使用

① 检查 检查移液管的上管口应平整,下管口无破损;主要的标志是有商标、标准温度、标称容量数字及单位、移液管的级别等。

② 移液操作 用 25mL 移液管移取小烧杯中的纯水,练习移液操作。

a. 用待吸液润洗 3 次。

b. 吸取溶液:用洗耳球将待吸液吸至刻度线以上 5~10mm(注意握持移液管及洗耳球的手势),堵住管口(如插入移液管溶液较深,应用滤纸擦干外壁)。

c. 调节液面:移液管下端与一倾斜的小烧杯内壁接触,将弯月面最低点调至与刻度线上缘相切。注意要平视,管身要保持垂直。

d. 放出溶液:将移液管移至锥形瓶中,保持移液管垂直,锥形瓶倾斜,移液管下口紧触其内壁。放松手指,让液体自然流出后等候 15s。

e. 洗净移液管,放置在移液管架上。

(5) 容量瓶的使用

① 检查 检查容量瓶的质量和有关标志。容量瓶应无破损,磨口瓶塞密合不漏水。

② 使用操作

a. 在小烧杯中用约 50mL 水溶解少许碳酸钠固体。

b. 将溶液沿玻璃棒注入容量瓶中(注意杯嘴和玻璃棒的触点及玻璃棒和容量瓶颈的触点),洗涤烧杯及玻璃棒并将洗涤液也注入容量瓶中。

c. 初步摇匀:加水至总体积的 3/4 左右时,平摇容量瓶(不要盖瓶塞,不能颠倒,水平转动摇匀)数次。

d. 定容:注水至刻度线稍下方 1cm,放置 1~2min,用滴管加水调至弯月面最低点和刻度线上缘相切(注意容量瓶垂直,视线水平)。

e. 混匀:塞紧瓶塞,上下颠倒摇动容量瓶 10~20 次(注意要数次提起瓶塞),混匀溶液。

f. 用毕后洗净,在瓶口和瓶塞间夹一张纸片,放在指定位置。

以上操作应反复练习,直至熟练为止。

(6) 滴定终点练习

① 配制 1000mL 盐酸溶液 $[c(HCl)=0.1mol/L]$ 量取 1000mL 水于试剂瓶中,加入

9mL 浓盐酸，盖好瓶塞，充分摇匀。

② 配制 1000mL 氢氧化钠溶液 [c(NaOH)=0.1mol/L]　称取 110g 氢氧化钠，溶于 100mL 无二氧化碳的水中，摇匀，注入聚乙烯容器中，密闭放置至溶液清亮。用塑料吸管量取 5.4mL 上层清液，用无二氧化碳的水稀释至 1000mL，移入试剂瓶中，充分摇匀。

③ 润洗　将酸式滴定管和碱式滴定管中的水倒尽，分别用待装的酸、碱溶液润洗 3 次。

④ 以甲基橙为指示剂，用盐酸溶液滴定氢氧化钠溶液　由碱式滴定管放出 20mL 氢氧化钠溶液于 250mL 锥形瓶中，加甲基橙指示剂 1～2 滴，用盐酸溶液滴定至由黄色变为橙色。然后再滴加几滴氢氧化钠溶液使溶液变成黄色，用盐酸溶液滴定至变为橙色。如此反复练习，直至能做到滴入半滴盐酸溶液刚好使溶液由黄色转变为橙色。

⑤ 以酚酞为指示剂，用氢氧化钠溶液滴定盐酸溶液　由酸式滴定管放出 20mL 盐酸溶液于 250mL 锥形瓶中，加酚酞指示剂 2～3 滴，用氢氧化钠溶液滴定至呈粉红色，并保持 30s 不褪色。然后再滴加几滴盐酸溶液使溶液红色褪尽，用氢氧化钠溶液滴定至变为粉红色。如此反复练习，直至能做到滴入半滴氢氧化钠溶液刚好使溶液呈粉红色，并保持 30s 不褪色。

(7) 滴定的体积比测定

① 用盐酸溶液滴定氢氧化钠溶液　在碱式滴定管中装入氢氧化钠溶液，将液面调节至 0.00mL 标线处；在酸式滴定管中装入盐酸溶液，将液面调节至 0.00mL 标线处。以 6～8mL/min 的流速放出 20.00mL 氢氧化钠溶液至锥形瓶中（先放出 19.5mL，等待 1～2min 后再继续放至 20.00mL 处），加 1～2 滴甲基橙指示液，用盐酸溶液滴定到刚好由黄色变为橙色为终点，记录所耗盐酸溶液的体积（读准至 0.01mL）。再放出 2.00mL 氢氧化钠溶液（此时碱式滴定管读数为 22.00mL），继续用盐酸溶液滴定至橙色，记录滴定终点读数。如此连续滴定 5 次，得到 5 组数据，均为累计体积。计算每次滴定的体积比 V(HCl)/V(NaOH) 及体积比的相对平均偏差，其相对偏差应不超过 0.2%，否则要重新连续滴定 5 次。将各组数据填入表 4-5 中。

表 4-5　盐酸溶液滴定氢氧化钠溶液

项　　目	1	2	3	4	5
V(NaOH)/mL	20.00	22.00	24.00	26.00	28.00
V(HCl)/mL					
V(HCl)/V(NaOH)					
V(HCl)/V(NaOH)平均值					
相对偏差/%					

② 用氢氧化钠溶液滴定盐酸溶液　以 6～8mL/min 的流速放出 20.00mL 盐酸溶液至锥形瓶中（先放出 19.5mL，等待 1～2min 后再继续放至 20.00mL 处），加 2 滴酚酞指示液，用氢氧化钠溶液滴定到由无色刚好变为粉红色且 30s 之内不褪色为终点，记录所消耗氢氧化钠溶液的体积（读准至 0.01mL）。再放出 2.00mL 盐酸溶液（此时酸式滴定管读数为 22.00mL），继续用氢氧化钠溶液滴定至粉红色，记录滴定终点读数。如此连续滴定 5 次，得到 5 组数据，均为累计体积。计算每次滴定的体积比 V(HCl)/V(NaOH) 及体积比的相对平均偏差，其相对偏差应不超过 0.2%，否则要重新连续滴定 5 次。将各组数据填入表 4-6 中。

表 4-6 氢氧化钠溶液滴定盐酸溶液

项目	1	2	3	4	5
V(HCl)/mL	20.00	22.00	24.00	26.00	28.00
V(NaOH)/mL					
V(HCl)/V(NaOH)					
V(HCl)/V(NaOH)平均值					
相对偏差/%					

实验结束后将仪器洗净、收好，并将滴定管倒置在滴定台上（酸式滴定管的活塞要打开）或充满纯水夹在滴定台上，最后将实验台擦拭干净。

4. 实验提要

(1) 用待吸溶液润洗移液管时，插入溶液前须将移液管内的水沥尽并将外壁擦干。
(2) 要先将移液管擦干后再调节液面至刻度线。
(3) 酸式滴定管涂油量要适当。
(4) 注意使用滴定管、容量瓶与移液管时的几次等待时间。
(5) 指示剂不得多加，否则终点难以观察。
(6) 滴定过程中要注意观察溶液颜色变化的规律。
(7) 滴定管读数必须准确至 0.01mL。

5. 思考题

(1) 锥形瓶使用前是否要干燥？为什么？
(2) 使用铬酸洗涤液时应注意些什么？
(3) 玻璃仪器洗净的标志是什么？
(4) 在滴定分析中，滴定管、移液管、容量瓶和锥形瓶这几种仪器中，哪些要用待装溶液润洗 3 次？
(5) 甲基橙、酚酞指示剂的变色范围是多少？
(6) 若滴定结束时发现滴定管下端挂溶液或有气泡应如何处理？

*实验八 滴定分析仪器的校准

1. 实验目的

(1) 初步掌握滴定管、容量瓶、移液管的校准方法。
(2) 进一步熟练分析天平与滴定分析仪器的使用。

2. 试剂与仪器

(1) 无水乙醇：分析纯试剂。
(2) 常用滴定分析仪器。
(3) 具塞锥形瓶：125mL，洗净晾干。
(4) 温度计：分度值 0.1℃。

3. 实验步骤

(1) 滴定管的校准 洗净一支 50mL 酸式滴定管，用清洁的布擦干外壁，倒置于滴定台上 5min 以上。正置滴定管，开启旋塞，用洗耳球使水从下口尖嘴吸入，仔细观察液面上升过程中是否变形（液面边缘是否起皱），如果变形，应重新洗涤。

向滴定管注入纯水至 0.00mL 标线以上约 5mm 处,垂直置于滴定台上,等待 30s 后调节液面至 0.00mL。

取一只洗净晾干的 125mL 具塞锥形瓶,在分析天平上称准至 0.001g。从滴定管中向锥形瓶排水,当液面降至被校分度线以上约 0.5mL 时,等待 15s。然后在 10s 内将液面调整至被校分度线,随即用锥形瓶内壁碰下挂在尖嘴下的液滴,立即盖上瓶塞准确称量。测量水温后,从表 2-6 中查出该温度下的 ρ_t,即可按式 $V_{20}=m_t/\rho_t$ 计算被校分度线对应的实际体积,再计算出相应的校准值。

每支滴定管重复校准一次,两次校准数据的偏差应不超过该量器容量允差的 1/4,并以其平均值为校准结果(必要时可绘出滴定管校准曲线)。

可参考如下容量间隔进行分段校准,每次都从滴定管的 0.00mL 标线开始:0.00~10.00mL;0.00~20.00mL;0.00~30.00mL;0.00~45.00mL。

(2) 移液管、容量瓶的相对校准 将 250mL 容量瓶洗净、晾干(可用几毫升乙醇润洗后冷风吹干),用洗净的 25mL 移液管准确吸取纯水 10 次至容量瓶中,观察容量瓶中水的弯月面下缘是否与标线相切。若正好相切,说明移液管与容量瓶体积的比例为 1:10。若不相切(相差超过 1mm),表示有误差,记下弯月面下缘的位置。待容量瓶晾干后再校准一次。若连续两次实验结果相符,则用一平直的窄条透明胶带纸贴在与弯月面下缘相切之处(胶带纸上沿与弯月面相切),作为标记。以后使用时容量瓶与移液管即可按所贴标记处配套使用。

4. 实验提要

(1) 仪器的洗涤效果和操作技术是校准成败的关键。校准时必须仔细、正确地进行操作,使校准误差减至最小。如果操作不够正确、规范,其校准结果不宜在以后的实验中使用。

(2) 一件仪器的校准应连续、迅速地完成,以避免温度波动和水的蒸发引起的误差。

5. 思考题

(1) 影响滴定分析量器校准的主要因素有哪些?

(2) 校准用称量容器为何要用具塞锥形瓶?不具塞锥形瓶可否使用?

(3) 从滴定管放纯水于称量用锥形瓶中时应注意些什么?

(4) 在校准滴定管时,为什么具塞磨口锥形瓶的外壁必须干燥?锥形瓶的内壁是否也一定要干燥?

(5) 为什么移液管和容量瓶之间的相对校准比二者分别校准更为重要?

第二节 酸碱滴定法

酸碱滴定法是以酸碱反应为基础的滴定分析法。常采用盐酸标准滴定溶液和氢氧化钠标准滴定溶液以直接法测定酸性或碱性物质,以间接法测定非酸性或碱性物质。在酸碱滴定中,应根据反应类型和计量点时溶液中存在物质的酸碱性选择适宜的指示剂。

一、标准滴定溶液的制备

1. 盐酸标准滴定溶液

酸标准滴定溶液中最常用的是盐酸溶液。硫酸溶液虽然稳定性好,但其第二级电离常数较小,滴定突跃相应要小些,指示剂终点变色的敏锐性稍差,而且硫酸又可与某些阳离子生成硫酸盐沉淀,故只在需加热或浓度较高的情况下才使用硫酸标准滴定溶液。硝酸具有氧化性，本身稳定性较差，能破坏某些指示剂，因而应用较少。非水溶液滴定中则常用高氯酸标准滴定溶液。

常用酸标准滴定溶液浓度为 0.1mol/L，有时也使用 1mol/L、0.5mol/L 或 0.01mol/L 的溶液。标准滴定溶液浓度过高时，误差较大；浓度太低，滴定的突跃范围减小，指示剂变色不甚明显，也将引起误差。

配制盐酸标准滴定溶液一般采用间接法，即将浓酸稀释成近似所需浓度的溶液，然后用工作基准试剂或氢氧化钠标准滴定溶液来标定，以获得准确浓度。

(1) 配制　市售盐酸，相对密度为 1.19，含 HCl 约 37%，$c(HCl)=12mol/L$。考虑到浓盐酸中 HCl 的挥发性，配制时所取盐酸的量应适当多些。如配制 $c(HCl)=0.1mol/L$ 盐酸溶液 1000mL，需取浓盐酸 9mL。

(2) 标定

① 用碳酸钠工作基准试剂标定　用碳酸钠标定盐酸的反应式为：

$$Na_2CO_3 + 2HCl \longrightarrow 2NaCl + CO_2\uparrow + H_2O$$

滴定的突跃范围为 pH 3.5～5.3（化学计量点时，溶液 pH 为 3.89），按国家标准的规定，采用溴甲酚绿-甲基红混合指示剂（变色点 pH 为 5.1）确定终点。当用盐酸滴定至溶液由绿色变为暗红色时，应将其煮沸（溶液又变为绿色），驱除大部分二氧化碳，以防止终点提前，然后再用盐酸溶液滴至刚好又变为暗红色为终点。

1 分子碳酸钠在滴定反应中接受 2 个 H^+，故其基本单元取 $\frac{1}{2}Na_2CO_3$。

碳酸钠易吸潮，基准试剂在使用前应于 270～300℃ 灼烧至恒重，然后在干燥器中冷却至室温备用。

② 用已知浓度的氢氧化钠标准滴定溶液标定　为减少二氧化碳的影响，最好用氢氧化钠标准滴定溶液滴定一定体积的盐酸溶液。指示剂可选用酚酞，滴定至溶液呈粉红色为终点。

$$HCl + NaOH \longrightarrow NaCl + H_2O$$

此种方法显然不如前者好，因为氢氧化钠标准滴定溶液的标定误差将会累加到盐酸溶液的标定误差中。

2. 氢氧化钠标准滴定溶液

最常用的碱标准滴定溶液是氢氧化钠溶液，氢氧化钾溶液使用较少。

常用碱标准滴定溶液的浓度为 0.1mol/L，有时也用浓度为 1mol/L、0.5mol/L 或 0.01mol/L 的溶液。

(1) 配制　固体氢氧化钠具有很强的吸湿性，也容易吸收空气中的二氧化碳，因而常含有碳酸钠。试剂氢氧化钠还含有少量的硅酸盐、硫酸盐和氯化物等杂质，因此不能直接配制成准确浓度的溶液，只能采用间接法配制成近似浓度的溶液，然后用邻苯二甲酸氢钾工作基准试剂或盐酸标准滴定溶液进行标定。

由于氢氧化钠溶液中存在碳酸钠，将影响滴定的准确度，因此应先制备不含碳酸钠的氢氧化钠饱和溶液，以此来配制氢氧化钠溶液。

氢氧化钠溶液易侵蚀玻璃，因此以贮存在聚乙烯塑料瓶中为好。为避免氢氧化钠标准滴定溶液吸收空气中的二氧化碳，应该将其贮存在带橡皮塞和碱石灰吸收管的塑料试剂瓶中，如图 4-1

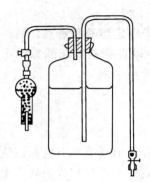

图 4-1　碱溶液的贮存

所示。

(2) 标定

① 用邻苯二甲酸氢钾工作基准试剂标定　邻苯二甲酸氢钾（KHP）与氢氧化钠的反应式为：

$$\text{C}_6\text{H}_4(\text{COOH})(\text{COOK}) + \text{NaOH} \longrightarrow \text{C}_6\text{H}_4(\text{COONa})(\text{COOK}) + \text{H}_2\text{O}$$

用氢氧化钠滴定邻苯二甲酸氢钾是强碱滴定弱酸，反应生成物邻苯二甲酸钾钠为弱碱，使化学计量点时溶液呈微碱性（化学计量点 pH 为 9.1），国家标准规定采用酚酞为指示剂，滴定至粉红色不褪为终点。

1 分子邻苯二甲酸氢钾在滴定反应中给出 1 个 H^+，故基本单元取其分子。

邻苯二甲酸氢钾无吸湿性，稳定且摩尔质量大（204.23g/mol），价格较低，是标定碱溶液较理想的基准试剂。使用前应在 105～110℃ 干燥至恒重。

② 用已知浓度的盐酸标准滴定溶液标定　用氢氧化钠溶液滴定一定体积的盐酸标准滴定溶液，以酚酞为指示剂，滴定至溶液呈粉红色不褪为终点。

二、测定实例

1. 十水四硼酸钠主成分含量的测定

十水四硼酸钠（$Na_2B_4O_7 \cdot 10H_2O$）俗称硼砂，为无色半透明的结晶或白色结晶性粉末，溶于水和甘油，不溶于乙醇中，当相对湿度低于 39％ 时部分风化而失水，形成含 5 分子结晶水的物质。十水四硼酸钠主要用于化工、玻璃、陶瓷和搪瓷工业，也可作为消毒防腐药物。

十水四硼酸钠水溶液的碱性较强，可用盐酸标准滴定溶液直接滴定（准确度要求很高时应消除碳酸钠等碱性杂质的影响），反应式为：

$$Na_2B_4O_7 + 2HCl + 5H_2O \longrightarrow 4H_3BO_3 + 2NaCl$$

反应产物硼酸为一极弱的酸，达到化学计量点时，溶液 pH≈5，滴定突跃 pH 为 4.3～6.0，可选用甲基红作指示剂，终点变色明显。

由反应式可知，十水四硼酸钠的基本单元取 $\frac{1}{2}Na_2B_4O_7 \cdot 10H_2O$。

2. 食醋总酸度的测定

食醋的主要成分是乙酸，此外还含有少量乳酸等弱酸，故用氢氧化钠标准滴定溶液滴定，测得结果是总酸度，但仍以乙酸的质量浓度表示。基本反应式为：

$$HAc + NaOH \longrightarrow NaAc + H_2O$$

由于生成物乙酸钠为弱碱，故应选用酚酞作指示剂。乙酸为一元弱酸，基本单元取其分子。

3. 工业硫酸铵中氮含量的测定

硫酸铵是常见氮肥之一，它也可用于医药、染料、食品等行业。因 NH_4^+ 酸性太弱（$K_a = 5.6 \times 10^{-10}$），不能用氢氧化钠标准滴定溶液直接滴定，常用蒸馏法和甲醛法进行测定。

铵盐与甲醛反应，定量生成 $(CH_2)_6N_4H^+$（质子化六亚甲基四胺）和 H^+，可用氢氧化钠标准滴定溶液滴定：

$$4NH_4^+ + 6HCHO \longrightarrow (CH_2)_6N_4H^+ + 3H^+ + 6H_2O$$

$$(CH_2)_6N_4H^+ + 3H^+ + 4OH^- \longrightarrow (CH_2)_6N_4 + 4H_2O$$

由于溶液中存在的六亚甲基四胺是一种很弱的碱（$K_b = 1.4 \times 10^{-9}$），化学计量点时，溶液的 pH 约为 8.7，故选酚酞作指示剂。由反应式可知，氮的基本单元取其原子。

市售 40% 甲醛中常含有少量的甲酸，使用前必须先以酚酞为指示剂，用氢氧化钠溶液中和，否则会使测定结果偏高。

一般情况下，化肥用硫酸铵试样中常含有游离酸，可以甲基红为指示剂，用氢氧化钠溶液中和除去。

4. 氨水中氨含量的测定

氨水是氨的水溶液，为无色、不燃烧、无爆炸危险的液体，呈弱碱性，易挥发，具有强烈的刺激性气味，有腐蚀和窒息性。氨水是实验室重要的试剂，工业上用作染料、制药和化工生产的原料，农业生产中可作氮肥施用，军事上作为一种碱性消毒剂，用于沙林类毒剂的消毒。

氨水系弱碱，可用盐酸标准滴定溶液直接滴定。但因氨易挥发，直接滴定可能导致结果偏低，因此以返滴定法测定为宜：

$$HCl(过量) + NH_3 \cdot H_2O \longrightarrow NH_4Cl + H_2O$$
$$HCl(剩余) + NaOH \longrightarrow NaCl + H_2O$$

由于溶液中存在的反应生成物氯化铵系弱酸，故应选用甲基红、甲基红-亚甲基蓝等为指示剂。氨水为一元弱碱，基本单元取其分子。

5. 未知钠碱的分析

未知钠碱系氢氧化钠、碳酸钠与碳酸氢钠的混合物（不存在氢氧化钠和碳酸氢钠的混合物）或其中的单一组分。未知钠碱试样中组分的判断与测定，可采用"双指示剂法"，即以酚酞为指示剂，用盐酸标准滴定溶液滴定到试液由红色恰好变为无色为第一终点，消耗的盐酸标准滴定溶液体积为 V_1；再加入甲基橙指示剂，继续用盐酸标准溶液滴定到试液由黄色变为橙色为第二终点，消耗的盐酸标准滴定溶液（第一终点至第二终点间所消耗）体积为 V_2，比较 V_1 和 V_2 的数值即可判断出未知钠碱试样的组成并可计算其含量。

用上述两种指示剂，以盐酸标准滴定溶液滴定未知碱时，未知碱组成、V_1 与 V_2 对应的反应及其比较、组分消耗盐酸的体积及计算时采取的基本单元见表 4-7。

表 4-7 双指示剂法测定未知碱

未知碱组成	OH^- 与 CO_3^{2-}	CO_3^{2-} 与 HCO_3^-	CO_3^{2-}	OH^-	HCO_3^-
V_1 对应的反应	$OH^- + H^+ \longrightarrow H_2O$ $CO_3^{2-} + H^+ \longrightarrow HCO_3^-$	$CO_3^{2-} + H^+ \longrightarrow HCO_3^-$	$CO_3^{2-} + H^+ \longrightarrow HCO_3^-$	$OH^- + H^+ \longrightarrow H_2O$	
V_2 对应的反应	$HCO_3^- + H^+ \longrightarrow H_2CO_3$	$HCO_3^-+H^+\longrightarrow H_2CO_3$ HCO_3^-（原有）$+H^+\longrightarrow H_2CO_3$	$HCO_3^- + H^+ \longrightarrow H_2CO_3$		$HCO_3^- + H^+ \longrightarrow H_2CO_3$
V_1 与 V_2 的比较	$V_1 > V_2 > 0$	$V_2 > V_1 > 0$	$V_1 = V_2 > 0$	$V_1 > 0, V_2 = 0$	$V_1 = 0, V_2 > 0$
组分消耗盐酸的体积及计算时采取的基本单元	OH^- 消耗 HCl 的体积为 $V_1 - V_2$（NaOH 基本单元取其分子）；CO_3^{2-} 消耗 HCl 的体积为 $2V_2$（Na_2CO_3 基本单元取 $\frac{1}{2}Na_2CO_3$）	CO_3^{2-} 消耗 HCl 的体积为 $2V_1$（Na_2CO_3 基本单元取 $\frac{1}{2}Na_2CO_3$）；HCO_3^- 消耗 HCl 的体积为 $V_2 - V_1$（$NaHCO_3$ 基本单元取其分子）	CO_3^{2-} 消耗 HCl 的体积为 V_1（Na_2CO_3 基本单元取其分子）；或 CO_3^{2-} 消耗 HCl 的体积为 $V_1 + V_2$（Na_2CO_3 基本单元取 $\frac{1}{2}Na_2CO_3$）	OH^- 消耗 HCl 的体积为 V_1（NaOH 基本单元取其分子）	HCO_3^- 消耗 HCl 的体积为 V_2（$NaHCO_3$ 基本单元取其分子）

由于酚酞在本滴定中变色不很敏锐,因此可采用甲酚红-百里酚蓝混合指示剂,溶液由紫色变为粉红色即为终点。

6. 高氯酸标准滴定溶液的制备与氨基乙酸主成分含量的测定(非水溶液滴定)

(1) 高氯酸标准滴定溶液的制备　高氯酸在冰醋酸中表现为强酸,在非水溶液酸碱滴定中常用高氯酸的冰醋酸溶液作为酸性标准滴定溶液。

市售高氯酸试剂含 $HClO_4$ 70%～72%,需加入醋酐以除去其中的水分。除去高氯酸及冰醋酸中的水分时,所加醋酐不宜过量,过量的醋酐会导致测定芳香族第一胺或第二胺时发生乙酰化反应,使滴定结果偏低。当高氯酸与醋酐混合时,发生剧烈反应,并放出大量热。因此配制时先用冰醋酸稀释高氯酸,然后再于不断搅拌下,缓缓滴加醋酐。

通常配得的高氯酸溶液含有的水分为 0.01%～0.20%,可以满足一般分析要求(若高氯酸标准滴定溶液所含水分超过 2%,终点时指示剂变色将不很清晰)。

冰醋酸的体积膨胀系数较大,如果滴定温度与标定温度相差 2℃以上,溶液体积的变化不应该忽略,应对溶液的浓度进行校正。使用高氯酸较适宜的温度为 15～25℃,温度过低有冰醋酸凝固;温度过高冰醋酸挥发,分析误差增大。

高氯酸具有氧化性和腐蚀性,它与有机物接触、遇热极易引起爆炸,使用时应注意安全。

标定高氯酸溶液,国家标准规定采用邻苯二甲酸氢钾基准试剂,以结晶紫为指示剂,溶液由紫色变为蓝色(微带紫色)为终点。标定反应式如下:

$$\text{邻苯二甲酸氢钾} + HClO_4 \longrightarrow \text{邻苯二甲酸} + KClO_4$$

高氯酸的基本单元取其分子。

(2) 地西泮($C_{16}H_{13}ClN_2O$)(化学名称为:1-甲基-5-苯基-7-氯-1,3-二氢-2H-1,4-苯并二氮杂䓬-2-酮)　为白色或类白色的结晶性粉末,无臭,味苦,呈弱碱性。在乙醇中溶解,在水中几乎不溶。本品为 BDZ 类(苯二氮䓬类)抗焦虑药,随用药量的增大而具有抗焦虑、镇静、催眠、抗惊厥、抗癫痫及中枢性肌肉松弛作用。

地西泮为弱碱性药物,故选择酸性溶剂冰醋酸以增强其碱性强度,用高氯酸标准滴定溶液滴定,以结晶紫作指示剂,溶液紫色消失出现蓝绿色或绿色为终点。反应式为:

$$C_{16}H_{13}ClN_2O + HClO_4 \longrightarrow C_{16}H_{13}ClON_2H^+ + ClO_4^-$$

实验九　盐酸标准滴定溶液的制备

1. 实验目的

(1) 掌握盐酸标准滴定溶液的制备方法。
(2) 正确判断溴甲酚绿-甲基红指示剂的滴定终点。

2. 试剂

(1) 盐酸:分析纯试剂。
(2) 无水碳酸钠:工作基准试剂。
(3) 溴甲酚绿-甲基红指示液:将溴甲酚绿乙醇溶液(1g/L)与甲基红乙醇溶液(2g/L)按 3:1 体积比混合均匀。

3. 实验步骤

(1) $c(HCl)=0.1mol/L$ 盐酸溶液的配制　量取 9mL 浓盐酸,注入 1000mL 水中,

摇匀。

(2) $c(HCl)=0.1mol/L$ 盐酸溶液的标定　称取 0.2g（称准至 0.0001g）于 270～300℃高温炉中灼烧至恒重的工作基准试剂无水碳酸钠，溶于 50mL 水中，加 10 滴溴甲酚绿-甲基红指示液，用配制好的盐酸溶液滴定至溶液由绿色变为暗红色，煮沸 2min，冷却后继续滴定至溶液再呈暗红色，记下消耗的体积。平行标定 3 次。同时做空白试验。

盐酸标准滴定溶液的浓度 $c(HCl)$（单位为 mol/L）按下式计算：

$$c(HCl)=\frac{m(Na_2CO_3)\times 1000}{(V_1-V_2)M\left(\frac{1}{2}Na_2CO_3\right)}$$

式中　$m(Na_2CO_3)$——碳酸钠的质量，g；
　　　V_1——滴定消耗盐酸溶液的体积，mL；
　　　V_2——空白试验消耗盐酸溶液的体积，mL；
　　　$M\left(\frac{1}{2}Na_2CO_3\right)$——碳酸钠的摩尔质量，$M\left(\frac{1}{2}Na_2CO_3\right)=52.994g/mol$。

4. 实验提要

(1) 本实验采用国家标准 GB/T 601—2002《化学试剂　标准滴定溶液的制备》中 4.2 规定的方法。

(2) 第一次滴定至溶液由绿色变为暗红色时，不计所消耗盐酸标准滴定溶液的体积。

(3) 标准滴定溶液配制的体积，可根据实际需要酌情调整。下同。

5. 思考题

(1) 制备盐酸标准滴定溶液能否采用直接法？为什么？

(2) 配制盐酸标准滴定溶液时，量取浓盐酸的体积是怎样计算的？

(3) 标定盐酸溶液，需称取的碳酸钠基准试剂质量如何计算？

(4) 以碳酸钠基准试剂标定盐酸溶液，可否选用酚酞作指示剂？为什么？

(5) 除用碳酸钠作基准物质外，还可用什么物质标定盐酸溶液？

实验十　氢氧化钠标准滴定溶液的制备

1. 实验目的

(1) 掌握氢氧化钠标准滴定溶液的制备方法。

(2) 正确判断酚酞指示剂的滴定终点。

2. 试剂

(1) 氢氧化钠：分析纯。

(2) 酚酞指示液：10g/L 乙醇溶液。

(3) 邻苯二甲酸氢钾：工作基准试剂。

3. 实验步骤

(1) $c(NaOH)=0.1mol/L$ 氢氧化钠溶液的配制　称取 110g 氢氧化钠，溶于 100mL 无二氧化碳的水中，摇匀，注入聚乙烯容器中，密闭放置至溶液清亮。用塑料管量取 5.4mL 上层清液，用无二氧化碳的水稀释至 1000mL，摇匀。

(2) $c(NaOH)=0.1mol/L$ 氢氧化钠溶液的标定　称取 0.75g（称准至 0.0001g）于 105～

110℃电烘箱中干燥至恒重的工作基准试剂邻苯二甲酸氢钾，加 50mL 无二氧化碳的水溶解，加 2 滴酚酞指示液，用配制好的氢氧化钠溶液滴定至溶液呈粉红色，并保持 30s 不褪色为终点，记下消耗的体积。平行标定 3 次。同时做空白试验。

氢氧化钠标准滴定溶液的浓度 $c(NaOH)$（单位为 mol/L）按下式计算：

$$c(NaOH) = \frac{m(KHP) \times 1000}{(V_1 - V_2)M(KHP)}$$

式中　$m(KHP)$——邻苯二甲酸氢钾的质量，g；
　　　V_1——滴定消耗氢氧化钠溶液的体积，mL；
　　　V_2——空白试验消耗氢氧化钠溶液的体积，mL；
　　　$M(KHP)$——邻苯二甲酸氢钾的摩尔质量，$M(KHP) = 204.22$ g/mol。

4. 实验提要

（1）本实验采用国家标准 GB/T 601—2002《化学试剂　标准滴定溶液的制备》中 4.1 规定的方法。

（2）终点颜色不能过深，且要稳定 30s。

5. 思考题

（1）怎样制备不含二氧化碳的纯水？

（2）氢氧化钠标准滴定溶液能否采用直接法制备？为什么？

（3）配制氢氧化钠标准滴定溶液时，量取饱和氢氧化钠的体积是怎样计算的？

（4）以邻苯二甲酸氢钾基准试剂标定氢氧化钠溶液，可否选用甲基橙作指示剂？为什么？

（5）除用邻苯二甲酸氢钾作基准试剂外，还可用什么物质标定氢氧化钠溶液？

实验十一　十水四硼酸钠主成分含量的测定

1. 实验目的

（1）掌握十水四硼酸钠测定的原理和方法。

（2）正确判断甲基红指示剂的滴定终点。

2. 试剂

（1）盐酸标准滴定溶液：$c(HCl) = 0.1$ mol/L。

（2）甲基红指示液：1g/L 的 20% 乙醇溶液。

3. 实验步骤

称取十水四硼酸钠试样 0.4g（称准至 0.0001g），溶于 25mL 水，加甲基红指示液 1 滴，用盐酸标准滴定溶液 $[c(HCl) = 0.1\text{mol/L}]$ 滴定至橙色。煮沸 2min，冷却，如溶液呈黄色，继续滴定至溶液呈橙色为终点，记下消耗的体积。平行测定 2 次。

十水四硼酸钠主成分的含量以十水四硼酸钠的质量分数 $w(Na_2B_4O_7 \cdot 10H_2O)$ 表示，按下式进行计算：

$$w(Na_2B_4O_7 \cdot 10H_2O) = \frac{c(HCl)V(HCl)M\left(\frac{1}{2}Na_2B_4O_7 \cdot 10H_2O\right) \times 10^{-3}}{m_s}$$

式中　　　$c(HCl)$——盐酸标准滴定溶液的浓度，mol/L；
　　　　　$V(HCl)$——滴定消耗盐酸标准滴定溶液的体积，mL；

$M\left(\frac{1}{2}Na_2B_4O_7 \cdot 10H_2O\right)$——十水四硼酸钠的摩尔质量，$M\left(\frac{1}{2}Na_2B_4O_7 \cdot 10H_2O\right)=195.185\text{g/mol}$；

m_s——十水四硼酸钠试样的质量，g。

4. 实验提要

（1）测定的准确度要求很高时，应消除碳酸钠等碱性杂质的影响：国家标准 GB/T 537—2009《工业十水合四硼酸二钠》规定，用盐酸标准滴定溶液滴定十水合四硼酸二钠试样中的四硼酸二钠和碳酸钠，将其分别转化为硼酸和碳酸后，再于酸性条件下煮沸赶除二氧化碳，然后用中性甘露醇将硼酸转化为较强的配位酸，再用氢氧化钠标准滴定溶液滴定，最后根据氢氧化钠标准滴定溶液用量计算出主成分含量。

（2）当相对湿度低于39%时，硼砂部分风化而失水，形成含5分子结晶水的物质，故硼砂试样应保存在食盐-蔗糖饱和溶液恒湿器中。

5. 思考题

（1）本测定能否采用酚酞为指示剂滴定？为什么？

（2）十水四硼酸钠的基本单元是如何确定的？

实验十二　食醋总酸度的测定

1. 实验目的

（1）掌握食醋总酸度测定的原理和方法。

（2）熟悉强碱滴定弱酸指示剂的选择。

2. 试剂

（1）氢氧化钠标准滴定溶液：$c(\text{NaOH})=0.1\text{mol/L}$。

（2）酚酞指示剂：10g/L乙醇溶液。

3. 实验步骤

吸取食醋试液10.00mL于250mL容量瓶中，以新煮沸并冷却的水稀释至刻度，摇匀。用移液管吸取25.00mL稀释后的试液于250mL锥形瓶中，加入25mL新煮沸并冷却的水，加酚酞指示液1～2滴，用氢氧化钠标准滴定溶液 $[c(\text{NaOH})=0.1\text{mol/L}]$ 滴定至溶液刚好呈现粉红色，并保持30s不褪色为终点，记下消耗的体积。平行测定2次。

食醋总酸度以质量浓度 $\rho(\text{HAc})$ 表示 [单位为克每升（g/L）]，按下式计算：

$$\rho(\text{HAc})=\frac{c(\text{NaOH})V(\text{NaOH})M(\text{HAc})}{V_s \times \dfrac{25.00}{250.00}}$$

式中　$c(\text{NaOH})$——氢氧化钠标准滴定溶液的浓度，mol/L；

$V(\text{NaOH})$——滴定消耗氢氧化钠标准滴定溶液的体积，mL；

$M(\text{HAc})$——乙酸的摩尔质量，$M(\text{HAc})=60.05\text{g/mol}$；

V_s——食醋试液的体积，mL。

4. 实验提要

（1）本实验参考国家标准 GB/T 5009.41—2003《食醋卫生标准的分析方法》中规定的方法，该法系采用酸度计测定终点。

（2）食醋的总酸度较大，且其颜色较深，故应稀释后再滴定。

(3) 测定乙酸含量时，所用纯水不能含有二氧化碳，否则其溶于水生成碳酸，将同时被滴定。

5. 思考题

(1) 强碱滴定弱酸与强碱滴定强酸相比，滴定过程中 pH 变化有哪些不同？
(2) 滴定乙酸时为什么要用酚酞作指示剂？能否采用甲基橙或甲基红？

*实验十三　工业硫酸铵中氮含量的测定（甲醛法）

1. 实验目的

(1) 掌握甲醛法测定铵盐中氮含量的原理和方法。
(2) 熟悉消除试剂中的甲酸和试样中的游离酸影响的方法。

2. 试剂

(1) 氢氧化钠标准滴定溶液：$c(NaOH)=0.1mol/L$。
(2) 酚酞指示液：$10g/L$。
(3) 甲基红指示液：$10g/L$。
(4) 中性甲醛溶液 (1+1)：取原瓶装甲醛上层清液，加入一倍水，以酚酞为指示剂，用 $c(NaOH)=0.1mol/L$ 氢氧化钠标准滴定溶液中和至呈淡粉红色。

3. 实验步骤

称取硫酸铵试样 $0.2\sim0.3g$（称准至 $0.0001g$）于 250mL 锥形瓶中，加 20mL 水使之溶解。加 $1\sim2$ 滴甲基红指示液，如呈红色，需用氢氧化钠标准滴定溶液 $[c(NaOH)=0.1mol/L]$ 滴定至橙色（不计氢氧化钠标准滴定溶液消耗体积）。再加入 10mL 中性甲醛溶液 (1+1)，摇匀后放置 5min，加 $2\sim3$ 滴酚酞指示剂，用氢氧化钠标准滴定溶液 $[c(NaOH)=0.1mol/L]$ 滴定至溶液呈粉红色并持续 1min 不褪色为终点。平行测定 2 次。

工业硫酸铵试样中氮的质量分数 $w(N)$ 按下式进行计算：

$$w(N)=\frac{c(NaOH)V(NaOH)M(N)\times10^{-3}}{m_s}$$

式中　$c(NaOH)$——氢氧化钠标准滴定溶液的浓度，mol/L；
　　　$V(NaOH)$——滴定消耗氢氧化钠标准滴定溶液的体积，mL；
　　　$M(N)$——氮的摩尔质量，$M(N)=14.0067g/mol$；
　　　m_s——硫酸铵试样的质量，g。

4. 实验提要

(1) 本实验参考国家标准 GB 535—1995《硫酸铵》中规定的甲醛法。
(2) 如试样中含有游离酸，在加甲醛之前先用氢氧化钠溶液中和，此时应采用甲基红作指示剂，不能用酚酞，否则将有部分 NH_4^+ 被中和。如果试样中不含游离酸，可省略此步操作。
(3) 由于 NH_4^+ 与甲醛的反应在室温下进行较慢，故加入甲醛溶液后，需放置数分钟，使反应完全。也可温热至 40℃ 左右以加速反应的进行，但不能超过 60℃，以免生成的六亚甲基四胺分解。
(4) 甲醛法准确度稍差，但其简单快速，故在生产上应用较多。此法适用于单纯含 NH_4^+ 的试样（如化肥）测定，试样中不能有钙、镁或其他金属离子存在。

5. 思考题
(1) 用本法测定硫酸铵中氮含量时为什么不能用碱标准溶液直接滴定？
(2) 本方法中加入甲醛的作用是什么？为什么要放置 2～3min？
(3) 若试样为硝酸铵、硫酸铵或碳酸氢铵，是否都可用本法测定？为什么？
(4) 如何计算硫酸铵试样中的氨含量？

*实验十四 氨水中氨含量的测定

1. 实验目的
(1) 掌握返滴定法测定氨水中氨含量的原理和方法。
(2) 掌握挥发性试样的称量方法。
(3) 正确判断甲基红-亚甲基蓝混合指示剂的滴定终点。

2. 试剂
(1) 盐酸标准滴定溶液：$c(HCl)=0.5$mol/L。
(2) 氢氧化钠标准滴定溶液：$c(NaOH)=0.5$mol/L。
(3) 甲基红-亚甲基蓝混合指示液。

3. 实验步骤

将已知准确质量（准确至 0.0001g）的洁净干燥安瓿，在酒精灯上微微加热，迅速将其毛细管插入氨水试样中，吸取约 1mL。用滤纸揩干毛细管口，在酒精灯上熔封，再称其质量（称准至 0.0001g）。

将安瓿放入预先置有 50.00mL 盐酸标准滴定溶液 $[c(HCl)=0.5$mol/L$]$ 的具塞锥形瓶中，盖紧瓶塞后用力振荡使安瓿裂碎。以水冲洗瓶塞，并用玻璃棒将未破碎的毛细管捣碎，再以水淋洗玻璃棒和瓶内壁。

加入 2 滴甲基红-亚甲基蓝混合指示液，用氢氧化钠标准滴定溶液 $[c(NaOH)=0.5$mol/L$]$ 滴定至溶液呈灰绿色为终点，记下消耗的体积。平行测定 2 次。

氨水中氨的质量分数 $w(NH_3)$ 按下式进行计算：

$$w(NH_3)=\frac{[c(HCl)V(HCl)-c(NaOH)V(NaOH)]M(NH_3)\times 10^{-3}}{m_s}$$

式中 $c(HCl)$——盐酸标准滴定溶液的浓度，mol/L；
　　　$V(HCl)$——盐酸标准滴定溶液的体积，mL；
　　$c(NaOH)$——氢氧化钠标准滴定溶液的浓度，mol/L；
　　$V(NaOH)$——滴定消耗氢氧化钠标准滴定溶液的体积，mL；
　　　$M(NH_3)$——氨的摩尔质量，$M(NH_3)=17.03$g/mol；
　　　　m_s——氨水试样的质量，g。

4. 实验提要
(1) 国家标准 GB/T 631—2007《化学试剂　氨水》中氨含量的测定采用直接滴定法。
(2) 用安瓿吸取氨水试液后熔封时，注意毛细管口不可对着人。
(3) 如不慎将氨水滴在皮肤上时，应立即用水洗涤，然后用 3%～5%乙酸或柠檬酸冲洗。

5. 思考题
(1) 本实验中加入甲基红-亚甲基蓝混合指示剂后若溶液呈绿色是什么原因？能否继续

滴定？

（2）本测定能否采用酚酞为指示剂？为什么？

*实验十五　未知钠碱的分析

1. 实验目的

（1）掌握双指示剂法测定混合碱中各组分含量的原理和方法。
（2）掌握未知钠碱中组分的判断方法与含量的计算。

2. 试剂

（1）盐酸标准滴定溶液：$c(HCl)=0.1mol/L$。
（2）酚酞指示液：10g/L乙醇溶液。
（3）甲基橙指示液：2g/L 20%乙醇溶液。

3. 实验步骤

称取未知钠碱试样1.5～2.0g（称准至0.0001g）于小烧杯中，加30mL水溶解，必要时可适当加热。冷却后，将溶液定量转移至250mL容量瓶中，稀释至刻度并摇匀。

用移液管移取25mL上述试液于锥形瓶中，加入酚酞指示液2滴，用盐酸标准滴定溶液[$c(HCl)=0.1mol/L$]在充分摇动下滴定至溶液的粉红色近乎消失，此时即为第一终点，记下消耗体积V_1。再加甲基橙指示液1～2滴，用盐酸标准滴定溶液[$c(HCl)=0.1mol/L$]滴定至溶液由黄色变为橙色，煮沸2min，冷却至室温后继续滴定至橙色，记下第二终点所消耗的体积V_2。平行测定2次。

根据第一终点、第二终点消耗盐酸标准滴定溶液的体积V_1和V_2的数值，判断未知钠碱的组成并计算各组分的质量分数。

4. 实验提要

（1）用酚酞指示剂滴定时，最好在25mL水中加0.2g碳酸氢钠、2滴酚酞指示剂作参比溶液。

（2）用酚酞指示剂滴定时，应边滴定边充分摇动，防止滴定速度过快造成溶液中盐酸局部过浓，使碳酸钠直接被滴至碳酸引起二氧化碳的损失，从而带来较大的误差甚至影响组分的正确判断。

5. 思考题

（1）氢氧化钠和碳酸氢钠在溶液中为何不能共存？
（2）双指示剂法测定混合碱的原理是什么？
（3）用盐酸标准滴定溶液滴定混合碱液时，若将试液在空气中放置一段时间后再滴定，会给测定结果带来什么影响？
（4）双指示剂法测定混合碱的准确度较低，还有什么方法能提高分析结果的准确度？

*实验十六　高氯酸标准滴定溶液的制备与原料药"地西泮"的含量测定（非水溶液滴定）

1. 实验目的

（1）掌握高氯酸标准滴定溶液的制备方法。
（2）掌握非水溶液酸碱滴定测定氨基乙酸主成分的原理和操作。

(3) 熟悉结晶紫指示剂的滴定终点。

2. 试剂

(1) 冰醋酸：分析纯试剂。

(2) 高氯酸：分析纯试剂。

(3) 醋酐：分析纯试剂。

(4) 邻苯二甲酸氢钾：工作基准试剂。

(5) 结晶紫指示液：5g/L 冰醋酸溶液。

3. 实验步骤

(1) $c(HClO_4)=0.1mol/L$ 高氯酸标准滴定溶液的制备

① 配制 量取 2.2mL 高氯酸，在搅拌下注入 100mL 冰醋酸中，混匀。滴加 5mL 乙酸酐，搅拌至溶液均匀。冷却后用冰醋酸稀释至 250mL。

② 标定 称取 0.75g（称准至 0.0001g）于 105~110℃ 的电烘箱中干燥至恒重的工作基准试剂邻苯二甲酸氢钾，置于干燥锥形瓶中，加入 50mL 冰醋酸，温热溶解。加 3 滴结晶紫指示液，用配制好的高氯酸溶液滴定至溶液由紫色变为蓝色（微带紫色）为终点。临用前平行标定 3 次。

标定温度下高氯酸标准滴定溶液的浓度 $c(HClO_4)$（单位为 mol/L）按下式计算：

$$c(HClO_4)=\frac{m(KHP)\times 1000}{V(HClO_4)M(KHP)}$$

式中 $m(KHP)$——邻苯二甲酸氢钾的质量，g；

$V(HClO_4)$——滴定消耗高氯酸溶液的体积，mL；

$M(KHP)$——邻苯二甲酸氢钾的摩尔质量，$M(KHP)=204.22g/mol$。

(2) 原料药"地西泮"的含量测定 准确取本品 0.2~0.22g（称准至 0.0001g），置于洁净且干燥的锥形瓶中，加冰醋酸与醋酐各 10mL 使溶解，加结晶紫指示液 1 滴，用高氯酸滴定液 $[c(HClO_4)=0.1mol/L]$ 滴定，以溶液紫色消失，刚出现蓝绿色为终点，记下消耗的体积。平行测定 2 次。每 1mL 高氯酸滴定液（0.1mol/L）相当于 28.47mg 的地西泮。

试样中地西泮的质量分数 $w(C_{16}H_{13}ClN_2O)$ 按下式进行计算：

$$w(C_{16}H_{13}ClN_2O)=\frac{c(HClO_4)V(HClO_4)M(C_{16}H_{13}ClN_2O)\times 10^{-3}}{m_s}$$

式中 $c(HClO_4)$——滴定消耗高氯酸标准滴定溶液的浓度，mol/L；

$V(HClO_4)$——滴定消耗高氯酸标准滴定溶液的体积，mL；

$M(C_{16}H_{13}ClN_2O)$——地西泮的摩尔质量，$M(C_{16}H_{13}ClN_2O)=284.74g/mol$；

m_s——地西泮试样的质量，g。

4. 实验提要

(1) 本实验中高氯酸标准滴定溶液的制备采用国家标准 GB/T 601—2002《化学试剂标准滴定溶液的制备》中 4.23 规定的方法；原料药"地西泮"的含量测定采用《中华人民共和国药典》（2015 年版）规定方法。

(2) 滴定速度不宜太快，因为冰醋酸较黏稠，滴定太快黏附在滴定管壁上的溶液不能完全流下，影响读数。

(3) 非水溶液滴定过程中要严防水的引入，所用全部仪器均需干燥。

(4) 终点观察要准确，紫色刚消失并出现蓝绿色即为终点，但此蓝绿色要稳定，如果滴到较深的绿色则为滴定过量。

（5）当高氯酸本身有少量分解或氧化冰醋酸中的杂质而使溶液变黄时，不宜再作标准滴定溶液使用。

（6）如试样溶解不完全，可加入 1mL 甲酸助溶，但需做空白试验。

5. 思考题

（1）配制高氯酸-冰醋酸标准滴定溶液为什么加入醋酐？加入醋酐时有何现象？需如何处置？

（2）邻苯二甲酸氢钾常用于标定氢氧化钠溶液的浓度，为何在本实验中可用于标定高氯酸-冰醋酸标准滴定溶液？

（3）能否在水中用高氯酸标准滴定溶液直接滴定氨基乙酸溶液？为什么？

（4）非水溶液酸碱滴定法测定氨基乙酸，能否采用乙醇钠标准滴定溶液？为什么？

第三节 配位滴定法

配位滴定法是以配位反应为基础的滴定分析法，一般是指以乙二胺四乙酸二钠（EDTA）为标准滴定溶液的滴定分析法。本法多用于测定金属、金属离子及其化合物，也可间接测定非金属离子及其化合物。在配位滴定中，溶液酸度对配位反应的进行影响很大，在实验中要严格控制溶液的酸度。

一、乙二胺四乙酸二钠标准滴定溶液的制备

乙二胺四乙酸（H_4Y）难溶于水，通常采用其二钠盐（$Na_2H_2Y \cdot 2H_2O$）来配制标准溶液。

乙二胺四乙酸二钠标准滴定溶液的制备方法有直接法与间接法两种，一般以间接法应用较多。间接法制备 EDTA 标准滴定溶液，国家标准规定采用氧化锌工作基准试剂标定。标定以 NH_3-NH_4Cl 缓冲溶液控制 $pH \approx 10$，采用铬黑 T（EBT）为指示剂：

$$Zn^{2+} + HIn^{2-} \longrightarrow ZnIn^- + H^+$$

当滴入 EDTA 时，溶液中游离的 Zn^{2+} 首先与 EDTA 阴离子配位：

$$Zn^{2+} + H_2Y^{2-} \longrightarrow ZnY^{2-} + 2H^+$$

溶液仍显 $ZnIn^-$ 红色，到达计量点时，由于 $\lg K_{ZnY} > \lg K_{ZnIn}$，稍过量的 EDTA 便夺取 $ZnIn^-$ 中的 Zn^{2+}，释放出指示剂，溶液呈现指示剂的蓝色即为滴定终点：

$$ZnIn^- + H_2Y^{2-} \longrightarrow ZnY^{2-} + HIn^{2-} + H^+$$
（红色） （蓝色）

二、测定实例

1. 工业用水中钙镁含量的测定

水中钙、镁离子含量旧称硬度，是指水中碱金属之外全部金属离子的浓度，由于其中 Ca^{2+}、Mg^{2+} 远比其他金属离子含量高，故通常以水中 Ca^{2+}、Mg^{2+} 总量表示水的硬度，其主要以碳酸氢盐、氯化物、硫酸盐等形式存在。水中 Ca^{2+}、Mg^{2+} 的总量称为总硬度，Ca^{2+} 含量即为钙硬度，Mg^{2+} 含量则为镁硬度。

水中钙、镁离子含量通常以物质的量浓度 c 表示，单位为毫摩尔每升（mmol/L）；也可将 Ca^{2+}、Mg^{2+} 折合成氧化钙或碳酸钙以其质量浓度 ρ 来表示，单位为毫克每升（mg/L）。

钙、镁离子含量是工业用水和生活用水水质分析的一项重要指标，其测定有很重要的实

际意义。

(1) 钙、镁离子总量的测定　用氨缓冲溶液控制水样 pH≈10，加入铬黑 T 指示剂，水中 Mg^{2+} 与之生成红色配合物：

$$Mg^{2+} + HIn^{2-} \longrightarrow MgIn^- + H^+$$

用 EDTA 滴定时，由于 $\lg K_{CaY} > \lg K_{MgY}$，EDTA 首先和溶液中的 Ca^{2+} 配位，然后再与 Mg^{2+} 配位，反应式如下：

$$Ca^{2+} + H_2Y^{2-} \longrightarrow CaY^{2-} + 2H^+$$
$$Mg^{2+} + H_2Y^{2-} \longrightarrow MgY^{2-} + 2H^+$$

到达计量点时，稍过量的 EDTA 夺取 $MgIn^-$ 中的 Mg^{2+}，使指示剂释放出来，显示其自身的纯蓝色，从而指示滴定终点，反应式如下：

$$\underset{(红色)}{MgIn^-} + H_2Y^{2-} \longrightarrow MgY^{2-} + \underset{(蓝色)}{HIn^{2-}} + H^+$$

在测定水中 Ca^{2+}、Mg^{2+} 含量时，由于 Mg^{2+} 与 EDTA 定量配位时，Ca^{2+} 已先与 EDTA 定量配位完全，因此，可选用对 Mg^{2+} 较灵敏的指示剂铬黑 T 来指示终点。

(2) 钙离子含量的测定　用氢氧化钠调节水试样 pH≈12，使 Mg^{2+} 形成 $Mg(OH)_2$ 沉淀，以钙指示剂确定终点，用 EDTA 标准溶液滴定，终点时溶液由红色变为蓝色，反应式如下：

$$Ca^{2+} + HIn^{2-} \longrightarrow CaIn^- + H^+$$
$$Ca^{2+} + H_2Y^{2-} \longrightarrow CaY^{2-} + 2H^+$$
$$\underset{(红色)}{CaIn^-} + H_2Y^{2-} \longrightarrow CaY^{2-} + \underset{(蓝色)}{HIn^{2-}} + H^+$$

测定时为防止碳酸氢钙在加碱后形成碳酸钙沉淀而造成钙的测定损失，可先将水样酸化并煮沸数分钟，冷却后再用氢氧化钠溶液调节 pH。

(3) 镁离子含量的测定　镁离子含量可用差减法求得，即镁离子含量＝钙、镁离子总量－钙离子含量。

钙离子和镁离子的基本单元分别取 Ca^{2+}、Mg^{2+}。

如果水样中存在 Fe^{3+}、Al^{3+}、Cu^{2+}、Pb^{2+} 时，对铬黑 T 有封闭作用，可加入三乙醇胺及酒石酸钾掩蔽 Fe^{3+}、Al^{3+}，加入氰化钾、硫化钠或巯基乙酸等掩蔽 Cu^{2+}、Pb^{2+}。Mn^{2+} 存在时，在碱性条件下可被空气氧化成 Mn^{4+}，它能将铬黑 T 氧化褪色，可在水样中加入盐酸羟胺防止其氧化作用。

2. 镍盐中镍含量的测定

硫酸镍、氯化镍、硝酸镍等镍盐广泛用于电镀及化工行业。镍盐中镍含量的测定一般可以紫脲酸铵为指示剂，调节 pH≈10，用 EDTA 标准滴定溶液直接滴定镍离子，终点时溶液呈蓝紫色。

反应式如下：

$$Ni^{2+} + H_2Y^{2-} \longrightarrow NiY^{2-} + 2H^+$$
$$\underset{(黄色)}{NiHIn^{2-}} + H_2Y^{2-} \longrightarrow NiY^{2-} + \underset{(紫红色)}{H_3In^{2-}}$$

镍离子的基本单元取 Ni^{2+}。

3. 复方氢氧化铝药片中铝镁含量的测定

复方氢氧化铝药片是一种中和胃酸药和收敛药，其主要成分为氢氧化铝、三硅酸镁及少量中药颠茄流浸膏，在制成片剂时还加了大量糊精等赋形剂。药片中铝和镁的含量用配位滴定法测定时，需分离除去水不溶性物质，然后分别取试液进行测定。

因 Al^{3+} 与 EDTA 作用缓慢，需加热才能配位完全，且 Al^{3+} 在酸度不高时易于水解成一系列多核羟基配合物，故测定时先于试液中加入过量的 EDTA 标准滴定溶液，调节 pH≈4，煮沸使 EDTA 与 Al^{3+} 配位完全，再以二甲酚橙为指示剂，用 Zn^{2+} 标准滴定溶液返滴过量的 EDTA，根据两标准滴定溶液用量之差计算出铝含量。反应式如下：

$$Al^{3+} + H_2Y^{2-}（过量） \longrightarrow AlY^- + 2H^+$$

$$Zn^{2+} + H_2Y^{2-}（剩余） \longrightarrow ZnY^{2-} + 2H^+$$

另取试液，调节 pH，将 Al^{3+} 沉淀分离后，在 pH≈10 的条件下以铬黑 T 为指示剂，用 EDTA 标准滴定溶液即可滴定滤液中的 Mg^{2+}：

$$Mg^{2+} + H_2Y^{2-} \longrightarrow MgY^{2-} + 2H^+$$

铝离子和镁离子的基本单元分别取 Al^{3+}、Mg^{2+}。

实验十七　乙二胺四乙酸二钠标准滴定溶液的制备

1. 实验目的

(1) 掌握乙二胺四乙酸二钠标准滴定溶液的制备方法。
(2) 熟悉金属指示剂的应用。

2. 试剂

(1) 乙二胺四乙酸二钠：分析纯试剂。
(2) 氧化锌：工作基准试剂。
(3) 盐酸溶液：$w(HCl)=20\%$。
(4) 氨水溶液：$w(NH_3)=10\%$。
(5) 氨-氯化铵缓冲溶液：称取 54g 氯化铵溶于水中，加入浓氨水 410mL，用水稀释至 1L。
(6) 铬黑 T 指示液：5g/L。

3. 实验步骤

(1) $c(EDTA)=0.02mol/L$ 乙二胺四乙酸二钠溶液的配制　称取 8g 乙二胺四乙酸二钠，加 1000mL 水，加热溶解，冷却，摇匀。

(2) $c(EDTA)=0.02mol/L$ 乙二胺四乙酸二钠溶液的标定　称取 0.42g（称准至 0.0001g）于 800℃±50℃ 的高温炉中灼烧至恒重的工作基准试剂氧化锌，用少量水润湿，加 3mL 盐酸（20%）溶液溶解，移入 250mL 容量瓶中，稀释至刻度，摇匀。取 35.00～40.00mL 于锥形瓶中，加 70mL 水，用氨水溶液（10%）调节溶液 pH 至 7～8。加 10mL 氨-氯化铵缓冲溶液（pH≈10）及 5 滴铬黑 T 指示液，用配制好的乙二胺四乙酸二钠溶液滴定至溶液由紫色转变为纯蓝色为终点，记下消耗的体积。平行标定 3 次。同时做空白试验。

乙二胺四乙酸二钠标准滴定溶液的浓度 $c(EDTA)$（单位为 mol/L）按下式计算：

$$c(EDTA) = \frac{m(ZnO) \times \dfrac{V_1}{250.00} \times 1000}{(V_2-V_3)M(ZnO)}$$

式中　$m(ZnO)$——氧化锌的质量，g；
　　　V_1——滴定用锌离子溶液的体积，mL；

V_2——滴定消耗乙二胺四乙酸二钠溶液的体积，mL；

V_3——空白试验消耗乙二胺四乙酸二钠溶液的体积，mL；

$M(ZnO)$——氧化锌的摩尔质量，$M(ZnO)=81.39$ g/mol。

4. 实验提要

（1）本实验采用国家标准 GB/T 601—2002《化学试剂 标准滴定溶液的制备》中 4.15 规定的方法。

（2）用氨水溶液调节溶液 pH 至 7～8 时，可不断摇动锥形瓶，缓慢滴加氨水溶液，直至出现的白色沉淀刚好溶解即可。

（3）近终点时应缓慢滴定，以防滴过。

5. 思考题

（1）标定 EDTA 溶液时为什么要在调节溶液 pH 至 7～8 以后再加入缓冲溶液？

（2）用氨水调节 pH 时，先有白色沉淀生成，后来又溶解，用反应式解释这种现象。

（3）可否用氯化锌、金属锌试剂标定 EDTA 溶液？为什么？

实验十八　工业用水中钙镁含量的测定

1. 实验目的

（1）熟悉水中钙镁含量的表示方法。

（2）掌握配位滴定法测定工业用水中钙镁含量的原理和方法。

（3）掌握铬黑 T 指示剂的使用条件。

2. 试剂

（1）EDTA 标准滴定溶液：$c(EDTA)=0.02$ mol/L。

（2）氨-氯化铵缓冲溶液。

（3）铬黑 T 指示剂：5g/L。

（4）盐酸溶液：$c(HCl)=6$ mol/L。

（5）氢氧化钠溶液：$c(NaOH)=4$ mol/L。

（6）钙指示剂：1+200（固体）。

3. 实验步骤

（1）钙、镁离子总量的测定　吸取水样 50.00mL 于 250mL 锥形瓶中，加入氨-氯化铵缓冲溶液 5mL 及 5 滴铬黑 T 指示剂，在不断摇动下用 EDTA 标准滴定溶液 [$c(EDTA)=0.02$ mol/L] 滴定，接近终点时应慢滴，溶液由酒红色转变为纯蓝色为终点，记下消耗 EDTA 标准滴定溶液的体积 V_1。平行测定 2 次。

（2）钙离子含量的测定　吸取水试样 100.00mL 于 250mL 锥形瓶中，加入刚果红试纸一小块，用盐酸溶液 [$c(HCl)=6$ mol/L] 酸化至试纸变为蓝紫色。煮沸 2～3min，冷却至 40～50℃，加入氢氧化钠溶液 [$c(NaOH)=4$ mol/L] 4mL，再加入少量钙指示剂，在不断摇动下用 EDTA 标准滴定溶液 [$c(EDTA)=0.02$ mol/L] 滴定至溶液由紫红色转变为亮蓝色为终点，记下消耗 EDTA 标准滴定溶液的体积 V_2。平行测定 2 次。

水中钙、镁离子总量 $c(Ca^{2+}+Mg^{2+})$、钙离子含量 $c(Ca^{2+})$ 和镁离子含量 $c(Mg^{2+})$（单位均为 mmol/L）分别按下式计算：

$$c(Ca^{2+}+Mg^{2+})=\frac{c(EDTA)V_1 \times 1000}{V_s}$$

式中　$c(\text{EDTA})$——乙二胺四乙酸二钠标准滴定溶液的浓度，mol/L；
　　　　V_1——钙、镁离子总量测定时消耗乙二胺四乙酸二钠溶液的体积，mL；
　　　　V_s——水样的体积，mL。

$$c(\text{Ca}^{2+}) = \frac{c(\text{EDTA})V_2 \times 1000}{V_s}$$

式中　$c(\text{EDTA})$——乙二胺四乙酸二钠标准滴定溶液的浓度，mol/L；
　　　　V_2——钙离子含量测定时消耗乙二胺四乙酸二钠溶液的体积，mL；
　　　　V_s——水样的体积，mL。

$$c(\text{Mg}^{2+}) = c(\text{Ca}^{2+} + \text{Mg}^{2+}) - c(\text{Ca}^{2+})$$

4. 实验提要

（1）本实验参考国家标准 GB/T 6909—2008《锅炉用水和冷却水分析方法　硬度的测定》及 GB 7476—87《水质　钙的测定　EDTA 滴定法》中规定的方法。

（2）测定前应针对水样状况进行适当的前处理：水样浑浊，需先过滤；水样酸性或碱性很高时，可先用氢氧化钠溶液或盐酸溶液中和；对于碳酸盐硬度很高的水样，测定钙镁总量时，在加缓冲溶液前应先稀释，防止加入缓冲溶液后碳酸盐析出而使终点拖长。

（3）对于 Fe^{3+}、Al^{3+}、Cu^{2+}、Mn^{2+} 含量较高的水样，可在加铬黑 T 指示剂前用 L-半胱氨酸盐酸盐溶液和三乙醇胺溶液进行联合掩蔽以消除干扰。

（4）当水样中 Mg^{2+} 含量较低时，铬黑 T 指示剂终点变色不够敏锐，可加入一定量的 Mg-EDTA 混合液，以增加溶液中 Mg^{2+} 量，使终点变色敏锐。

（5）测定时如室温过低，可将水样加热至 30~40℃，滴定速度不要太快并充分摇动，以使反应进行完全。

5. 思考题

（1）钙、镁离子总量测定为什么采用铬黑 T 指示剂？能否使用二甲酚橙指示剂？为什么？

（2）钙、镁离子总量测定是在 Mg^{2+} 测定条件下反应，测得结果为何为二者总量？

（3）钙离子测定中，加入氢氧化钠的作用是什么？

*实验十九　镍盐中镍含量的测定

1. 实验目的

（1）掌握直接滴定法测定镍含量的原理和方法。

（2）正确判断紫脲酸铵指示剂的滴定终点。

2. 试剂

（1）EDTA 标准滴定溶液：$c(\text{EDTA}) = 0.02 \text{mol/L}$。

（2）氨-氯化铵缓冲溶液：称取氯化铵 54.0g，溶于水，加氨水 350mL，稀释至 1000mL。

（3）紫脲酸铵指示剂。

3. 实验步骤

称取镍盐试样（相当于含 Ni 约 40mg，称准至 0.0001g）于锥形瓶中，加 70mL 水、10mL 氨-氯化铵缓冲溶液、0.1g 紫脲酸铵指示剂，摇匀，用 EDTA 标准滴定溶液 [$c(\text{EDTA}) = 0.02\text{mol/L}$] 滴定至溶液呈蓝紫色为终点，记下消耗的体积。平行测定 2 次。

镍盐中镍的质量分数 $w(\mathrm{Ni})$ 按下式计算：

$$w(\mathrm{Ni})=\frac{c(\mathrm{EDTA})V(\mathrm{EDTA})M(\mathrm{Ni})\times 10^{-3}}{m_s}$$

式中　$c(\mathrm{EDTA})$——EDTA 标准滴定溶液的浓度，mol/L；

　　　$V(\mathrm{EDTA})$——EDTA 标准滴定溶液的体积，mL；

　　　$M(\mathrm{Ni})$——镍的摩尔质量，$M(\mathrm{Ni})=58.3934\mathrm{g/mol}$；

　　　m_s——镍盐试样的质量，g。

4. 实验提要

(1) 本实验参照国家标准 GB/T 15355—2008《化学试剂　六水合氯化镍（氯化镍）》及化工行业标准 HG/T 3448—2003《化学试剂　硝酸镍》中规定的方法。

(2) Ni^{2+} 及其乙二胺四乙酸配合物颜色均较深，应注意观察滴定过程中溶液颜色的变化。

5. 思考题

(1) 如何以配位法的返滴定方式测定镍盐中镍的含量？

(2) 本测定滴定终点时溶液颜色如何变化？为何有此变化？

*实验二十　复方氢氧化铝药片中铝镁含量的测定

1. 实验目的

(1) 熟悉片剂药物试液的制备方法。

(2) 掌握锌离子标准滴定溶液的制备方法。

(3) 掌握用配位滴定法测定铝、镁混合物的原理和方法。

(4) 掌握沉淀分离掩蔽法的操作。

2. 试剂

(1) EDTA 标准滴定溶液：$c(\mathrm{EDTA})=0.02\mathrm{mol/L}$。

(2) 氧化锌：工作基准试剂。

(3) 二甲酚橙指示液：2g/L。

(4) 醋酸-醋酸铵缓冲溶液。

(5) 氨水溶液：1+1。

(6) 盐酸溶液：1+1。

(7) 三乙醇胺溶液：1+2。

(8) 氯化铵溶液：20g/L。

(9) 甲基红指示液：2g/L 乙醇溶液。

(10) 铬黑 T 指示剂：5g/L。

3. 实验步骤

(1) $c(\mathrm{Zn}^{2+})=0.02\mathrm{mol/L}$ 锌离子标准滴定溶液的制备　称取 0.42g（称准至 0.0001g）于 800℃±50℃ 的高温炉中灼烧至恒重的工作基准试剂氧化锌，用少量水润湿，加 3mL 盐酸溶液（1+1）溶解，移入 250mL 容量瓶中，稀释至刻度，摇匀。

锌离子标准滴定溶液的浓度 $c(\mathrm{Zn}^{2+})$（单位为 mol/L）按下式计算：

$$c(\mathrm{Zn}^{2+})=\frac{m(\mathrm{ZnO})\times 1000}{V(\mathrm{Zn}^{2+})M(\mathrm{ZnO})}$$

式中　$m(ZnO)$——氧化锌的质量，g；

　　　$V(Zn^{2+})$——锌离子溶液的体积，mL；

　　　$M(ZnO)$——氧化锌的摩尔质量，$M(ZnO)=81.39g/mol$。

（2）试样处理　取复方氢氧化铝药片 10 片，研细混匀后，从中称出药粉 2g（称准至 0.0001g），加入 20mL 盐酸溶液（1+1），加水 100mL，煮沸。冷却后过滤，并以水洗涤沉淀，收集滤液及洗涤液于 250mL 容量瓶中，稀释至刻度，摇匀。

（3）铝的测定　吸取上述试液 5.00mL，加水至 25mL，滴加氨水溶液（1+1）至刚出现沉淀，再滴加盐酸溶液（1+1）至沉淀恰好溶解。加入醋酸-醋酸铵缓冲溶液（pH=6.0）10mL，再加入 EDTA 标准滴定溶液 $[c(EDTA)=0.02mol/L]$ 25.00mL，煮沸 10min。冷却后，加入二甲酚橙指示剂 2~3 滴，以锌离子标准滴定溶液 $[c(Zn^{2+})=0.02mol/L]$ 滴定至由黄色转变为红色为终点，记下消耗锌离子标准滴定溶液的体积。平行测定 2 次。

（4）镁的测定　吸取以上试液 25.00mL，加热煮沸，加甲基红指示液 1 滴，滴加氨水溶液（1+1）使溶液由红色变为黄色，再继续煮沸 5min，趁热过滤，滤渣用 30mL 氯化铵溶液（20g/L）分数次洗涤，收集滤液与洗涤液于 250mL 锥形瓶中，冷却，加氨水溶液（1+1）10mL 与三乙醇胺溶液（1+2）5mL，再加铬黑 T 指示剂 5 滴，用 EDTA 标准滴定溶液 $[c(EDTA)=0.02mol/L]$ 滴定至试液由暗红色转变为纯蓝色为终点，记下消耗 EDTA 标准滴定溶液的体积。平行测定 2 次。

复方氢氧化铝药片中氧化铝的质量分数 $w(Al_2O_3)$ 和氧化镁的质量分数 $w(MgO)$ 分别按以下两式计算：

$$w(Al_2O_3)=\frac{[c(EDTA)V(EDTA)-c(Zn^{2+})V(Zn^{2+})]M\left(\frac{1}{2}Al_2O_3\right)\times 10^{-3}}{m_s\times\frac{5.00}{250.00}}$$

式中　$c(EDTA)$——EDTA 标准滴定溶液的浓度，mol/L；

　　　$V(EDTA)$——加入 EDTA 标准滴定溶液的体积，mL；

　　　$c(Zn^{2+})$——锌离子标准滴定溶液的浓度，mol/L；

　　　$V(Zn^{2+})$——滴定消耗锌离子标准滴定溶液的体积，mL；

　　　$M\left(\frac{1}{2}Al_2O_3\right)$——氧化铝的摩尔质量，$M\left(\frac{1}{2}Al_2O_3\right)=50.98g/mol$；

　　　m_s——复方氢氧化铝试样的质量，g。

$$w(MgO)=\frac{c(EDTA)V(EDTA)M(MgO)\times 10^{-3}}{m_s\times\frac{5.00}{250.00}}$$

式中　$c(EDTA)$——EDTA 标准滴定溶液的浓度，mol/L；

　　　$V(EDTA)$——滴定消耗 EDTA 标准滴定溶液的体积，mL；

　　　$M(MgO)$——氧化镁的摩尔质量，$M(MgO)=40.30g/mol$；

　　　m_s——复方氢氧化铝试样的质量，g。

4. 实验提要

（1）本实验中 Zn^{2+} 标准滴定溶液的制备采用国家标准 GB/T 601—2002《化学试剂　标准滴定溶液的制备》中 4.15.2.2 规定的方法；复方氢氧化铝药片中铝镁含量的测定参照 2015 年版《中华人民共和国药典》规定的方法。

（2）复方氢氧化铝试样中铝镁含量可能不均匀，为使测定结果具有代表性，应取较多样品，研细混匀后再取部分进行分析。

（3）用六亚甲基四胺溶液调节 pH 以分离氢氧化铝，其结果比用氨水好，可以减少氢氧化铝沉淀对 Mg^{2+} 的吸附。

（4）测定镁时，加入甲基红指示液 1 滴，可使终点更为敏锐。

5. 思考题

（1）能否以氯化锌试剂直接制备锌离子标准滴定溶液？

（2）铝的测定中，滴加氨溶液至刚出现浑浊，再滴加盐酸溶液至沉淀恰好溶解的目的是什么？

（3）在控制一定的条件下能否用 EDTA 标准溶液直接滴定 Al^{3+}？

（4）在分离 Al^{3+} 后的滤液中测定 Mg^{2+}，为什么还要加入三乙醇胺溶液？

第四节　氧化还原滴定法

氧化还原滴定法是以氧化还原反应为基础的滴定分析法，本法可用于直接测定氧化性或还原性物质，也可间接测定一些非氧化性或还原性物质。由于标准滴定溶液所用氧化剂或还原剂的不同，本法可分为碘量法、高锰酸钾法、重铬酸钾法、溴酸盐法、铈量法、亚硝酸盐法等多种方法。为保证氧化还原反应能够定量、迅速进行，应严格控制好溶液酸度、温度等反应条件。

一、标准滴定溶液的制备

1. 硫代硫酸钠标准滴定溶液

（1）配制　市售硫代硫酸钠（$Na_2S_2O_3 \cdot 5H_2O$）试剂一般都含有少量杂质，如亚硫酸钠、硫酸钠、碳酸钠、氯化钠及硫等，并易风化，不能用于直接法配制标准滴定溶液。而且硫代硫酸钠溶液不稳定，主要原因有以下几方面。

① 碳酸的作用　二氧化碳溶于水成为碳酸，它可与硫代硫酸钠作用：

$$S_2O_3^{2-} + H_2CO_3 \longrightarrow HCO_3^- + HSO_3^- + S\downarrow$$

反应在溶液配制后 10 天内进行。由于生成的 HSO_3^- 比 $S_2O_3^{2-}$ 还原性强，此作用相当于使硫代硫酸钠溶液的浓度升高。

② 空气的氧化作用　空气可将硫代硫酸钠氧化为硫酸钠，此作用相当于使硫代硫酸钠溶液的浓度降低。

$$2S_2O_3^{2-} + O_2 \longrightarrow 2SO_4^{2-} + 2S\downarrow$$

③ 微生物的作用　使硫代硫酸钠分解。

④ 光线　可促使硫代硫酸钠分解。

基于以上原因，配制硫代硫酸钠溶液应按下述方法进行。

① 将硫代硫酸钠溶于水中，加少许碳酸钠，煮沸 10min，以除去二氧化碳和微生物。

② 溶液贮存于棕色瓶中放置两周，待其浓度稳定后，过滤、标定（若发现有硫析出，应重新制备）。

（2）标定

① 用重铬酸钾工作基准试剂标定　国家标准规定标定硫代硫酸钠溶液采用重铬酸钾工作基准试剂。重铬酸钾与硫代硫酸钠的反应不能定量进行，故采用间接碘量法的步骤标定，

反应式如下:
$$Cr_2O_7^{2-} + 6I^- + 14H^+ \longrightarrow 2Cr^{3+} + 3I_2 + 7H_2O$$
$$I_2 + 2S_2O_3^{2-} \longrightarrow 2I^- + S_4O_6^{2-}$$

由于重铬酸钾和碘化钾反应慢,为使反应迅速进行完全,必须按下列条件操作。

a. 加入过量酸。溶液的酸度越大,反应速率越快。但酸度太大时 I^- 易被空气中的氧氧化,一般保持 0.4mol/L 酸度为宜。

b. 加入过量碘化钾。提高 I^- 浓度可加速反应,同时使 I_2 形成 I_3^- 而减少挥发。碘化钾用量一般为理论量的 2~3 倍。

c. 于暗处放置一定时间。在上述条件下于暗处放置 5~10min,可使反应进行完全。

用硫代硫酸钠滴定生成的碘时,应保持溶液呈微酸性或近中性。可在滴定前用水稀释降低酸度,同时还可减少 Cr^{3+} 的绿色对终点的影响。

用硫代硫酸钠标准滴定溶液滴定至近终点时,溶液呈黄绿色(I_2 与 Cr^{3+} 的混合色),加入淀粉指示液后(此时呈蓝色),再滴定至蓝色消失,出现 Cr^{3+} 的亮绿色即为终点。

硫代硫酸钠的基本单元取其分子,重铬酸钾的基本单元取 $\frac{1}{6}K_2Cr_2O_7$。

② 用碘标准滴定溶液标定 可用硫代硫酸钠溶液滴定一定体积的碘标准滴定溶液,指示剂淀粉应在临近终点时加入,以蓝色消失为终点。反应式为:
$$I_2 + 2S_2O_3^{2-} \longrightarrow 2I^- + S_4O_6^{2-}$$

碘的基本单元取 $\frac{1}{2}I_2$。

2. 碘标准滴定溶液

试剂碘含有杂质,即使提纯制得的纯碘,因其升华作用及对分析天平的腐蚀,也不宜采用直接法制备标准滴定溶液。

(1) 配制 碘微溶于水(每升水中约溶 0.3g),易溶于碘化钾浓溶液中形成 I_3^-,一般是将碘和碘化钾溶于少量水后稀释至一定体积配成溶液并保存在棕色瓶中。

(2) 标定

① 用三氧化二砷工作基准试剂标定 三氧化二砷难溶于水,易溶于氢氧化钠溶液中生成亚砷酸钠:
$$As_2O_3 + 6NaOH \longrightarrow 2Na_3AsO_3 + 3H_2O$$

再以碘滴定生成的亚砷酸钠:
$$AsO_3^{3-} + I_2 + H_2O \rightleftharpoons AsO_4^{3-} + 2I^- + 2H^+$$

此反应可逆,可加入固体碳酸氢钠,以中和反应生成的 H^+,保持 pH≈8,使反应进行完全。

三氧化二砷的基本单元取 $\frac{1}{4}As_2O_3$。

由于三氧化二砷是剧毒品,故此法的应用受到一定限制。

② 用硫代硫酸钠标准滴定溶液标定 可用硫代硫酸钠标准滴定溶液滴定一定体积的碘溶液,淀粉指示剂在临近终点时加入,以蓝色消失为终点。

3. 高锰酸钾标准滴定溶液

(1) 配制 市售高锰酸钾试剂常含有少量杂质,如二氧化锰、氯化物、硫酸盐、硝酸盐等。同时,由于受环境因素和水中还原性杂质的影响,在放置过程中高锰酸钾溶液的浓度会逐渐降低。因此，高锰酸钾标准滴定溶液需采用间接法制备。

为使标准溶液浓度稳定，常采取下列措施。

① 称取稍多于理论用量的固体高锰酸钾，例如，配制 $c\left(\dfrac{1}{5}\text{KMnO}_4\right)=0.1\text{mol/L}$ 的 KMnO_4 标准滴定溶液 1L，其理论用量为 3.16g，实际可取 3.2～3.3g。

② 使用煮沸并冷却的纯水，以除去还原性物质。

③ 将配制的溶液加热煮沸，并于暗处放置两周使各种还原性物质完全氧化，然后用 P_{16} 微孔玻璃坩埚过滤，以除去二氧化锰。过滤后的溶液装入棕色瓶中，置于暗处保存。

(2) 标定 国家标准规定标定高锰酸钾溶液采用草酸钠工作基准试剂。

草酸钠容易提纯，性质稳定，不含结晶水，基准试剂在 105～110℃ 烘 2h，冷却后即可使用。

高锰酸钾在硫酸溶液中与草酸钠的反应为：

$$5\text{C}_2\text{O}_4^{2-}+2\text{MnO}_4^-+16\text{H}^+\longrightarrow 2\text{Mn}^{2+}+8\text{H}_2\text{O}+10\text{CO}_2\uparrow$$

该反应速率极慢，为加速反应，使反应定量进行，必须掌握好下列条件。

① 温度 可将溶液加热到 75～85℃，但不能高于 90℃，否则会使形成的草酸分解（加热过程中应不时摇动锥形瓶，以免因局部过热造成部分草酸分解），致使标定结果偏高。临近终点时温度不得低于 65℃，以防止反应速率太慢甚至反应不完全。

② 酸度 为使滴定反应按反应式定量进行，溶液必须保持足够酸度，要求滴定开始时酸度为 0.5～1.0mol/L，滴定终了时酸度不低于 0.2～0.5mol/L。酸度太高，会促使草酸分解，酸度不够则反应形成二氧化锰沉淀。

③ 滴定速度 MnO_4^- 和 $\text{C}_2\text{O}_4^{2-}$ 反应速率很慢，当有 Mn^{2+} 存在时可使反应加快。滴定开始时，加入 1 滴高锰酸钾溶液后，溶液褪色较慢，待红色褪去后再滴第二滴。由产生的 Mn^{2+} 起自动催化作用而加快反应速率，滴定速度可稍加快些，但仍不宜过快，否则过多的高锰酸钾在热溶液中会分解。

$$4\text{MnO}_4^-+12\text{H}^+\longrightarrow 4\text{Mn}^{2+}+5\text{O}_2\uparrow+6\text{H}_2\text{O}$$

接近化学计量点时，必须慢慢滴定，以防过量。

④ 终点判断 本法系利用 MnO_4^- 自身指示剂的作用，滴定到稍微过量的高锰酸钾在溶液中呈淡红色并保持 30s 不褪色即为终点。时间过长，由于空气中还原性物质及尘埃等杂质落于溶液中，能使高锰酸钾缓慢分解而使颜色消失。

高锰酸钾的基本单元取 $\dfrac{1}{5}\text{KMnO}_4$，草酸钠的基本单元取 $\dfrac{1}{2}\text{Na}_2\text{C}_2\text{O}_4$。

4. 重铬酸钾标准滴定溶液

(1) 直接法制备 准确称取一定量重铬酸钾工作基准试剂，溶解后准确稀释至一定体积，根据重铬酸钾的准确质量和溶液的准确体积即可计算出重铬酸钾溶液的准确浓度。重铬酸钾的基本单元取 $\dfrac{1}{6}\text{K}_2\text{Cr}_2\text{O}_7$。

(2) 间接法制备 用分析纯重铬酸钾试剂配成近似所需浓度的溶液，再用间接碘量法标定（详见硫代硫酸钠标准溶液的标定）：

$$\text{Cr}_2\text{O}_7^{2-}+6\text{I}^-+14\text{H}^+\longrightarrow 2\text{Cr}^{3+}+3\text{I}_2+7\text{H}_2\text{O}$$

$$\text{I}_2+2\text{S}_2\text{O}_3^{2-}\longrightarrow 2\text{I}^-+\text{S}_4\text{O}_6^{2-}$$

根据硫代硫酸钠标准滴定溶液的用量计算出重铬酸钾溶液的准确浓度。硫代硫酸钠的基本单元取其分子，重铬酸钾的基本单元取 $\frac{1}{6}K_2Cr_2O_7$。

5. 硫酸铈标准滴定溶液

硫酸铈标准滴定溶液通常用间接法制备，即以硫酸铈 $[Ce(SO_4)_2 \cdot 4H_2O]$ 或硫酸铈铵 $[2(NH_4)_2SO_4 \cdot Ce(SO_4)_2 \cdot 4H_2O]$ 试剂制成硫酸酸化的溶液后，以草酸钠工作基准试剂标定：

$$2Ce^{4+} + C_2O_4^{2-} \longrightarrow 2Ce^{3+} + 2CO_2 \uparrow$$

在酸性溶液中 Ce^{4+} 为黄色，Ce^{3+} 为无色，可利用 Ce^{4+} 本身的黄色褪去指示终点，但灵敏度不高，故一般采用 1,10-菲咯啉-亚铁为指示剂，溶液由橘红色变为浅蓝色为终点。

硫酸铈 $[Ce(SO_4)_2 \cdot 4H_2O]$ 的基本单元取其分子；草酸钠的基本单元取 $\frac{1}{2}Na_2C_2O_4$。

二、测定实例

1. 维生素 C 片剂主成分含量的测定

维生素 C 又名抗坏血酸，分子式为 $C_6H_8O_6$，为白色、略带黄色的结晶或粉末（药用维生素常制成片剂并带糖衣）。它是预防和治疗坏血病及促进身体健康的药品，也是分析化学中常用的掩蔽剂和还原剂。维生素 C 分子中的烯二醇基有显著的还原性，能被碘定量氧化为二酮基，即抗坏血酸被氧化为脱氢抗坏血酸，故可用直接碘量法测定其含量。反应式为：

测定时，要以煮沸过的冷水溶解试样，并加入稀乙酸，以防止水或空气中的氧将维生素 C 氧化而使结果偏低。

2. 葡萄糖酸锑钠注射液中锑含量的测定

葡萄糖酸锑钠为白色或微显淡黄色的无定形粉末，无臭，水溶液显右旋性。在热水中易溶，在水中溶解，在乙醇或乙醚中不溶。葡萄糖酸锑钠是现在用来治疗寄生虫病、丝虫病及黑热病最普遍的五价锑制剂，应用较为广泛。

测定葡萄糖酸锑钠注射液中的锑含量，可采用先用葡萄糖酸锑钠与碘离子反应生成碘，再用碘与硫代硫酸钠反应生成碘离子，相当于用硫代硫酸钠在滴定葡萄糖酸锑钠注射液。反应式为：

$$Sb^{5+} + 2KI \longrightarrow Sb^{3+} + I_2 + 2K^+$$
$$I_2 + 2Na_2S_2O_3 \longrightarrow Na_2S_4O_6 + 2NaI$$

3. 食盐中碘含量的测定

碘是人的生命活动不可缺少的元素之一。缺碘会导致人的一系列疾病的产生，如智力下降、甲状腺肿大等。因而在人们的日常生活中，每天摄入一定量的碘是很有必要的，将碘加入食盐中是一个很有效的方法。现在食盐中加入碘酸钾以达到补碘的目的，国家标准 GB 26878—2011《食品国家标准 食用盐碘含量》规定食盐中碘含量（以 I 计）的平均水平为 20~30mg/kg。

在酸性溶液中，使试样中的碘酸钾氧化碘化钾析出碘，用硫代硫酸钠标准滴定溶液滴定，即可测定食盐中碘的含量。反应式如下：

$$IO_3^- + 5I^- + 6H^+ \longrightarrow 3I_2 + 3H_2O$$

$$I_2 + 2S_2O_3^{2-} \longrightarrow 2I^- + S_4O_6^{2-}$$

由反应式可知 1 个碘原子相当于在滴定反应中转移 6 个电子，故其基本单元取 $\frac{1}{6}I$。

4. 工业过氧化氢主成分含量的测定

过氧化氢纯品为无色稠厚液体，一般为 30% 或 3% 的水溶液，工业产品又称为双氧水。过氧化氢既可作为氧化剂，又可作为还原剂，它还具有杀菌、消毒、漂白等作用，常用作漂白剂、氧化剂和分析试剂等。微量杂质存在易引起过氧化氢分解爆炸，故应将其置于塑料瓶中密封保存。

过氧化氢在酸性条件下是氧化剂，但遇强氧化剂时，又表现为还原性。因此，在酸性溶液中可用高锰酸钾标准滴定溶液直接滴定。其反应式为：

$$2MnO_4^- + 5H_2O_2 + 6H^+ \longrightarrow 2Mn^{2+} + 5O_2\uparrow + 8H_2O$$

反应在室温下于稀硫酸溶液中进行。开始时反应速率较慢，但随着反应的进行，生成的 Mn^{2+} 可起催化作用，使反应加快（亦可先加入硫酸锰加快反应）。

过氧化氢的基本单元取 $\frac{1}{2}H_2O_2$。

5. 水中高锰酸盐指数的测定

高锰酸盐指数是指在一定条件下，以高锰酸钾氧化水样中的某些有机物及无机还原物质，由消耗的高锰酸钾量计算与之相当的氧量，以 mgO_2/L 作为量值单位。水中亚硝酸盐、亚铁盐、硫化物等还原性无机物和在测定条件下能被氧化的有机物均可消耗高锰酸钾，故高锰酸盐指数是水体还原性物质污染程度的综合指标之一。

在以往的水质监测分析中，高锰酸盐指数被称为高锰酸钾法的化学需氧量。但由于这种方法在规定条件下，水中有机物只能部分被氧化，并不是理论上的需氧量，也不是反映水体中总有机物含量的尺度。因此，用高锰酸盐指数这一术语作为水质的一项指标，以有别于重铬酸钾法的化学需氧量，使之更符合于客观实际。国际标准化组织（ISO）建议高锰酸钾法仅限于测定地表水、饮用水和生活污水，不适用于工业废水。

按溶液的介质不同，测定分为酸性高锰酸钾法和碱性高锰酸钾法两种。因为在碱性条件下高锰酸钾的氧化能力比酸性条件下稍弱，而不能氧化水中的氯离子，故碱性高锰酸钾法常用于测定氯离子浓度较高的水样；酸性高锰酸钾法适用于氯离子含量不超过 300mg/L 的水样。当高锰酸盐指数超过 5mg/L 时，应少取水样并经稀释后再测定。

显然高锰酸盐指数是一个相对的条件性指标，其测定结果与溶液的酸度、高锰酸盐浓度、加热温度和时间等有关。因此，测定时必须严格遵守操作条件，使结果具有可比性。

本法测定高锰酸盐指数，系在酸性条件下在水样中加入过量的高锰酸钾标准滴定溶液，并在沸水浴中加热反应一定的时间，此时高锰酸钾被可作用物还原：

$$MnO_4^- + 8H^+ + 5e \longrightarrow Mn^{2+} + 4H_2O$$

再于溶液中加入草酸钠标准滴定溶液还原剩余的高锰酸钾，剩余草酸钠用高锰酸钾标准滴定溶液回滴。反应式为：

$$2MnO_4^- + 5C_2O_4^{2-} + 16H^+ \longrightarrow 2Mn^{2+} + 10CO_2\uparrow + 8H_2O$$

高锰酸盐指数以氧的质量浓度 $\rho(O_2)$ 表示，单位为毫克每升（mg/L），基本单元取 $\frac{1}{4}O_2$。

6. 铁矿石中全铁含量的测定

铁矿石的种类很多，用于炼铁的主要有磁铁矿石（Fe_3O_4）、赤铁矿石（Fe_2O_3）和菱铁矿石（$FeCO_3$）等。铁矿石试样分解后，其中的铁转化为 Fe^{3+}，经典的重铬酸钾法测定铁矿石中全铁含量，是用氯化亚锡溶液还原 Fe^{3+}，再以过量氯化汞溶液除去剩余的氯化亚锡。此种方法准确、简便，但每份试样溶液需加入 10mL 剧毒物氯化汞溶液，即有约 40mg 汞排放，实验废液会造成严重的环境污染。为了避免汞盐的排出，GB/T 6730.5—2007《铁矿石 全铁含量的测定 三氯化钛还原法》规定采用无汞盐测定铁含量，即试样分解后，先用还原性较强的氯化亚锡还原大部分 Fe^{3+}，然后以钨酸钠为指示剂，用还原性较弱的三氯化钛还原剩余的 Fe^{3+}：

$$2Fe^{3+}（大量）+[SnCl_4]^{2-}（不足）+2Cl^- \longrightarrow 2Fe^{2+}+[SnCl_6]^{2-}（至浅黄色）$$

$$Fe^{3+}（剩余）+Ti^{3+}+H_2O \longrightarrow Fe^{2+}+TiO^{2+}+2H^+（钨酸钠指示剂变成钨蓝）$$

Fe^{3+} 定量还原为 Fe^{2+} 后，过量的一滴三氯化钛即可将作为指示剂的六价钨（无色）还原为蓝色的五价钨化合物（俗称"钨蓝"），使溶液变色，然后用少量重铬酸钾溶液将过量的三氯化钛氧化，并使"钨蓝"被氧化而蓝色褪去。定量还原 Fe^{3+} 时，不能单独使用氯化亚锡，因为过量的氯化亚锡没有适当的非汞方法消除；三氯化钛也不能单独使用，尤其是试样中铁含量高时会引入形成较多的钛盐，试液被稀释后将会出现大量的四价钛盐沉淀而影响测定，因此氯化亚锡和三氯化钛必须联合使用。

最后以二苯胺磺酸钠作指示剂，用重铬酸钾标准滴定溶液滴定试液中的 Fe^{2+}，从而测得铁的含量。

$$6Fe^{2+}+Cr_2O_7^{2-}+14H^+ \longrightarrow 6Fe^{3+}+2Cr^{3+}+7H_2O$$

滴定突跃范围为 $0.93\sim1.34V$，而二苯胺磺酸钠指示剂的变色点电位为 $0.85V$，故通常需要加入磷酸与滴定过程中产生的 Fe^{3+} 生成无色的 $[Fe(HPO_4)_2]^-$ 来降低其浓度，也就降低了 Fe^{3+}/Fe^{2+} 电对的条件电位，使反应的突跃范围变成 $0.71\sim1.34V$，指示剂可在突跃范围内变色，同时也消除了 $[FeCl_4]^-$ 的黄色对终点观察的影响。此外，温度高或盐酸浓度大时，$Cr_2O_7^{2-}$ 可部分氧化 Cl^- 增大滴定误差，因此反应需用硫磷混酸控制溶液酸度。

Cu^{2+}、$Mo(Ⅳ)$、$As(Ⅴ)$、$Sb(Ⅴ)$ 等离子均可被氯化亚锡还原而干扰测定。

7. 硫酸亚铁药片主成分含量的测定

硫酸亚铁药片为包衣片，除去包衣后显淡蓝绿色，每片含主要成分硫酸亚铁 0.3g（相当于铁 60mg），用于治疗各种原因引起的慢性失血、营养不良、妊娠、儿童发育期等引起的缺铁性贫血。

铈量法由于不受制剂中淀粉、糖类的干扰，因此特别适合片剂、糖浆剂等制剂的测定。2010 年版《中华人民共和国药典》采用铈量法测定的药物有：硫酸亚铁片及硫酸亚铁缓释片、葡萄糖酸亚铁及其制剂、富马酸亚铁及其制剂等。

铈量法测定硫酸亚铁药片中硫酸亚铁的反应为：

$$Ce^{4+}+Fe^{2+} \longrightarrow Ce^{3+}+Fe^{3+}$$

硫酸亚铁（$FeSO_4 \cdot 7H_2O$）的基本单元取其分子。

实验二十一　硫代硫酸钠标准滴定溶液的制备

1. 实验目的

（1）掌握硫代硫酸钠标准滴定溶液的配制和保存方法。

（2）掌握以重铬酸钾基准试剂间接碘量法标定硫代硫酸钠溶液的方法和计算。

2. 试剂

（1）硫代硫酸钠：分析纯试剂。

（2）无水碳酸钠：分析纯试剂。

（3）重铬酸钾：工作基准试剂。

（4）碘化钾：分析纯试剂。

（5）硫酸溶液：$c(H_2SO_4)=6mol/L$。

（6）淀粉指示液（5g/L）：称取 0.5g 可溶性淀粉于小烧杯中，加水 10mL，使成糊状，在搅拌下倒入 90mL 沸水中，微沸 2min，冷却后转移至试剂瓶中。

3. 实验步骤

（1）$c(Na_2S_2O_3)=0.1mol/L$ 硫代硫酸钠溶液的配制　称取硫代硫酸钠（$Na_2S_2O_3 \cdot 5H_2O$）26g（或 16g 无水硫代硫酸钠），加 0.2g 无水碳酸钠，溶于 1000mL 水中，缓缓煮沸 10min，冷却。放置两周后过滤。

（2）$c(Na_2S_2O_3)=0.1mol/L$ 硫代硫酸钠溶液的标定　称取 0.18g（称准至 0.0001g）于 120℃±2℃ 干燥至恒重的基准试剂重铬酸钾，置于碘量瓶中，溶于 25mL 水，加入 2g 碘化钾及 20mL 硫酸溶液 $[c(H_2SO_4)=6mol/L]$，盖上瓶塞，摇匀。瓶口加少许水密封，在暗处放置 10min。开启瓶塞，用水冲洗瓶塞和瓶内壁，加 150mL 水（15～20℃），用配制好的硫代硫酸钠溶液滴定，临近终点时（出现淡黄绿色），加入 2mL 淀粉指示液，继续滴定至溶液由蓝色变为亮绿色即为终点，记下消耗的体积。平行标定 3 次。同时做空白试验。

硫代硫酸钠标准滴定溶液的浓度 $c(Na_2S_2O_3)$（单位为 mol/L）按下式计算：

$$c(Na_2S_2O_3)=\frac{m(K_2Cr_2O_7)\times 1000}{(V_1-V_2)M\left(\frac{1}{6}K_2Cr_2O_7\right)}$$

式中　$m(K_2Cr_2O_7)$——重铬酸钾的质量，g；

　　　V_1——滴定消耗硫代硫酸钠溶液的体积，mL；

　　　V_2——空白试验消耗硫代硫酸钠溶液的体积，mL；

$M\left(\frac{1}{6}K_2Cr_2O_7\right)$——重铬酸钾的摩尔质量，$M\left(\frac{1}{6}K_2Cr_2O_7\right)=49.031g/mol$。

4. 实验提要

（1）本实验采用国家标准 GB 601—2002《化学试剂　标准滴定溶液的制备》中 4.6 规定的方法。

（2）配制硫代硫酸钠溶液时，需要将溶液煮沸 10min 以除去二氧化碳和杀灭细菌；加入少量碳酸钠使溶液呈微碱性，以抑制细菌生长。

（3）硫代硫酸钠标准溶液不宜长期贮存，使用一段时间后，如果发现溶液变浑浊或析出硫，应弃去再重新制备溶液。

（4）用硫代硫酸钠溶液滴定生成的碘时，应保持溶液呈中性或微酸性，故应在滴定前用大量水稀释，降低酸度。稀释还可以减少 Cr^{3+} 绿色对终点的影响。

(5) 滴定至终点后，经过 5~10min，溶液又会出现蓝色，这是由于空气氧化 I^- 所引起的，属正常现象；若滴定到终点后，溶液很快又转变为碘-淀粉的蓝色，则可能是由于酸度不足或放置时间不够使重铬酸钾与碘化钾的反应未完全此时又继续进行所致，应重新实验。

5. 思考题

(1) 配制硫代硫酸钠溶液时，为什么将溶液煮沸 10min？为什么常加入少量碳酸钠？为什么放置两周后标定？

(2) 在碘量法中为什么使用碘量瓶而不使用普通锥形瓶？

(3) 用重铬酸钾工作基准试剂标定硫代硫酸钠溶液时，终点附近溶液颜色如何变化？为何有此变化？

(4) 标定硫代硫酸钠溶液时，为何淀粉指示剂要在临近终点时才加入？指示剂加入过早对标定结果有何影响？

(5) 标定硫代硫酸钠溶液，滴定到终点时，溶液放置一会儿又重新变蓝，其原因是什么？应如何处置？

(6) 硫代硫酸钠溶液受空气中二氧化碳作用会发生什么变化？这种作用对该溶液的浓度有何影响？

实验二十二　碘标准滴定溶液的制备

1. 实验目的

(1) 掌握碘标准滴定溶液的配制和保存方法。

(2) 掌握碘标准滴定溶液的标定方法和计算。

2. 试剂

(1) 碘：分析纯试剂。

(2) 碘化钾：分析纯试剂。

(3) 淀粉指示液：10g/L。

(4) 硫代硫酸钠标准滴定溶液：$c(Na_2S_2O_3)=0.1mol/L$。

3. 实验步骤

(1) $c\left(\frac{1}{2}I_2\right)=0.1mol/L$ 碘标准滴定溶液的配制　称取 13g 碘及 35g 碘化钾于小烧杯中，加入 10~20mL 水，用玻璃棒轻轻研磨，使碘逐渐全部溶解，转入棕色试剂瓶中，稀释至 1000mL，摇匀。

(2) $c\left(\frac{1}{2}I_2\right)=0.1mol/L$ 碘标准滴定溶液的标定　量取 35.00~40.00mL 配制好的碘溶液，置于碘量瓶中，加入 150mL 水 (15~20℃)，用硫代硫酸钠标准滴定溶液[$c(Na_2S_2O_3)=0.1mol/L$]滴定，临近终点时加 2mL 淀粉指示液，继续滴定至溶液蓝色消失为终点，记下消耗的体积。平行测定 3 次。

同时做水所消耗碘的空白试验：取 250mL 水 (15~20℃)，加 0.05~0.20mL 配好的碘溶液及 2mL 淀粉指示液 (10g/L)，用硫代硫酸钠标准滴定溶液 [$c(Na_2S_2O_3)=0.1mol/L$] 滴定至溶液蓝色消失为终点。

碘标准滴定溶液的浓度 $c\left(\frac{1}{2}I_2\right)$ （单位为 mol/L）按下式计算：

$$c\left(\frac{1}{2}\text{I}_2\right) = \frac{c(\text{Na}_2\text{S}_2\text{O}_3)(V_1 - V_2)}{V_3 - V_4}$$

式中　$c(\text{Na}_2\text{S}_2\text{O}_3)$——硫代硫酸钠标准滴定溶液的浓度，mol/L；

　　　　V_1——滴定消耗硫代硫酸钠标准滴定溶液的体积，mL；

　　　　V_2——空白试验消耗硫代硫酸钠标准滴定溶液的体积，mL；

　　　　V_3——滴定时取碘溶液的体积，mL；

　　　　V_4——空白试验中加入碘溶液的体积，mL。

4. 实验提要

(1) 本实验碘溶液的标定采用国家标准 GB/T 601—2002《化学试剂　标准滴定溶液的制备》中 4.9.2.2 规定的方法二。

(2) 溶解碘时，必须保证其完全溶解后再进行稀释。

(3) 碘化钾试剂如颜色发黄，则不可用于碘量法实验。

5. 思考题

(1) 碘溶液应装在何种滴定管中？为什么？

(2) 配制碘溶液时，为什么要加碘化钾？溶解碘时如果加水过多会发生什么情况？

实验二十三　维生素 C 片剂主成分含量的测定

1. 实验目的

(1) 掌握直接碘量法测定维生素 C 主成分含量的方法。

(2) 熟悉直接碘量法滴定终点的判断。

2. 试剂

(1) 乙酸溶液：$c(\text{HAc}) = 1\,\text{mol/L}$。

(2) 碘标准滴定溶液：$c\left(\frac{1}{2}\text{I}_2\right) = 0.1\,\text{mol/L}$。

(3) 淀粉指示液：5g/L。

3. 实验步骤

称取 0.2g（称准至 0.0001g）维生素 C 药粉于锥形瓶中，加入新煮沸过的冷水 100mL，加乙酸溶液 10mL [$c(\text{HAc}) = 1\,\text{mol/L}$]、淀粉指示液 2mL，立即用碘标准滴定溶液 [$c\left(\frac{1}{2}\text{I}_2\right) = 0.1\,\text{mol/L}$] 滴定至溶液恰呈蓝色并保持 30s 不褪色为终点，记下消耗的体积。平行测定 2 次。

维生素 C 主成分即抗坏血酸的质量分数 $w(\text{C}_6\text{H}_8\text{O}_6)$ 按下式计算：

$$w(\text{C}_6\text{H}_8\text{O}_6) = \frac{c\left(\frac{1}{2}\text{I}_2\right) V(\text{I}_2) M\left(\frac{1}{2}\text{C}_6\text{H}_8\text{O}_6\right) \times 10^{-3}}{m_s}$$

式中　$c\left(\frac{1}{2}\text{I}_2\right)$——碘标准滴定溶液的浓度，mol/L；

　　　　$V(\text{I}_2)$——滴定消耗碘标准滴定溶液的体积，mL；

$M\left(\frac{1}{2}\text{C}_6\text{H}_8\text{O}_6\right)$——抗坏血酸的摩尔质量，$M\left(\frac{1}{2}\text{C}_6\text{H}_8\text{O}_6\right) = 88.07\,\text{g/mol}$；

　　　　m_s——维生素 C 试样的质量，g。

4. 实验提要

(1) 本实验参考 2015 年版《中华人民共和国药典》维生素 C 含量测定的方法，该法试液系经干燥滤纸过滤后，取滤液滴定。

(2) 维生素 C 极易被空气中的氧氧化，实验速度要尽量快，中间不可有停顿。

5. 思考题

(1) 测定维生素 C 含量时，溶解试样为什么要用新煮沸并冷却的纯水？

(2) 测定维生素 C 含量时，为什么要在乙酸酸性溶液中进行？

实验二十四　葡萄糖酸锑钠注射液中锑含量的测定

1. 实验目的

(1) 掌握葡萄糖酸锑钠注射液中锑含量的测定方法。

(2) 熟练置换滴定法滴定终点的判断方法。

2. 试剂

(1) 硫酸溶液：1+1。

(2) 碘化钾溶液：200g/L。

(3) 硫代硫酸钠标准滴定溶液：$c(Na_2S_2O_3)=0.1mol/L$。

(4) 淀粉指示液：5g/L。

3. 实验步骤

用吸量管准确量取本品 1.00mL，置于 250mL 具塞锥形瓶中，加水 100mL、盐酸溶液 15mL 与碘化钾试液 10mL，密塞，振摇后，在暗处静置 10min，用硫代硫酸钠滴定液 $[c(Na_2S_2O_3)=0.1mol/L]$ 滴定，至近终点时，加 2mL 淀粉指示液，继续滴定至蓝色刚好消失为终点。记下消耗的硫代硫酸钠标准滴定液体积。平行测定 2 次。每 1mL 硫代硫酸钠滴定液 $[c(Na_2S_2O_3)=0.1mol/L]$ 相当于 6.088mg 的 Sb。

试样中锑的质量浓度 $[\rho(Sb)$，g/L$]$ 按下式进行计算：

$$\rho(Sb)=\frac{c(Na_2S_2O_3)V(Na_2S_2O_3)\times\frac{1}{2}M(Sb)\times10^{-3}}{V_s\times10^{-3}}$$

式中　$c(Na_2S_2O_3)$——硫代硫酸钠标准滴定溶液的浓度，mol/L；

$V(Na_2S_2O_3)$——硫代硫酸钠标准滴定溶液的体积，mL；

$M(Sb)$——锑的摩尔质量，$M(Sb)=121.76$g/mol；

V_s——葡萄糖酸锑钠注射液试样的体积，mL。

4. 实验提要

(1) 葡萄糖酸锑钠注射液中锑含量的测定方法采用《中华人民共和国药典》（2015 年版）规定方法。

(2) 葡萄糖酸锑钠与碘离子反应生成碘，碘与硫代硫酸钠反应生成碘离子，相当于用硫代硫酸钠溶液在滴定葡萄糖酸锑钠，则 $Sb^{2+} = 2S_2O_3^{2-}$。

(3) 使用淀粉指示剂时需注意淀粉的质量。淀粉分为直链淀粉与支链淀粉，直链淀粉遇碘显纯蓝色，支链淀粉遇碘显紫红色。同时，淀粉溶液极易腐败，应临用前配制。

5. 思考题

(1) 本实验测定锑含量时，为什么要加入盐酸溶解试样？

（2）为什么淀粉指示剂在本实验中临近终点时才加入？在滴定前加入有何影响？

*实验二十五　食盐中碘含量的测定

1. 实验目的

（1）掌握加碘食盐中碘含量的测定方法和计算。
（2）掌握低浓度硫代硫酸钠标准滴定溶液的制备方法。

2. 试剂

（1）硫代硫酸钠标准滴定溶液：$c(Na_2S_2O_3)=0.002mol/L$（临用前用浓溶液稀释，标定后立即使用）。
（2）磷酸溶液：$c(H_3PO_4)=1mol/L$。
（3）碘化钾溶液：50g/L。
（4）淀粉指示液：5g/L。

3. 实验步骤

称取10g加碘食盐试样（准确至0.01g），置于锥形瓶中，加80mL水溶解。加2mL磷酸溶液 $[c(H_3PO_4)=1mol/L]$ 和5mL碘化钾溶液（50g/L），充分摇匀，用硫代硫酸钠标准滴定溶液 $[c(Na_2S_2O_3)=0.002mol/L]$ 滴定至溶液呈浅黄色时，加入5mL淀粉指示液（5g/L），继续滴定至蓝色恰好消失即为终点，记下消耗的体积。平行测定2次。

加碘食盐试样中碘的质量分数$w(I)$按下式计算：

$$w(I)=\frac{c(Na_2S_2O_3)V(Na_2S_2O_3)M\left(\frac{1}{6}I\right)\times 10^{-3}}{m_s}$$

式中　$c(Na_2S_2O_3)$——硫代硫酸钠标准滴定溶液的浓度，mol/L；

$V(Na_2S_2O_3)$——滴定消耗硫代硫酸钠标准滴定溶液的体积，mL；

$M\left(\frac{1}{6}I\right)$——碘的摩尔质量，$M\left(\frac{1}{6}I\right)=21.151g/mol$；

m_s——加碘食盐试样的质量，g。

4. 实验提要

（1）本实验参照国家标准GB/T 13025.7—2012《制盐工业通用试验方法　碘的测定》中规定的方法。
（2）本方法适用于加碘酸钾的食盐试样中碘的测定。

5. 思考题

（1）本测定中，加入磷酸溶液的目的是什么？
（2）为什么滴定至浅黄色时方加入淀粉溶液？过早加入有什么影响？

实验二十六　高锰酸钾标准滴定溶液的制备

1. 实验目的

（1）掌握高锰酸钾标准滴定溶液的配制方法和保存条件。
（2）掌握用草酸钠工作基准试剂标定高锰酸钾溶液浓度的原理和方法。

2. 试剂

（1）高锰酸钾：分析纯试剂。

（2）草酸钠：工作基准试剂。

（3）硫酸溶液：8+92。

3. 实验步骤

（1）$c\left(\dfrac{1}{5}KMnO_4\right)=0.1mol/L$ 高锰酸钾溶液的配制 称取 3.3g 高锰酸钾，溶于 1050mL 水中，缓缓煮沸 15min，冷却，于暗处保存两周。用已处理过的 P_{16} 号微孔玻璃坩埚过滤，贮存于棕色瓶中。

（2）$c\left(\dfrac{1}{5}KMnO_4\right)=0.1mol/L$ 高锰酸钾溶液的标定 称取 0.25g（称准至 0.0001g）于 105～110℃ 电烘箱中干燥至恒重的工作基准试剂草酸钠，于 250mL 锥形瓶中，以 100mL 硫酸溶液（8+92）溶解，用配制好的高锰酸钾溶液滴定，临近终点时加热至 65℃，继续滴定至溶液呈淡红色并保持 30s 不褪色为终点，记下消耗的体积。平行标定 3 次。同时做空白试验。

高锰酸钾标准滴定溶液的浓度 $c\left(\dfrac{1}{5}KMnO_4\right)$（单位为 mol/L）按下式计算：

$$c\left(\dfrac{1}{5}KMnO_4\right)=\dfrac{m(Na_2C_2O_4)\times 1000}{(V_1-V_2)M\left(\dfrac{1}{2}Na_2C_2O_4\right)}$$

式中　$m(Na_2C_2O_4)$——草酸钠的质量，g；

　　　　V_1——滴定消耗高锰酸钾溶液的体积，mL；

　　　　V_2——空白试验消耗高锰酸钾溶液的体积，mL；

$M\left(\dfrac{1}{2}Na_2C_2O_4\right)$——草酸钠的摩尔质量，$M\left(\dfrac{1}{2}Na_2C_2O_4\right)=66.999g/mol$。

4. 实验提要

（1）本实验采用国家标准 GB/T 601—2002《化学试剂　标准滴定溶液的制备》中 4.12 规定的方法。

（2）微孔玻璃坩埚的处理是指将其在同样浓度的高锰酸钾溶液中缓缓煮沸 5min。

（3）溶液加热及放置时，均应盖上表面皿，以免尘埃等有机物等落入。

（4）如标定要求的准确度不很高，可于滴定前加热至 75～85℃，但不可高于 90℃。

5. 思考题

（1）配制高锰酸钾标准滴定溶液时，为什么要煮沸一定时间？为什么要冷却放置后过滤？能否用滤纸过滤？

（2）高锰酸钾溶液盛在容器中，放置较久其壁上常有棕色沉淀物，它是什么物质？怎样才能洗净？

（3）在酸性条件下，以高锰酸钾溶液滴定草酸钠时，开始紫色褪去较慢，后来褪去较快，这是为什么？

（4）用草酸钠基准试剂标定高锰酸钾溶液浓度时，为什么必须在硫酸存在下进行？可否用盐酸或硝酸？

（5）标定高锰酸钾溶液时，酸度过高或过低对标定结果有何影响？

（6）高锰酸钾溶液为什么要装在棕色酸式滴定管中？应怎样读取滴定管中高锰酸钾溶液

的体积?

实验二十七　工业过氧化氢主成分含量的测定

1. 实验目的

掌握高锰酸钾法测定工业过氧化氢主成分含量的基本原理和方法。

2. 试剂

(1) 高锰酸钾标准滴定溶液：$c\left(\dfrac{1}{5}KMnO_4\right)=0.1\,mol/L$。

(2) 硫酸溶液：1+15。

3. 实验步骤

用 10~25 mL 滴瓶以减量法称取过氧化氢（27.5%~30%）试样 0.16 g（称准至 0.0002 g），置于一已盛有 100 mL 硫酸溶液 (1+15) 的 250 mL 锥形瓶中，用 $c\left(\dfrac{1}{5}KMnO_4\right)=0.1\,mol/L$ 高锰酸钾标准滴定溶液滴定至溶液呈粉红色并保持 30 s 不褪色为终点，记下消耗的体积。平行测定 2 次。

过氧化氢主成分的含量以其质量分数 $w(H_2O_2)$ 表示，按下式计算：

$$w(H_2O_2)=\dfrac{c\left(\dfrac{1}{5}KMnO_4\right)V(KMnO_4)M\left(\dfrac{1}{2}H_2O_2\right)\times 10^{-3}}{m_s}$$

式中　$c\left(\dfrac{1}{5}KMnO_4\right)$ ——高锰酸钾标准滴定溶液的浓度，mol/L；

$V(KMnO_4)$ ——滴定消耗高锰酸钾标准滴定溶液的体积，mL；

$M\left(\dfrac{1}{2}H_2O_2\right)$ ——过氧化氢的摩尔质量，$M\left(\dfrac{1}{2}H_2O_2\right)=17.01\,g/mol$；

m_s ——过氧化氢试样的质量，g。

4. 实验提要

(1) 本实验采用国家标准 GB/T 1616—2014《工业过氧化氢》规定的方法。

(2) 滴定反应前可加入少量硫酸锰溶液催化过氧化氢与高锰酸钾的反应。

(3) 若工业双氧水中含有稳定剂如乙酰苯胺，也将消耗高锰酸钾，使过氧化氢测定结果偏高。如遇此情况，应采用碘量法或铈量法进行测定。

5. 思考题

(1) 用高锰酸钾法测定过氧化氢含量时，能否用硝酸、盐酸和乙酸控制酸度？为什么？

(2) 如用高锰酸钾标准滴定溶液滴定过氧化氢时试液中出现棕色浑浊物，其原因何在？应如何处理？

(3) 能否用加热的办法提高本滴定的反应速率？为什么？

*实验二十八　水中高锰酸盐指数的测定

1. 实验目的

(1) 掌握水中高锰酸盐指数的基本概念与表示方法。

(2) 掌握水中高锰酸盐指数测定的基本原理和方法。

2. 试剂

(1) 高锰酸钾标准滴定溶液：$c\left(\dfrac{1}{5}\text{KMnO}_4\right)=0.01\text{mol/L}$（临用前用浓溶液稀释，标定后使用）。

(2) 硫酸溶液：1+3。

(3) 草酸钠：工作基准试剂。

3. 实验步骤

(1) $c\left(\dfrac{1}{2}\text{Na}_2\text{C}_2\text{O}_4\right)=0.01\text{mol/L}$ 草酸钠标准滴定溶液的制备 称取草酸钠工作基准试剂 1.7g（称准至 0.0001g）于小烧杯中，加少量水溶解，定量转移至 250mL 容量瓶中，稀释至刻度，摇匀。再移取上述溶液 25.00mL 于 250mL 容量瓶中，稀释至刻度，摇匀。

草酸钠标准滴定溶液的浓度 $c\left(\dfrac{1}{2}\text{Na}_2\text{C}_2\text{O}_4\right)$（单位为 mol/L）按下式计算：

$$c\left(\dfrac{1}{2}\text{Na}_2\text{C}_2\text{O}_4\right)=\dfrac{m(\text{Na}_2\text{C}_2\text{O}_4)\times\dfrac{25.00}{250.00}\times 1000}{M\left(\dfrac{1}{2}\text{Na}_2\text{C}_2\text{O}_4\right)\times 250.00}$$

式中 $m(\text{Na}_2\text{C}_2\text{O}_4)$——草酸钠的质量，g；

$M\left(\dfrac{1}{2}\text{Na}_2\text{C}_2\text{O}_4\right)$——草酸钠的摩尔质量，$M\left(\dfrac{1}{2}\text{Na}_2\text{C}_2\text{O}_4\right)=66.999\text{g/mol}$。

(2) 水中高锰酸盐指数的测定 吸取 100.00mL 经充分摇动、混合均匀的水样（或取适量，稀释至 100mL）于锥形瓶中，加 5.0mL±0.5mL 硫酸溶液（1+3），自滴定管加入高锰酸钾标准滴定溶液 $\left[c\left(\dfrac{1}{5}\text{KMnO}_4\right)=0.01\text{mol/L}\right]$ 10.00mL（V_1），摇匀，在沸水浴中加热 30min±2min（水浴沸腾开始计时）。

加入草酸钠标准滴定溶液 $\left[c\left(\dfrac{1}{2}\text{Na}_2\text{C}_2\text{O}_4\right)=0.01\text{mol/L}\right]$ 10.00mL，摇匀后趁热用高锰酸钾标准滴定溶液 $\left[c\left(\dfrac{1}{5}\text{KMnO}_4\right)=0.01\text{mol/L}\right]$ 滴到淡红色保持 30s 不褪为终点。记下消耗高锰酸钾标准滴定溶液的体积（V_2），所用去的高锰酸钾标准滴定溶液总体积 $V(\text{KMnO}_4)=V_1+V_2$。平行测定 2 次。

高锰酸盐指数 $\rho(\text{O}_2)$（单位为 mg/L）按下式计算：

$$\rho(\text{O}_2)=\dfrac{\left[c\left(\dfrac{1}{5}\text{KMnO}_4\right)V(\text{KMnO}_4)-c\left(\dfrac{1}{2}\text{Na}_2\text{C}_2\text{O}_4\right)V(\text{Na}_2\text{C}_2\text{O}_4)\right]M\left(\dfrac{1}{4}\text{O}_2\right)\times 1000}{V_s}$$

式中 $c\left(\dfrac{1}{5}\text{KMnO}_4\right)$——高锰酸钾标准滴定溶液的浓度，mol/L；

$V(\text{KMnO}_4)$——所用高锰酸钾标准滴定溶液的总体积，mL；

$c\left(\dfrac{1}{2}\text{Na}_2\text{C}_2\text{O}_4\right)$——草酸钠标准滴定溶液的浓度，mol/L；

$V(\text{Na}_2\text{C}_2\text{O}_4)$——加入草酸钠标准滴定溶液的体积，mL；

$M\left(\dfrac{1}{4}\text{O}_2\right)$——氧的摩尔质量，$M\left(\dfrac{1}{4}\text{O}_2\right)=8.000\text{g/mol}$；

V_s——水样的体积，mL。

4. 实验提要

(1) 本实验参照国家标准 GB 3838—2002《地表水环境质量标准》规定的方法。

(2) 采样后要加入硫酸溶液（1+3），使水样 pH 为 1～2 并尽快分析，如保存时间超过 6h，则需置暗处于 0～5℃保存，且不得超过 2 天。

(3) 本法适用于饮用水、水源水和地表水的测定，对于污染较重的水可少取水样，适当稀释后测定。

(4) 沸水浴的水面应高出锥形瓶的液面，滴定温度如低于 60℃，应加热至 80℃左右。

(5) 试样量以加热氧化后剩余的高锰酸钾为其加入量的 1/2～1/3 为宜，加入高锰酸钾标准滴定溶液后加热时，如溶液紫红色褪去，说明试样量过大。

(6) 不同条件下测出的值不同，因此必需严格控制反应条件。

5. 思考题

(1) 水样中加入高锰酸钾溶液煮沸时，如果紫红色褪尽，应如何进行处理？

(2) 本实验中所用的 $c\left(\dfrac{1}{5}KMnO_4\right)=0.01\text{mol/L}$ 高锰酸钾标准滴定溶液，可以用 $c\left(\dfrac{1}{5}KMnO_4\right)=0.1\text{mol/L}$ 高锰酸钾标准滴定溶液制备，其操作应如何进行？

*实验二十九　重铬酸钾标准滴定溶液的制备与铁矿石中全铁含量的测定

1. 实验目的

(1) 熟悉盐酸分解铁矿石试样的方法。

(2) 掌握重铬酸钾标准滴定溶液的制备方法。

(3) 掌握氯化亚锡-三氯化钛-重铬酸钾法测定铁的原理和方法。

2. 试剂

(1) 重铬酸钾：工作基准试剂。

(2) 盐酸：分析纯试剂。

(3) 盐酸溶液：1+1、1+4。

(4) 二苯胺磺酸钠指示液：2g/L。

(5) 硫磷混酸溶液：1+1。

(6) 氯化亚锡溶液：$c(SnCl_2)=100\text{g/L}$（称取 10g 氯化亚锡溶于 100mL 的 1+1 盐酸溶液中，临用时配制）。

(7) 三氯化钛溶液：$c(TiCl_3)=15\text{g/L}$（量取 150/L 三氯化钛溶液 10mL，用 1+4 盐酸溶液稀释至 100mL，加少量无砷的锌粒，放置过夜使用）。

(8) 钨酸钠指示液：2g/L。

3. 实验步骤

(1) $c\left(\dfrac{1}{6}K_2Cr_2O_7\right)=0.1\text{mol/L}$ 重铬酸钾标准滴定溶液的制备　称取 4.90g±0.20g 已于 120℃±2℃的电烘箱中干燥至恒重的工作基准试剂重铬酸钾，溶于水后移入 1000mL 容量瓶中，稀释至刻度，摇匀。

重铬酸钾标准滴定溶液的浓度 $c\left(\dfrac{1}{6}K_2Cr_2O_7\right)$（单位为 mol/L）按下式计算：

$$c\left(\frac{1}{6}K_2Cr_2O_7\right) = \frac{m(K_2Cr_2O_7) \times 1000}{V(K_2Cr_2O_7)M\left(\frac{1}{6}K_2Cr_2O_7\right)}$$

式中　$m(K_2Cr_2O_7)$——重铬酸钾的质量，g；

　　　$V(K_2Cr_2O_7)$——重铬酸钾溶液的体积，mL；

　　　$M\left(\frac{1}{6}K_2Cr_2O_7\right)$——重铬酸钾的摩尔质量，$M\left(\frac{1}{6}K_2Cr_2O_7\right) = 49.031 \text{g/mol}$。

（2）全铁含量的测定　称取铁矿石粉 0.2～0.3g（准确至 0.0001g）于 250mL 锥形瓶中，用少量水润湿后，加 10mL 浓盐酸，瓶口插入一短颈漏斗，漏斗上盖上表面皿，在通风橱中缓缓加热分解试样（避免沸腾）。试样分解完全时，剩余残渣应为白色或非常接近白色〔若有带色不溶残渣，可滴加氯化亚锡溶液 [$c(SnCl_2) = 100\text{g/L}$] 20～30 滴助溶〕。用少量水吹洗表面皿、漏斗及烧杯内壁。

将溶液加热至接近沸腾，趁热边摇动锥形瓶边慢慢滴加氯化亚锡溶液 [$c(SnCl_2) = 100\text{g/L}$]，至溶液呈现淡黄色，用水洗涤烧杯内壁后加入 10mL 水、15 滴钨酸钠指示液，在不断摇动下滴加三氯化钛溶液 [$c(TiCl_3) = 15\text{g/L}$]，至溶液变为蓝色，再加水 50mL，滴加重铬酸钾标准滴定溶液至刚好无色（不计体积）。

加入硫磷混酸 10mL、二苯胺磺酸钠指示液 5 滴，立即用重铬酸钾标准滴定溶液 $\left[c\left(\frac{1}{6}K_2Cr_2O_7\right) = 0.1\text{mol/L}\right]$ 滴定至溶液由绿色变为蓝绿色最后呈稳定紫色为终点，记下消耗的体积。平行测定 2 次。

铁矿石的全铁含量以铁的质量分数 $w(Fe)$ 表示，按下式计算：

$$w(Fe) = \frac{c\left(\frac{1}{6}K_2Cr_2O_7\right)V(K_2Cr_2O_7)M(Fe) \times 10^{-3}}{m_s}$$

式中　$c\left(\frac{1}{6}K_2Cr_2O_7\right)$——重铬酸钾标准滴定溶液的浓度，mol/L；

　　　$V(K_2Cr_2O_7)$——滴定消耗重铬酸钾标准滴定溶液的体积，mL；

　　　$M(Fe)$——铁的摩尔质量，$M(Fe) = 55.847\text{g/mol}$；

　　　m_s——铁矿石试样的质量，g。

4. 实验提要

（1）本实验中，重铬酸钾标准滴定溶液的制备采用 GB/T 601—2002《化学试剂　标准滴定溶液的制备》中 4.5.2 规定的方法二；全铁量测定参照 GB/T 6730.5—2007《铁矿石全铁含量的测定　三氯化钛还原法》规定的方法。

（2）铁矿石的分解方法是由铁矿石的组成来决定的，本实验选用的磁铁矿石试样可用浓盐酸完全分解。必要时，盐酸溶样后，可用氢氟酸和硫酸处理灼烧过的残渣，再用焦硫酸钾熔融或直接用碱熔融铁矿石试样，实际工作中还需进行空白试验和验证试验。

（3）溶样温度应保持在 80～90℃。温度低，溶解缓慢甚至溶解不完全；温度高，会导致氯化铁挥发损失。

（4）用重铬酸钾溶液氧化过量三氯化钛时，一般只需 1～3 滴，要避免加入过量。

（5）二苯胺磺酸钠指示液配制过久，颜色变为深绿色时不能再继续使用。

5. 思考题

（1）如何判断铁矿石试样是否溶解完全？

(2) 还原 Fe^{3+} 时,为什么要使用氯化亚锡和三氯化钛两种还原剂?可否只使用其中一种?
(3) 测定中加入硫磷混酸的作用是什么?
(4) 加入硫磷混酸和二苯胺磺酸钠指示液后,为什么必须立即滴定?
(5) 二苯胺磺酸钠指示剂的用量对测定有无影响?

*实验三十 硫酸铈标准滴定溶液的制备与硫酸亚铁药片主成分含量的测定

1. 实验目的
(1) 掌握硫酸铈标准滴定溶液的制备方法。
(2) 掌握硫酸铈法测定硫酸亚铁药片主成分含量的原理和方法。
(3) 掌握利用 1,10-菲咯啉-亚铁指示剂判断滴定终点的方法。

2. 试剂
(1) 四水硫酸铈:分析纯试剂。
(2) 硫酸:分析纯试剂。
(3) 草酸钠:工作基准试剂。
(4) 硫酸溶液:$w(H_2SO_4)=10\%$。
(5) 1,10-菲咯啉-亚铁指示液:2g/L。

3. 实验步骤
(1) $c[Ce(SO_4)_2]=0.1mol/L$ 硫酸铈标准滴定溶液的制备 称取 40g 硫酸铈 $[Ce(SO_4)_2 \cdot 4H_2O]$,加 30mL 水及 28mL 硫酸,再加 300mL 水,加热溶解,冷却后再加水 650mL,摇匀。

称取 0.25g(准确至 0.0001g)于 105~110℃电烘箱中干燥至恒重的工作基准试剂草酸钠,溶于 75mL 水中,加 4mL 硫酸溶液(20%)及 10mL 盐酸,加热至 65~70℃,用配制好的硫酸铈溶液滴定至溶液呈浅黄色。加入 0.10mL 1,10-菲咯啉-亚铁指示液使溶液变为橘红色,继续滴定至溶液呈浅蓝色。同时做空白试验。

硫酸铈标准滴定溶液的浓度 $c[Ce(SO_4)_2]$(单位为 mol/L)按下式计算:

$$c[Ce(SO_4)_2]=\frac{m(Na_2C_2O_4)\times 1000}{(V_1-V_2)M\left(\frac{1}{2}Na_2C_2O_4\right)}$$

式中 $m(Na_2C_2O_4)$——草酸钠的质量,g;
V_1——滴定消耗硫酸铈溶液的体积,mL;
V_2——空白试验消耗硫酸铈溶液的体积,mL;
$M\left(\frac{1}{2}Na_2C_2O_4\right)$——草酸钠的摩尔质量,$M\left(\frac{1}{2}Na_2C_2O_4\right)=66.999g/mol$。

(2) 硫酸亚铁药片主成分含量的测定 称取硫酸亚铁药片 10 片(准确至 0.0001g)于烧杯中,加硫酸溶液(10%)60mL 与新沸过的冷水适量,用玻璃棒搅拌,硫酸亚铁溶解后移至 250mL 容量瓶中,以新沸过的冷水稀释至刻度,摇匀。

用干燥滤纸迅速过滤,用移液管量取后续滤液 25mL 于 250mL 锥形瓶中,加 1,10-菲咯啉-亚铁指示液 8~10 滴,立即用硫酸铈标准滴定溶液 $\{c[Ce(SO_4)_2]=0.1mol/L\}$ 滴定至溶液呈浅蓝色为终点,记下消耗的体积。平行测定 2 次。

硫酸亚铁药片主成分即七水硫酸亚铁的质量分数以 $w(FeSO_4 \cdot 7H_2O)$ 表示,按下式计算:

$$w(\text{FeSO}_4 \cdot 7\text{H}_2\text{O}) = \frac{c[\text{Ce(SO}_4)_2]V[\text{Ce(SO}_4)_2]M(\text{FeSO}_4 \cdot 7\text{H}_2\text{O}) \times 10^{-3}}{m_s}$$

式中 $c[\text{Ce(SO}_4)_2]$——硫酸铈标准滴定溶液的浓度，mol/L；

$V[\text{Ce(SO}_4)_2]$——滴定消耗硫酸铈标准滴定溶液的体积，mL；

$M(\text{FeSO}_4 \cdot 7\text{H}_2\text{O})$——七水硫酸亚铁的摩尔质量，$M(\text{FeSO}_4 \cdot 7\text{H}_2\text{O}) = 278.01\text{g/mol}$；

m_s——硫酸亚铁药片试样的质量，g。

4. 实验提要

（1）本实验中，硫酸铈标准滴定溶液的制备采用 GB/T 601—2002《化学试剂 标准滴定溶液的制备》中 4.14 规定的方法；硫酸亚铁药片主成分含量的测定参照 2015 年版《中华人民共和国药典》规定的方法。

（2）溶解硫酸铈时加入硫酸应小心，防止灼伤。

（3）硫酸铈试剂价格较贵，应注意节约。

（4）实验操作应迅速，中间不可有停顿，以防止亚铁离子部分被空气氧化。

5. 思考题

（1）硫酸铈标准滴定溶液配制时，加硫酸酸化的目的是什么？

（2）解释 1,10-菲咯啉-亚铁指示剂终点的颜色变化。

（3）以硫酸铈铵制备的标准滴定溶液和以硫酸铈制备的标准滴定溶液浓度的计算相同吗？为什么？

（4）溶解硫酸亚铁药片为何用稀硫酸溶液与新沸过的冷水？

（5）能否采用高锰酸钾法测定硫酸亚铁药片中的铁含量？为什么？

*第五节 沉淀滴定法

沉淀滴定法是以沉淀反应为基础的滴定分析法，该法应用最多的是生成难溶性银盐的反应，此类测定方法称为银量法。银量法主要用于测定卤族离子、拟卤族离子以及可以和银离子形成沉淀的某些阴离子。

根据所用指示剂及溶液酸度的不同，银量法分为莫尔法、佛尔哈德法和法扬司法。

一、标准滴定溶液的制备

1. 硝酸银标准滴定溶液

硝酸银标准滴定溶液的制备方法有直接法与间接法两种，一般以间接法应用较多。

间接法制备硝酸银标准滴定溶液，配成相近浓度的标准溶液后，采用氯化钠工作基准试剂以莫尔法或法扬司法即以铬酸钾或荧光黄为指示剂标定。反应式为：

$$\text{Ag}^+ + \text{Cl}^- \longrightarrow \text{AgCl} \downarrow$$

配制硝酸银溶液用的纯水不能含有 Cl^-，配好后的溶液应保存在棕色试剂瓶中置于暗处，滴定时使用棕色酸式滴定管，以免其见光分解：

$$2\text{AgNO}_3 \longrightarrow 2\text{Ag} + 2\text{NO}_2\uparrow + \text{O}_2\uparrow$$

2. 硫氰酸钠标准滴定溶液

硫氰酸钠中常含有硫酸盐、氯化物等杂质，故采用间接配制法，即先配成相近浓度的溶液后，采用佛尔哈德法以硝酸银工作基准试剂标定或用硝酸银标准溶液比较。反应式为：

$$Ag^+ + SCN^- \longrightarrow AgSCN\downarrow$$

二、测定实例

1. 水中氯离子含量的测定（莫尔法）

地表水和地下水都含有氯化物，主要是其钠、钙、镁的盐类。自来水因用漂白粉消毒时也会带入一定量的氯化物。水中氯离子含量的测定可采用莫尔法。此方法是以铬酸钾为指示剂，用硝酸银标准滴定溶液直接滴定氯化钠溶液中的 Cl^-，当氯化银沉淀完全后，稍过量的 Ag^+ 与 CrO_4^{2-} 反应生成砖红色的铬酸银指示滴定终点到达。反应式为：

$$Ag^+ + Cl^- \longrightarrow AgCl\downarrow \text{（白色）}$$
$$2Ag^+ + CrO_4^{2-} \longrightarrow Ag_2CrO_4\downarrow \text{（砖红色）}$$

滴定必须在中性或弱碱性溶液中进行，最适宜的 pH 范围为 6.5～10.5。所以若试液的酸性太强，应用碳酸氢钠中和；若碱性太强，应用稀硝酸中和；调至适宜的 pH 后，再进行滴定。

由于氯化银沉淀显著地吸附 Cl^-，导致铬酸银沉淀过早出现。为此，滴定时必须充分摇动，使被吸附的 Cl^- 释放出来，以获得准确的结果。

氯离子的基本单元取 Cl^-。

2. 蔬菜中氯化钠含量的测定（佛尔哈德法）

用佛尔哈德法测定蔬菜中氯化钠的含量时，可将蔬菜用组织捣碎机捣碎后制成试液，加入一定量过量的硝酸银标准滴定溶液，使氯离子全部生成氯化银沉淀，再加入铁铵矾指示剂，用硫氰酸钠标准滴定溶液返滴定剩余的 Ag^+，以出现微红色为滴定终点。反应式为：

$$Ag^+（过量） + Cl^- \longrightarrow AgCl\downarrow$$
$$Ag^+（剩余） + SCN^- \longrightarrow AgSCN\downarrow$$
$$SCN^- + Fe^{3+} \longrightarrow [Fe(SCN)]^{2+} \text{（红色）}$$

为减免氯化银沉淀转化为硫氰酸银沉淀而导致的分析误差，滴定前可将生成的氯化银沉淀过滤除去，也可加入硝基苯（毒性较大）、邻苯二甲酸二丁酯、正辛醇等有机溶剂覆盖氯化银沉淀。

氯化钠的基本单元取其分子。

3. 氯化钠注射液中氯化钠含量的测定（法扬司法）

氯化钠注射液主成分是氯化钠（NaCl）（$M = 58.44 \text{g/mol}$），为无色的澄明液体，味微咸。它是一种电解质补充药物，钠离子和氯离子是机体重要的电解质，对维持正常的血液和细胞外液的容量和渗透压起着非常重要的作用。主治各种原因所致的失水、低氯性代谢性碱中毒，还可外用生理盐水冲洗眼部、洗涤伤口等等。

测定氯化钠注射液主成分含量采用法扬司法，用硝酸银标准滴定溶液滴定其中氯离子，用荧光黄（HFI）作指示剂，以溶液黄绿色消失出现粉红色为终点。反应式为：

$$HFI \longrightarrow H^+ + FI^- \text{（黄绿色）} \quad pK_a = 7$$
$$AgCl \cdot Ag^+ + FIn^- \longrightarrow AgCl \cdot Ag^+ \cdot FIn \text{（粉红色）}$$

实验三十一 硝酸银标准滴定溶液的制备

1. 实验目的

（1）熟悉莫尔法的基本原理和应用。

(2) 掌握硝酸银标准滴定溶液的制备方法。

2. 试剂

(1) 硝酸银：分析纯试剂。
(2) 氯化钠：工作基准试剂。
(3) 铬酸钾指示液：50g/L。
(4) 淀粉溶液：10g/L。

3. 实验步骤

(1) $c(AgNO_3)=0.1mol/L$ 硝酸银溶液的配制　称取 8.8g 硝酸银溶于 500mL 不含 Cl^- 的水中，摇匀。溶液贮存于具玻璃塞的棕色试剂瓶中。

(2) $c(AgNO_3)=0.1mol/L$ 硝酸银溶液的标定　称取 0.22g（称准至 0.0001g）于 500～600℃ 的高温炉中灼烧至恒重的工作基准试剂氯化钠，溶于 70mL 水中，加入 10mL 淀粉溶液（10g/L）及 2mL 铬酸钾指示液（50g/L），在不断摇动下用硝酸银溶液滴定至白色沉淀中刚出现砖红色为终点，记下所消耗的体积。平行测定 3 次。

硝酸银标准滴定溶液的浓度 $c(AgNO_3)$（单位为 mol/L）按下式计算：

$$c(AgNO_3)=\frac{m(NaCl)\times 1000}{V(AgNO_3)M(NaCl)}$$

式中　$m(NaCl)$——氯化钠的质量，g；
　　　$V(AgNO_3)$——滴定消耗硝酸银溶液的体积，mL；
　　　$M(NaCl)$——氯化钠的摩尔质量，$M(NaCl)=58.442g/mol$。

4. 实验提要

(1) 国家标准 GB/T 601—2002《化学试剂　标准滴定溶液的制备》中 4.21 规定采用电位法确定终点。

(2) 硝酸银试剂及其溶液具有腐蚀性，能破坏皮肤组织，注意切勿接触皮肤及衣服。银是贵重金属，含 Ag^+ 废液应回收。

(3) 滴定终点的颜色是白色的氯化银沉淀中混有很少量砖红色的铬酸银沉淀，接近于浅橙色即可，要防止滴过。

(4) 实验完毕后，装硝酸银的滴定管应先用纯水洗涤 2～3 次后，再用自来水洗净，以免氯化银沉淀残留于滴定管内壁。

5. 思考题

(1) 铬酸钾指示液的理论用量是多少？实际用量又是多少？为何实际用量要低于理论用量？

(2) 莫尔法为什么要控制溶液的 pH 在 6.5～10.5 之间？

实验三十二　水中氯离子含量的测定（莫尔法）

1. 实验目的

(1) 进一步理解莫尔法的基本原理。
(2) 掌握水中氯离子含量的测定方法。

2. 试剂

(1) 硝酸银标准滴定溶液：$c(AgNO_3)=0.01mol/L$（临用前用浓溶液稀释，标定后立即使用）。

(2) 酚酞指示液：10g/L 乙醇溶液。
(3) 氢氧化钠溶液：2g/L。
(4) 硝酸溶液：1+300。
(5) 铬酸钾指示液：50g/L。

3. 实验步骤

准确吸取水样 100.00mL 于 250mL 锥形瓶中，加入 2 滴酚酞指示液，用氢氧化钠溶液（2g/L）或硝酸溶液（1+300）调节水样的 pH，使红色刚好变无色。加入 1mL 铬酸钾指示液（50g/L），在不断摇动下，最好在白色背景条件下，用硝酸银标准滴定溶液 $[c(AgNO_3)=0.01mol/L]$ 滴定至出现砖红色即为终点，记下消耗的体积。平行测定 2 次。

水中氯离子的质量浓度 $\rho(Cl)$（单位为 g/L）按下式计算：

$$\rho(Cl)=\frac{V(AgNO_3)c(AgNO_3)M(Cl)}{V_s}$$

式中　$V(AgNO_3)$——滴定消耗硝酸银标准滴定溶液的体积，mL；
　　　$c(AgNO_3)$——硝酸银标准滴定溶液的浓度，mol/L；
　　　$M(Cl)$——氯离子的摩尔质量，$M(Cl)=35.453$g/mol；
　　　V_s——水样的体积，mL。

4. 实验提要

(1) 本实验采用 GB/T 15453—2008《工业循环冷却水和锅炉水中氯离子的测定》中规定的莫尔法。

(2) Ag^+ 滴定 Cl^- 达计量点时，铬酸银沉淀恰好出现时 $c(CrO_4^{2-})=0.058$mol/L，高于此值，终点提前；低于此值，终点推迟。而由于 CrO_4^{2-} 的黄色影响终点观察，故其实际用量为 5×10^{-3}mol/L（50~100mL 溶液中加入 50g/L 铬酸钾指示液 1~2mL）。但溶液浓度低时滴定误差较大，故浓度≤0.1mol/L 的滴定，应进行空白试验校正。

(3) 当溶液中含有 NH_4^+ 时，在 pH 较高时则形成 NH_3，可与 Ag^+ 结合成 $[Ag(NH_3)_2]^+$ 而引起误差。滴定时，溶液酸度应控制在 pH=6.5~7.2 较为适宜。如果 NH_4^+ 过多，超过 0.15mol/L，滴定误差可超过 0.2%，应先在试液中加入适量的碱将生成的 NH_3 挥发除去，再用酸调节溶液的 pH 至适当范围后继续测定。

5. 思考题

(1) 莫尔法测定 Cl^- 的酸度条件是什么？为何控制此酸度？
(2) 何种离子干扰本法测定？干扰应如何消除？
(3) 为什么测定稀溶液的 Cl^- 含量时要进行空白试验校正？

实验三十三　硫氰酸钠标准滴定溶液的制备

1. 实验目的

(1) 掌握硫氰酸钠标准滴定溶液制备的原理和方法。
(2) 熟悉以铁铵矾为指示剂确定滴定终点的方法。

2. 试剂

(1) 硫氰酸钠：分析纯试剂。
(2) 硫酸铁铵指示液：400g/L（将 40g 硫酸铁铵溶解于少量水中，加浓硝酸至溶液几乎无色后，稀释至100mL，摇匀)。

(3) 硝酸溶液：$w(HNO_3)=25\%$。

(4) 淀粉溶液：10g/L。

(5) 硝酸银标准滴定溶液：$c(AgNO_3)=0.1mol/L$。

3. 实验步骤

(1) $c(NaSCN)=0.1mol/L$ 硫氰酸钠溶液的配制 称取4.1g硫氰酸钠，溶解于500mL水中，摇匀。

(2) $c(NaSCN)=0.1mol/L$ 硫氰酸钠溶液的标定 量取35.00～40.00mL硝酸银标准滴定溶液 $[c(AgNO_3)=0.1mol/L]$ 于锥形瓶中，加入60mL水，10mL淀粉溶液（10g/L）、1mL硫酸铁铵指示液、10mL硝酸溶液 $[w(HNO_3)=25\%]$，在充分摇动下，用配好的硫氰酸钠溶液滴定，溶液完全清亮后，继续滴定至溶液呈微红色并保持30s不褪色为终点，记下消耗的体积。平行标定3次。

硫氰酸钠标准滴定溶液的浓度 $c(NaSCN)$（单位为mol/L）按下式计算：

$$c(NaSCN)=\frac{c(AgNO_3)V(AgNO_3)}{V(NaSCN)}$$

式中 $c(AgNO_3)$——硝酸银标准滴定溶液的浓度，mol/L；

$V(AgNO_3)$——量取硝酸银标准滴定溶液的体积，mL；

$V(NaSCN)$——滴定消耗硫氰酸钠标准溶液的体积，mL。

4. 实验提要

(1) 国家标准GB/T 601—2002《化学试剂 标准滴定溶液的制备》中4.20规定采用电位法确定终点。

(2) 佛尔哈德法通常在0.1～1.0mol/L硝酸介质中进行，若酸度过低，Fe^{3+} 将水解成 $[Fe(OH)_2]^+$ 等深色配合物，影响终点的观察。

(3) 硫氰酸银强烈吸附 Ag^+，故滴定时必须剧烈振荡，以避免指示剂过早显色，使终点提前。

5. 思考题

(1) 配制硫酸铁铵指示剂时为什么要加酸？标定硫氰酸钠溶液时为什么还要加酸？

(2) 佛尔哈德法标定硫氰酸钠溶液，采用的是直接滴定法还是返滴定法？

(3) 佛尔哈德法能测定哪些离子？莫尔法能测定哪些离子？为什么前者比后者测定范围广？

实验三十四　蔬菜中氯化钠含量的测定（佛尔哈德法）

1. 实验目的

(1) 掌握蔬菜试液的制备方法。

(2) 掌握佛尔哈德法测定蔬菜中氯化钠含量的原理和方法。

(3) 掌握以铁铵矾为指示剂确定终点的方法。

2. 试剂

(1) 硝酸银标准滴定溶液：$c(AgNO_3)=0.1mol/L$。

(2) 硫氰酸钠标准滴定溶液：$c(NaSCN)=0.1mol/L$。

(3) 硫酸铁铵指示液：400g/L。

(4) 硝酸溶液：1+3。

3. 实验步骤

(1) 试液的制备　取有代表性蔬菜试样不少于 200g，用组织捣碎机捣碎，置于密闭的玻璃容器中。

称取以上约 20g 蔬菜试样（称准至 0.001g）于 250mL 锥形瓶中，加入 100mL 70℃ 热水，振摇 15min（或用振荡器振荡 15min）。冷却后将锥形瓶中内容物转移入 200mL 容量瓶中，用水稀释至刻度，摇匀。用滤纸过滤，弃去最初滤液，后续滤液收集到干燥烧杯中。

(2) 氯化钠含量的测定　吸取 50.00mL 滤液于 250mL 锥形瓶中，加入 5mL 硝酸溶液（1+3）、20.00~40.00mL 硝酸银标准滴定溶液 $[c(AgNO_3)=0.1mol/L]$，再加 5mL 硝基苯（或邻苯二甲酸二丁酯、正辛醇等），剧烈摇动使沉淀凝聚。

加入 2mL 硫酸铁铵指示液（400g/L），摇动下用硫氰酸钠标准滴定溶液 $[c(NaSCN)=0.1mol/L]$ 滴定至微红色保持 1min 不褪色为终点，记下消耗的体积。平行测定 2 次。

蔬菜中氯化钠的质量分数 $w(NaCl)$ 按下式计算：

$$w(NaCl)=\frac{[c(AgNO_3)V(AgNO_3)-c(NaSCN)V(NaSCN)]M(NaCl)\times 4\times 10^{-3}}{m_s}$$

式中　$c(AgNO_3)$——硝酸银标准滴定溶液的浓度，mol/L；

$V(AgNO_3)$——加入硝酸银标准滴定溶液的体积，mL；

$c(NaSCN)$——硫氰酸钠标准滴定溶液的浓度，mol/L；

$V(NaSCN)$——滴定消耗硫氰酸钠标准滴定溶液的体积，mL；

$M(NaCl)$——氯化钠的摩尔质量，$M(NaCl)=58.44g/mol$；

m_s——蔬菜试样的质量，g。

4. 实验提要

(1) 本实验参考国家标准 GB/T 12457—2008《食品中氯化钠的测定》中规定的方法，该方法系在滴定前过滤除去氯化银沉淀。

(2) 滴定时所取滤液的体积可根据氯化钠的含量适当调整（含氯化钠 25~50mg）。

(3) 滴定应在硝酸酸性溶液中进行，既可防止 Fe^{3+} 的水解，又可消除与 Ag^+ 反应的干扰离子（如 PO_4^{3-}、CO_3^{2-} 等）的影响，从而提高了反应的选择性。

5. 思考题

(1) 佛尔哈德法中能否用磷酸、硫酸代替硝酸控制溶液酸度？为什么？

(2) 能否用氯化铁或硝酸铁代替硫酸铁铵作指示剂？为什么？

(3) 佛尔哈德法中为防止氯化银沉淀转化为硫氰酸银沉淀，可以采取哪些措施？

实验三十五　制剂"氯化钠注射液"中氯化钠含量的测定（法扬司法）

1. 实验目的

(1) 掌握氯化钠注射液氯含量的测定方法。

(2) 掌握以荧光黄为指示剂确定终点的方法。

2. 试剂

(1) 硝酸银标准滴定溶液：$c(AgNO_3)=0.1mol/L$。

(2) 糊精溶液：$w[(C_6H_{10}O_5)_n]=2\%$。
(3) 硼砂溶液：$w(Na_2B_4O_4\cdot 10H_2O)=2.5\%$。
(4) 荧光黄指示液：0.1g/100mL 乙醇。

3. 实验步骤

用吸量管移取本品 10.00mL 至锥形瓶中，加入 40mL、2%糊精溶液 5mL、2.5%硼砂溶液 2mL 与荧光黄指示液 5～8 滴，用硝酸银标准滴定液 $[c(AgNO_3)=0.1mol/L]$ 滴定。以溶液黄绿色消失，刚出现粉红色为终点，记下消耗的硝酸银标准滴定液体积。平行测定 2 次。

试样中氯化钠的质量浓度 $[\rho(NaCl)，g/L]$，按下式进行计算：

$$\rho(NaCl)=\frac{c(AgNO_3)V(AgNO_3)M(NaCl)\times 10^{-3}}{V_s\times 10^{-3}}$$

式中　$c(AgNO_3)$——硝酸银标准滴定溶液的浓度，mol/L；
　　　$V(AgNO_3)$——滴定消耗标准滴定溶液的体积，mL；
　　　$M(NaCl)$——氯化钠的摩尔质量，$M(NaCl)=58.44g/mol$；
　　　V_s——氯化钠注射液试样的体积，mL。

4. 实验提要

(1) 避免在强的阳光下进行滴定，因为卤化银沉淀光照易变为灰黑色，影响终点观察。
(2) 氯化钠注射液氯含量测定采用《中华人民共和国药典》(2015 年版) 规定的方法。
(3) 在滴定过程中应充分振摇，使被沉淀吸附的 Ag^+ 释放出来，以防止终点提前出现。

5. 思考题

法扬司法中吸附指示剂应怎样选择？本滴定还可以选用何种吸附指示剂？

*第六节　称量分析法

称量分析法是利用物理或化学方法将试样中的待测组分与其他组分分离，然后通过称量确定待测组分含量的方法，又叫重量分析法。根据分离方法的不同，称量分析法可分为挥发法、沉淀法、电解法、提纯法（萃取法）等，其中最常用的是挥发法和沉淀法。举例如下。

1. 葡萄糖干燥失重的测定

葡萄糖（$C_6H_{12}O_6\cdot H_2O$）为无色结晶或白色结晶性、颗粒性粉末，易溶于水，无臭，味甜。葡萄糖多用于食品、印染和制革工业，医药上用作营养药剂。

葡萄糖在 105℃恒重后，失去湿存水及低沸点挥发物，其减轻的质量即为干燥失重。

2. 工业氯化钾主成分含量的测定（称量分析法）

氯化钾为无色长菱形、立方形结晶或白色结晶性粉末，无臭，味咸涩。氯化钾在农业上用作钾肥，在化工上用于制造其他钾盐，在医药上可用作电解质补充药剂。

称量分析法测定氯化钾主成分的含量，是以四苯硼化钠 $[NaB(C_6H_5)_4]$ 为沉淀剂，与 K^+ 生成难溶的四苯硼酸钾缔合物沉淀：

$$K^++[B(C_6H_5)_4]^-\longrightarrow KB(C_6H_5)_4\downarrow$$

沉淀组成恒定，热稳定性高（最低分解温度为 265℃），经过滤、洗涤、烘干后称量即可求得氯化钾的含量。

实验三十六　葡萄糖干燥失重的测定

1. 实验目的

（1）熟悉葡萄糖干燥失重的测定方法。

（2）掌握挥发称量法的基本操作。

2. 仪器和设备

扁形称量瓶、干燥器、坩埚钳、电热恒温干燥箱。

3. 实验步骤

将洗净的扁形称量瓶瓶盖斜立在瓶口上，置于电热恒温干燥箱中，于105℃±2℃烘干1.5~2h。取出，放入干燥器中，冷却至室温（大约20min），称量。然后再置于干燥箱中在同样的温度下烘干15min，取出，放入干燥器中冷却至室温，称量。重复操作直至恒重（两次质量之差小于0.2mg）。

用已恒重的扁形称量瓶称取1g（称准至0.0001g）葡萄糖试样，轻轻摇动称量瓶使试样均匀地铺在瓶底上。将瓶盖斜立在瓶口上，放入干燥箱，于105℃±2℃下烘干2h，取出，于干燥器中冷却至室温，称量。再放入烘箱中烘干15min，取出，冷却，称量，直至恒重。平行测定2次。

葡萄糖试样的干燥失重以质量分数 w（失重）表示，按下式计算：

$$w(失重) = \frac{m_1 - m_2}{m_s}$$

式中　m_1——称量瓶及试样干燥前的质量，g；

　　　m_2——称量瓶及试样干燥后的质量，g；

　　　m_s——葡萄糖试样的质量，g。

4. 实验提要

（1）本实验参照2015年版《中华人民共和国药典》中规定的方法。

（2）葡萄糖试样平铺在扁形称量瓶中厚度不超过5mm，放入干燥箱中加热烘干时间最低不少于1h。

（3）烘干时温度不可过高，否则葡萄糖易板结，水分及挥发物难以逸出。

（4）从干燥箱中取出称量瓶放入干燥器中冷却时，瓶盖不要盖得太严，以免冷却后瓶盖不易打开。

5. 思考题

（1）何为恒重？如何进行恒重操作？

（2）称量瓶事先若没有烘干至恒重，对测定结果有何影响？

（3）直接称量法适用于什么情况？递减称量法又适用于什么情况？

实验三十七　工业氯化钾主成分含量的测定（称量分析法）

1. 实验目的

（1）掌握沉淀称量法的基本操作。

（2）掌握沉淀称量法测定氯化钾含量的方法。

（3）掌握微孔玻璃坩埚的使用及抽滤操作技术。

2. 试剂与仪器设备

（1）乙酸溶液：$c(HAc)=2mol/L$。

（2）四苯硼酸钠溶液：20g/L。称取10g四苯硼酸钠，溶于400mL水中，加氢氧化钠溶液$[c(NaOH)=2mol/L]$使溶液pH≈9～10，稀释至500mL，用中速滤纸过滤，滤液贮存在棕色瓶中。该溶液可保存一周左右，如有浑浊，应重新过滤。

（3）四苯硼酸钾洗涤液：饱和溶液。称取0.04g氯化钾，溶于50mL水中，加入乙酸溶液5mL$[c(HAc)=2mol/L]$，在不断搅拌下，逐滴加入四苯硼酸钠溶液12mL进行沉淀。生成的四苯硼酸钾沉淀用P_{16}微孔玻璃坩埚过滤，并用纯水洗涤至无Cl^-为止，然后将沉淀转移到2L纯水中，摇动1h。使用时滤出所需要的量。

微孔玻璃坩埚（P_{16}）、减压过滤装置、电热恒温干燥箱、恒温水浴。

3. 实验步骤

称取约5g（称准至0.0001g）氯化钾试样于烧杯中，加100mL水溶解后，定量转移到250mL容量瓶中，用水稀释至刻度，摇匀。

移取50.00mL试液于250mL烧杯中，加入6～8mL乙酸溶液$[c(HAc)=2mol/L]$，在不断搅拌下，逐滴加入10mL四苯硼酸钠溶液（20g/L），于50～55℃保温30min，冷却到20℃以下。用已于120℃±2℃干燥至恒重的微孔玻璃坩埚抽滤。沉淀移至坩埚中后，用20mL澄清的四苯硼酸钾洗涤液分4～5次洗涤。

将盛有沉淀的坩埚置于120℃±2℃电热烘箱中干燥1h，然后取出放入干燥器内冷却至室温，称量，直至恒重。平行测定2次。

工业氯化钾主成分的含量以氯化钾的质量分数$w(KCl)$表示，按下式计算：

$$w(KCl)=\frac{(m_1-m_2)M(KCl)}{m_s M[KB(C_6H_5)_4] \times \frac{50.00}{250.00}}$$

式中　　m_1——烘干后沉淀及空坩埚的质量，g；

m_2——空坩埚的质量，g；

$M(KCl)$——氯化钾的摩尔质量，$M(KCl)=74.55g/mol$；

$M[KB(C_6H_5)_4]$——四硼酸钾的摩尔质量，$M[KB(C_6H_5)_4]=358.33g/mol$；

m_s——氯化钾试样的质量，g。

4. 实验提要

(1) 本实验参考国家标准GB/T 7118—2008《工业氯化钾》中规定的方法。

(2) 四硼酸钾溶解度较大，应采用四硼酸钾饱和溶液洗涤沉淀。

(3) 若试样中含有铵离子，应在沉淀前除去。

(4) 实验完毕及时将微孔玻璃坩埚洗净，若沉淀不易洗去，可用丙酮清洗。

5. 思考题

(1) 四硼酸钾是何种类型沉淀？为何用微孔玻璃坩埚过滤？

(2) 沉淀剂四硼酸钠为什么要逐滴加入？沉淀生成后为什么还要保温30min？

(3) 在转移四硼酸钾沉淀至玻璃坩埚中时，为什么要用洗涤液洗涤多次？

第五章 无机及分析化学综合实验

【学习目标】

通过进行制备与分析、方法对比、试样全分析、自拟方法实验及操作考核等，进一步巩固无机及分析化学基本理论知识和操作技能，提高分析问题、解决问题与独立工作的能力，增强创新意识与职业素养。

---

1. 碳酸钠的制备与分析

碳酸钠俗称纯碱，其工业制法称为联合法，系将氨和二氧化碳通入氯化钠溶液中，生成碳酸氢钠。经过高温灼烧，碳酸氢钠失去二氧化碳和水，生成碳酸钠。主要反应式为：

$$NH_3 + CO_2 + H_2O + NaCl \longrightarrow NaHCO_3 + NH_4Cl$$

$$2NaHCO_3 \longrightarrow Na_2CO_3 + CO_2\uparrow + H_2O$$

本实验是直接利用碳酸氢铵和氯化钠发生复分解反应来制取碳酸氢钠，反应式为：

$$NH_4HCO_3 + NaCl \longrightarrow NaHCO_3 + NH_4Cl$$

反应体系是一个复杂的由碳酸氢铵、氯化钠、碳酸氢钠和氯化铵组成的四元交互体系，这些盐在水中的溶解度互相发生影响。必须根据其在水中不同温度下的溶解度差异，选择最佳操作条件。

由表 5-1 可以看出，在四种盐混合溶液中，各种温度下，碳酸氢钠的溶解度都是最小的。当温度超过 35℃ 会引起碳酸氢铵的分解，故反应温度不可超过 35℃；温度过低又会影响碳酸氢铵的溶解，从而影响碳酸氢钠的生成，故反应温度又不宜低于 30℃。因此控制温度在 30~35℃ 条件下反应制备碳酸氢钠是比较适宜的。

表 5-1　四种盐在不同温度下的溶解度　　　　单位：$g/100gH_2O$

溶质	0℃	10℃	20℃	30℃	40℃	50℃	60℃	70℃
NaCl	35.7	35.8	36.0	36.3	36.6	37.0	37.3	37.8
NH_4HCO_3	11.9	15.8	21.0	27.0	—	—	—	—
NH_4Cl	29.4	33.3	37.2	41.4	45.8	50.4	55.2	60.2
$NaHCO_3$	6.9	8.2	9.6	11.1	12.7	14.5	16.4	—

2. 碳酸钙测定方法对比实验

碳酸钙可用以下三种方法测定。

（1）酸碱滴定法　用过量盐酸标准滴定溶液与准确称量的碳酸钙试样作用，剩余盐酸再用氢氧化钠标准滴定溶液返滴，由两标准滴定溶液物质的量之差计算碳酸钙的质量分数。反应式为：

$$CaCO_3 + 2HCl(过量) \longrightarrow CaCl_2 + CO_2\uparrow + H_2O$$

$$NaOH + HCl(剩余) \longrightarrow NaCl + H_2O$$

（2）配位滴定法　用 EDTA 标准滴定溶液在 pH=12 时直接滴定碳酸钙制得的试液，由 EDTA 标准滴定溶液用量计算碳酸钙的质量分数。反应式为：

$$Ca^{2+} + H_2Y^{2-} \longrightarrow CaY^{2-} + 2H^+$$

（3）氧化还原滴定法——高锰酸钾法　碳酸钙试样以盐酸溶液溶解后，用草酸铵溶液将 Ca^{2+} 沉淀成草酸钙，经过滤和洗涤得到纯净的草酸钙，以硫酸溶液溶解沉淀后，用高锰酸钾标准滴定溶液滴定溶液中的 $C_2O_4^{2-}$，由高锰酸钾标准滴定溶液用量计算碳酸钙的质量分数。反应式为：

$$Ca^{2+} + C_2O_4^{2-} \longrightarrow CaC_2O_4 \downarrow$$
$$CaC_2O_4 + 2H^+ \longrightarrow Ca^{2+} + H_2C_2O_4$$
$$5C_2O_4^{2-} + 2MnO_4^- + 16H^+ \longrightarrow 2Mn^{2+} + 8H_2O + 10CO_2 \uparrow$$

通过对比分析，在以上三种方法中确定最佳分析方法。

3. 工业氯化钙全分析

氯化钙是一种白色固体，无臭、味微苦，溶于醇、丙酮、醋酸。其吸湿性极强，极易潮解，易溶于水，同时放出大量的热，水溶液呈微酸性。

工业氯化钙有固体和液体两种。固体氯化钙是白色、灰白色或稍带黄色、红色的片状、粉末状、块状、颗粒状固体；液体氯化钙为无色透明或稍浑浊的液体。工业氯化钙主要用于除冰雪、除尘、冷冻、建筑材料防冻、石油开采等，无水氯化钙还可用作干燥剂。食用级氯化钙产品可用作罐头和豆制品的凝固剂、钙质强化剂。

化工行业标准 HG/T 2327—2004《工业氯化钙》规定，工业氯化钙的质量应符合表 5-2 要求。

表 5-2　工业氯化钙的质量要求

指标项目	指标					
	固体氯化钙					液体氯化钙
	Ⅰ型	Ⅱ型	Ⅲ型	Ⅳ型	Ⅴ型	
氯化钙($CaCl_2$)的质量分数/%	94	90	77	74	68	协商
总碱金属氯化物(以 NaCl 计)的质量分数/%	7.0					11.0
总镁(以 $MgCl_2$ 计)的质量分数/%	0.5					0.5
碱度[以 $Ca(OH)_2$ 计]的质量分数/%	0.4					0.4
水不溶物的质量分数/%	0.3					0.1
粒度	协商					

（1）氯化钙含量的测定　在试液 pH≈12 的条件下，以钙指示剂为指示剂，用乙二胺四乙酸二钠标准滴定溶液滴定总钙量。反应式为：

$$Ca^{2+} + H_2Y^{2-} \longrightarrow CaY^{2-} + 2H^+$$

总钙量减去碱度测定中的钙含量后折算成以氯化钙（$CaCl_2$）计的含量。

（2）总碱金属氯化物含量的测定　以铬酸钾为指示剂，用硝酸银标准滴定溶液滴定总氯量。反应式为：

$$Ag^+ + Cl^- \longrightarrow AgCl \downarrow$$

总氯量减去氯化钙中的含氯量后折算成以氯化钠（NaCl）计的总碱金属氯化物含量。

（3）总镁含量的测定　用三乙醇胺掩蔽少量 Fe^{3+}、Al^{3+}、Mn^{2+} 等离子，在 pH≈10 的介质中，以铬黑 T 为指示剂，用乙二胺四乙酸二钠标准滴定溶液滴定钙镁合量。反应式为：

$$Ca^{2+} + H_2Y^{2-} \longrightarrow CaY^{2-} + 2H^+$$
$$Mg^{2+} + H_2Y^{2-} \longrightarrow MgY^{2-} + 2H^+$$

从钙镁合量中减去钙含量，计算出镁含量。

(4) 碱度的测定　试样溶于水，加入已知量的过量盐酸标准滴定溶液，煮沸赶除二氧化碳，以溴百里香酚蓝为指示剂，用氢氧化钠标准滴定溶液返滴定。反应式为：

$$OH^- + H^+(过量) \longrightarrow H_2O$$
$$OH^- + H^+(剩余) \longrightarrow H_2O$$

(5) 水不溶物含量的测定　试样溶于水放置后，用 $5\sim15\mu m$ 的微孔玻璃坩埚过滤，根据烘干后坩埚增加的质量计算水不溶物含量。

4. 盐酸与磷酸混合液自拟分析方法实验

盐酸与磷酸均为常用无机酸。

盐酸是一元强酸，用氢氧化钠标准滴定溶液滴定至终点，甲基橙、甲基红、酚酞均可作为指示剂。

磷酸是三元酸，可分为三步离解：

$$H_3PO_4 \rightleftharpoons H^+ + H_2PO_4^- \quad K_{a_1} = 7.5 \times 10^{-3}$$
$$H_2PO_4^- \rightleftharpoons H^+ + HPO_4^{2-} \quad K_{a_2} = 6.3 \times 10^{-8}$$
$$HPO_4^{2-} \rightleftharpoons H^+ + PO_4^{3-} \quad K_{a_3} = 4.4 \times 10^{-13}$$

以氢氧化钠标准滴定溶液滴定磷酸溶液时，用甲基橙或甲基红为指示剂，可滴定至第一化学计量点（pH=4.66）；用酚酞为指示剂，可滴定至第二化学计量点（pH=9.78）。

根据以上分析，参照酸碱滴定测定实例，可拟出盐酸与磷酸混合液的分析方案。

5. 滴定分析操作考核

根据用酸碱滴定法对已知准确含量的无水碳酸钠试样的测定过程，全面考核学生滴定分析操作的掌握程度。

实验三十八　碳酸钠的制备与分析

1. 实验目的

(1) 了解根据盐的溶解度差异，利用复分解反应制备无机化合物的原理和方法。
(2) 掌握温控、灼烧、抽滤及洗涤等基本操作。
(3) 进一步掌握酸碱滴定法的基本原理与操作。

2. 试剂与仪器设备

(1) 氯化钠：化学纯试剂。
(2) 碳酸氢铵：化学纯试剂。
(3) 盐酸标准滴定溶液：$c(HCl)=0.1mol/L$。
(4) 溴甲酚绿-甲基红指示液。

恒温水浴、布氏漏斗、抽滤瓶、抽滤系统、研钵、蒸发皿、调温电炉、托盘天平、分析天平、滴定分析常用仪器。

3. 实验步骤

(1) 碳酸钠的制备

① 中间产物碳酸氢钠的制备　称取31g氯化钠于400mL烧杯中，加水100mL溶解后，置于恒温水浴上加热，温度控制在30～35℃之间。同时称取研磨成细粉末的固体碳酸氢铵

38g，在不断搅拌下分几次慢慢加入到氯化钠溶液中，然后继续充分搅拌并保持在此温度下反应20min。静置5min后减压抽滤，得到碳酸氢钠晶体，用少量的水淋洗以除去表面吸附的铵盐，再尽量抽干母液。

② 碳酸钠的制备　将中间产物碳酸氢钠放在蒸发皿中，置于调温电炉上加热，同时用玻璃棒不断翻搅，使固体受热均匀并防止结块。开始加热时可适当采用低温，5min后改用高温，灼烧30min左右，即可制得干燥的白色细粉末状碳酸钠。冷却到室温，在托盘天平上称量并记录产品的质量。

碳酸钠产品的产率按下式计算：

$$产率 = \frac{2m(Na_2CO_3)M(NaCl)}{m(NaCl)M(Na_2CO_3)} \times 100\%$$

式中　$m(Na_2CO_3)$——碳酸钠产品的质量，g；

　　　$m(NaCl)$——氯化钠原料的质量，g；

　　　$M(Na_2CO_3)$——碳酸钠的摩尔质量，$M(Na_2CO_3)=105.99g/mol$；

　　　$M(NaCl)$——氯化钠的摩尔质量，$M(NaCl)=58.44g/mol$。

(2) 产品的分析——总碱度的测定　称取0.2g（称准至0.0001g）碳酸钠试样，溶于50mL水中，加10滴溴甲酚绿-甲基红指示液，用盐酸标准滴定溶液[$c(HCl)=0.1mol/L$]滴定至溶液由绿色变为暗红色，煮沸2min，冷却后继续滴定至溶液再呈暗红色，记下盐酸标准滴定溶液消耗的体积。平行测定2次。

碳酸钠总碱量以碳酸钠的质量分数$w(Na_2CO_3)$表示，按下式进行计算：

$$w(Na_2CO_3) = \frac{c(HCl)V(HCl)M\left(\frac{1}{2}Na_2CO_3\right) \times 10^{-3}}{m_s}$$

式中　$c(HCl)$——盐酸标准滴定溶液的浓度，mol/L；

　　　$V(HCl)$——滴定消耗盐酸标准滴定溶液的体积，mL；

$M\left(\frac{1}{2}Na_2CO_3\right)$——碳酸钠的摩尔质量，$M\left(\frac{1}{2}Na_2CO_3\right)=52.994g/mol$；

　　　m_s——碳酸钠试样的质量，g。

4. 实验提要

(1) 本实验是以化学试剂为原料，如果采用的是工业盐，要先进行提纯。

(2) 在灼烧碳酸氢钠时，必须不停翻搅，加热要求先用温火再用强火，以使之受热均匀并防止结块。

(3) 第一次滴定至溶液由绿色变为暗红色时，不记所消耗盐酸标准滴定溶液的体积。

5. 思考题

(1) 本实验有哪些因素影响产品的产量？哪些因素影响产品的纯度？

(2) 标定盐酸标准滴定溶液常用的方法有哪两种？这两种方法各有何特点？

(3) 以溴甲酚绿-甲基红为指示剂，用盐酸标准滴定溶液滴定工业碱，为什么测定结果是总碱度？

*实验三十九　碳酸钙测定方法对比实验

1. 实验目的

(1) 进一步掌握各种滴定分析法的基本原理和操作技能。

(2) 掌握如何根据被测物质的性质选择合适的分析方法，了解如何对不同的分析方法进行对比、评价。

2. 试剂

(1) 盐酸标准滴定溶液：$c(\text{HCl}) = 0.1 \text{mol/L}$。

(2) 氢氧化钠标准滴定溶液：$c(\text{NaOH}) = 0.1 \text{mol/L}$。

(3) 盐酸溶液：$c(\text{HCl}) = 6 \text{mol/L}$。

(4) 氢氧化钠溶液：$c(\text{NaOH}) = 5 \text{mol/L}$。

(5) 甲基橙指示液：1g/L。

(6) 乙二胺四乙酸二钠标准滴定溶液：$c(\text{EDTA}) = 0.02 \text{mol/L}$。

(7) 草酸铵溶液：40g/L、1g/L。

(8) 三乙醇胺溶液：200g/L。

(9) 铬黑 T：5g/L 乙醇溶液。

(10) 硫酸溶液：$c(\text{H}_2\text{SO}_4) = 6 \text{mol/L}$。

(11) 高锰酸钾标准滴定溶液：$c\left(\frac{1}{5}\text{KMnO}_4\right) = 0.1 \text{mol/L}$。

(12) 氨水溶液：10%。

(13) 硝酸银溶液：10g/L。

3. 实验步骤

(1) 酸碱滴定法 称取碳酸钙试样 0.13~0.15g（称准至 0.0001g），置于 250mL 烧杯中，加入少量水润湿，盖上表面皿，用滴定管自烧杯嘴处慢慢加入盐酸标准滴定溶液 $[c(\text{HCl}) = 0.1 \text{mol/L}]$ 40.00mL，放置 30min。用水冲洗表面皿和烧杯内壁后，滴加 1~2 滴甲基橙指示液，用氢氧化钠标准滴定溶液 $[c(\text{NaOH}) = 0.1 \text{mol/L}]$ 返滴定剩余的盐酸，溶液由红色变为黄色即为终点，记下消耗的体积。平行测定 2 次。

碳酸钙的质量分数 $w(\text{CaCO}_3)$ 按下式计算：

$$w(\text{CaCO}_3) = \frac{[c(\text{HCl})V(\text{HCl}) - c(\text{NaOH})V(\text{NaOH})]M\left(\frac{1}{2}\text{CaCO}_3\right) \times 10^{-3}}{m_s}$$

式中 $c(\text{HCl})$ ——盐酸标准滴定溶液的浓度，mol/L；

$V(\text{HCl})$ ——加入盐酸标准滴定溶液的体积，mL；

$c(\text{NaOH})$ ——氢氧化钠标准滴定溶液的浓度，mol/L；

$V(\text{NaOH})$ ——滴定消耗氢氧化钠标准滴定溶液的体积，mL；

$M\left(\frac{1}{2}\text{CaCO}_3\right)$ ——碳酸钙的摩尔质量，$M\left(\frac{1}{2}\text{CaCO}_3\right) = 50.045 \text{g/mol}$；

m_s ——碳酸钙试样的质量，g。

(2) 配位滴定法 称取碳酸钙试样 0.40~0.60g（称准至 0.0001g），置于 250mL 烧杯中，加入少量水润湿，盖上表面皿，自烧杯嘴慢慢加入 20mL 盐酸溶液 $[c(\text{HCl}) = 6 \text{mol/L}]$，用水冲洗表面皿和烧杯内壁，加热溶解，煮沸除去二氧化碳后，定量转移到 250mL 容量瓶中，用水稀释至刻度，摇匀。用移液管从中移取 25.00mL，加入 5mL 三乙醇胺溶液（200g/L）、5mL 氢氧化钠溶液 $[c(\text{NaOH}) = 5 \text{mol/L}]$，加入水 25mL 以及 3~4 滴铬黑 T 指示剂，用乙二胺四乙酸二钠标准滴定溶液 $[c(\text{EDTA}) = 0.02 \text{mol/L}]$ 滴定至红色变为纯蓝色即为终点，记下消耗的体积。平行测定 2 次。

碳酸钙的质量分数 $w(CaCO_3)$ 按下式计算：

$$w(CaCO_3) = \frac{c(EDTA)V(EDTA)M(CaCO_3) \times 10^{-3}}{m_s \times \frac{25.00}{250.00}}$$

式中　$c(EDTA)$——EDTA 标准滴定溶液的浓度，mol/L；
　　　$V(EDTA)$——滴定消耗 EDTA 标准滴定溶液的体积，mL；
　　　$M(CaCO_3)$——碳酸钙的摩尔质量，$M(CaCO_3) = 100.09 \text{g/mol}$；
　　　m_s——碳酸钙试样的质量，g。

（3）高锰酸钾法　称取碳酸钙试样 0.15～0.18g（称准至 0.0001g），置于 300～400mL 的烧杯中，加入少量水润湿，盖上表面皿，由烧杯嘴慢慢加入 5mL 盐酸溶液 [$c(HCl) = 6\text{mol/L}$]，加热溶解，并煮沸除去二氧化碳。再用水冲洗表面皿和烧杯内壁，加入 20mL 水、40mL 草酸铵溶液（40g/L），再加热至近沸，加入 2 滴甲基橙指示液，在不断搅拌下逐滴加入氨水溶液（10%）至溶液由红色变为黄色（pH＝4.5～5.5），放置陈化 30min。然后用慢速定量滤纸以倾泻法过滤和洗涤，以草酸铵溶液（1g/L）洗涤烧杯和沉淀 5～6 次，用水洗涤烧杯和沉淀各 3 次，再用水洗至流出液中以硝酸银溶液（10g/L）检验无 Cl^- 为止。将滤纸取下，摊开贴于烧杯内壁上，用沸水 150mL 将沉淀洗入烧杯，并加入 10mL 硫酸溶液 [$c(H_2SO_4) = 6\text{mol/L}$]，搅拌使沉淀溶解后，此时温度应在 70～85℃之间。用高锰酸钾标准滴定溶液 [$c(\frac{1}{5}KMnO_4) = 0.1\text{mol/L}$] 滴定至溶液出现淡红色并保持 30s 不褪色即为终点，记下消耗的体积。平行测定 2 次。

碳酸钙的质量分数 $w(CaCO_3)$ 按下式计算：

$$w(CaCO_3) = \frac{c\left(\frac{1}{5}KMnO_4\right)V(KMnO_4)M\left(\frac{1}{2}CaCO_3\right) \times 10^{-3}}{m_s}$$

式中　$c\left(\frac{1}{5}KMnO_4\right)$——高锰酸钾标准滴定溶液的浓度，mol/L；
　　　$V(KMnO_4)$——滴定消耗高锰酸钾标准滴定溶液的体积，mL；
　　　$M\left(\frac{1}{2}CaCO_3\right)$——碳酸钙的摩尔质量，$M\left(\frac{1}{2}CaCO_3\right) = 50.045\text{g/mol}$；
　　　m_s——碳酸钙试样的质量，g。

（4）比较　比较论证以上三种方法的优缺点，选定适合的分析方法。

4. 实验提要

（1）用盐酸溶解试样时，要特别小心，防止二氧化碳飞逸造成试样损失。

（2）利用配位滴定法测定时，对所用纯水应进行质量检查：取 10mL 待检查的水，加氨-氯化铵缓冲溶液（pH≈10），调节溶液 pH 至 10 左右，加入 1 滴铬黑 T 指示剂，不显红色为合格。

（3）利用高锰酸钾法测定时，为了获得纯净的草酸钙沉淀，必须严格控制酸度条件为 pH＝4.5～5.5。

（4）利用高锰酸钾法测定必须控制滴定的温度不低于 75～85℃，滴定时间要短，滴定结束，溶液温度应不低于 60℃。

5. 思考题

（1）酸碱滴定法测定碳酸钙含量时，能否用酚酞作指示剂？为什么？

(2) 为什么三种滴定分析法测定石灰石中碳酸钙的含量,所采用的滴定方式不同?
(3) 用盐酸溶解试样后,为什么还要煮沸?
(4) 为什么测定同一试样,不同的滴定分析法得到的结果会有一定差异?
(5) 高锰酸钾法的滴定酸度条件如何控制?

*实验四十　工业氯化钙全分析

(一) 氯化钙含量的测定

1. 实验目的

(1) 掌握配位滴定法测定氯化钙含量的原理和方法。
(2) 掌握钙指示剂的使用条件和终点颜色变化。

2. 试剂

(1) EDTA 标准滴定溶液:$c(EDTA)=0.02mol/L$。
(2) 三乙醇胺溶液:1+2。
(3) 氢氧化钠溶液:100g/L。
(4) 钙指示剂:1+200。

3. 实验步骤

称取 10g 固体氯化钙或 20g 液体氯化钙试样(准确至 0.0002g),置于 250mL 烧杯中,加水溶解。移入 1000mL 容量瓶中,稀释至刻度,摇匀。此溶液为实验溶液 A,用于以下有关测定。

吸取 10.00mL 实验溶液 A 于 250mL 锥形瓶中,加水至约 50mL,加入 5mL 三乙醇胺溶液 (1+2)、2mL 氢氧化钠溶液 (100g/L),再加 0.1g 钙指示剂 (1+200),用 EDTA 标准滴定溶液 [$c(EDTA)=0.02mol/L$] 滴定至溶液由红色变纯蓝色为终点,记下消耗的体积。平行测定 2 次。

氯化钙含量以氯化钙的质量分数 $w(CaCl_2)$ 表示,按下式计算:

$$w(CaCl_2)=\frac{c(EDTA)V(EDTA)M(CaCl_2)\times 10^{-3}}{m_s}-1.4978w[Ca(OH)_2]$$

式中　$c(EDTA)$——乙二胺四乙酸二钠标准滴定溶液的浓度,mol/L;
　　　$V(EDTA)$——滴定消耗乙二胺四乙酸二钠溶液的体积,mL;
　　　$M(CaCl_2)$——氯化钙的摩尔质量,$M(CaCl_2)=110.99g/mol$;
　　　m_s——氯化钙试样的质量,g;
　　　1.4978——氢氧化钙 [$Ca(OH)_2$] 换算成氯化钙 ($CaCl_2$) 的系数;
　　　$w[Ca(OH)_2]$——碱度 [以 $Ca(OH)_2$ 计] 的质量分数。

(二) 总碱金属氯化物含量的测定

1. 实验目的

(1) 进一步理解莫尔法的基本原理。
(2) 掌握总碱金属氯化物含量的测定方法。

2. 试剂

(1) 硝酸溶液:1+10。
(2) 碳酸氢钠溶液:100g/L。

(3) 铬酸钾指示液：50g/L。
(4) 硝酸银标准滴定溶液：$c(AgNO_3)=0.1mol/L$。

3. 实验步骤

吸取 10.00mL 实验溶液 A 于 250mL 锥形瓶中，加 50mL 水，用硝酸溶液（1+10）或碳酸氢钠溶液（100g/L）调节 pH=6.5～10（以 pH 试纸检验）。加入 0.7mL 铬酸钾指示液（50g/L），在充分摇动下，用硝酸银标准滴定溶液 $[c(AgNO_3)=0.1mol/L]$ 滴定至溶液由淡黄色变为微红色为终点，记下消耗的体积。平行测定 2 次。

总碱金属氯化物含量以氯化钠的质量分数 $w(NaCl)$ 表示，按下式计算：

$$w(NaCl)=\frac{c(AgNO_3)V(AgNO_3)M(NaCl)\times 10^{-3}}{m_s}-1.053w(CaCl_2)$$

式中　$c(AgNO_3)$——硝酸银标准滴定溶液的浓度，mol/L；
　　　$V(AgNO_3)$——滴定消耗硝酸银标准滴定溶液的体积，mL；
　　　$M(NaCl)$——氯化钠的摩尔质量，$M(NaCl)=58.44g/mol$；
　　　m_s——氯化钙试样的质量，g；
　　　$w(CaCl_2)$——氯化钙（$CaCl_2$）的质量分数；
　　　1.053——氯化钙（$CaCl_2$）换算成氯化钠（NaCl）的系数。

（三）总镁含量的测定

1. 实验目的

(1) 掌握配位滴定法测定总镁含量的原理和方法。
(2) 掌握铬黑 T 指示剂的使用条件。

2. 试剂

(1) EDTA 标准滴定溶液：$c(EDTA)=0.02mol/L$。
(2) 氨-氯化铵缓冲溶液。
(3) 铬黑 T 指示剂：5g/L。
(4) 三乙醇胺溶液：1+2。

3. 实验步骤

吸取 10.00mL 实验溶液 A 于 250mL 锥形瓶中，加入 5mL 三乙醇胺溶液（1+2）、10mL 氨-氯化铵缓冲溶液、25mL 水及 5 滴铬黑 T 指示剂（5g/L），摇匀，用 EDTA 标准滴定溶液 $[c(EDTA)=0.02mol/L]$ 滴定至溶液由酒红色变纯蓝色为终点，记下消耗的体积。平行测定 2 次。

总镁含量以氯化镁的质量分数 $w(MgCl_2)$ 表示，按下式计算：

$$w(MgCl_2)=\frac{c(EDTA)V(EDTA)M(MgCl_2)\times 10^{-3}}{m_s}$$

式中　$c(EDTA)$——乙二胺四乙酸二钠标准滴定溶液的浓度，mol/L；
　　　$V(EDTA)$——滴定消耗乙二胺四乙酸二钠标准滴定溶液的体积，mL；
　　　$M(MgCl_2)$——氯化钙的摩尔质量，$M(MgCl_2)=95.21g/mol$；
　　　m_s——氯化钙试样的质量，g。

（四）碱度的测定

1. 实验目的

(1) 掌握返滴定法测定氯化钙碱度的原理和方法。

(2) 正确判断溴百里香酚蓝指示剂的滴定终点。

2. 试剂

(1) 盐酸标准滴定溶液：$c(\text{HCl})=0.1\text{mol/L}$。
(2) 氢氧化钠标准滴定溶液：$c(\text{NaOH})=0.1\text{mol/L}$。
(3) 溴百里香酚蓝指示液：1g/L。

3. 实验步骤

称取 10g 固体氯化钙或与之相当的液体氯化钙（称准至 0.0001g），置于 400mL 烧杯中，加适量水溶解，加 2~3 滴溴百里香酚蓝指示液，用滴定管滴入盐酸标准滴定溶液中和并过量 5mL。煮沸 2min，冷却，再加入 2 滴溴百里香酚蓝指示液，用氢氧化钠准滴定溶液 $[c(\text{NaOH})=0.1\text{mol/L}]$ 滴定至溶液由黄色变为蓝色为终点，记下消耗的体积。平行测定 2 次。

碱度以氢氧化钙的质量分数 $w[\text{Ca(OH)}_2]$ 表示，按下式进行计算：

$$w[\text{Ca(OH)}_2]=\frac{[c(\text{HCl})V(\text{HCl})-c(\text{NaOH})V(\text{NaOH})]M\left[\frac{1}{2}\text{Ca(OH)}_2\right]\times 10^{-3}}{m_s}$$

式中　　$c(\text{HCl})$——盐酸标准滴定溶液的浓度，mol/L；

　　　　$V(\text{HCl})$——加入盐酸标准滴定溶液的体积，mL；

　　　　$c(\text{NaOH})$——氢氧化钠标准滴定溶液的浓度，mol/L；

　　　　$V(\text{NaOH})$——滴定消耗氢氧化钠标准滴定溶液的体积，mL；

$M\left[\frac{1}{2}\text{Ca(OH)}_2\right]$——氢氧化钙的摩尔质量，$M\left[\frac{1}{2}\text{Ca(OH)}_2\right]=37.05\text{g/mol}$；

　　　　m_s——氯化钙试样的质量，g。

（五）水不溶物含量的测定

1. 实验目的

(1) 掌握水不溶物含量测定的原理和方法。
(2) 掌握微孔玻璃坩埚的使用方法。

2. 试剂与仪器

硝酸银溶液：10g/L。
微孔玻璃坩埚：滤板孔径为 5~15μm。

3. 实验步骤

称取 20g 试样（准确至 0.01g），置于 400mL 烧杯中，加入 250mL 水溶解，放置 1h。用已于 105℃±5℃ 干燥至恒重的微孔玻璃坩埚过滤，用水洗至无氯离子为止（用硝酸银溶液检验）。将带有不溶物的微孔玻璃坩埚于 105℃±5℃ 烘干至恒重。

水不溶物含量以其质量分数 w(水不溶物) 表示，按下式进行计算：

$$w(\text{水不溶物})=\frac{m_1-m_2}{m_s}$$

式中　m_1——水不溶物与微孔玻璃坩埚的质量，g；

　　　m_2——微孔玻璃坩埚的质量，g；

　　　m_s——氯化钙试样的质量，g。

（六）实验提要

(1) 本实验参照化工行业标准 HG/T 2327—2004《工业氯化钙》规定的方法。

(2) 本测定涉及的计算公式应能正确理解。
(3) 总碱金属氯化物含量的测定中用 pH 试纸检验溶液酸度时应采取正确的方法，不可造成溶液损失。
(4) 三乙醇胺应在酸性条件下加入后，再将溶液调至碱性。

(七) 思考题

(1) 氯化钙含量测定为何在 pH≈12 时滴定？总镁含量测定为何在 pH≈10 滴定？
(2) 总镁含量测定为什么采用铬黑 T 指示剂？能否使用钙指示剂？为什么？
(3) 溴百里香酚蓝指示剂的变色范围是多少？碱度测定还可选用何种酸碱指示剂来代替它？
(4) 总碱金属氯化物含量的测定中为何要调节溶液酸度为 pH≈6.5～10？
(5) 水不溶物含量的测定中能否用滤纸代替微孔玻璃坩埚？为什么？

*实验四十一 盐酸与磷酸混合液自拟分析方法实验

1. 实验目的

运用所学无机及分析化学理论和实验技能，自行拟订分析方案，并通过实验进行检验修正从而确定实验方法，以提高发现问题、分析问题、解决问题的能力和实际工作技能。

2. 任务与要求

根据所学酸碱滴定基本原理，并查阅有关书籍、期刊、手册等参考资料，在教师指导下，试拟出盐酸 $[c(HCl)=0.2mol/L]$ 与磷酸 $[c(H_3PO_4)=0.2mol/L]$ 组成的混合溶液的分析方案，包括实验原理、实验步骤、结果计算及所需试剂的规格、浓度、配制方法。实验结束，写出实验报告和总结。

3. 分析讨论

计算分析结果及误差，对所拟订方法作出评价。

4. 实验提要

学生在实验前根据实验的任务和要求，设计出实验方案，经教师审阅和小组讨论，进一步完善后，方可进行实验。

5. 思考题

(1) 甲基橙、甲基红、酚酞指示剂的变色范围各是多少？
(2) 分别采用以上三种指示剂用氢氧化钠标准滴定溶液滴定磷酸，磷酸的反应产物各是什么？其基本单元如何确定？

*实验四十二 滴定分析操作考核

1. 实验目的

(1) 进一步熟练掌握分析天平的使用和称量方法。
(2) 进一步熟练掌握移液管、容量瓶、滴定管的使用和滴定基本操作。
(3) 了解滴定分析基本操作应掌握的规范和熟练程度。

2. 试剂

(1) 无水碳酸钠试样：已知准确含量。

(2) 盐酸标准滴定溶液：$c(HCl)=0.1mol/L$。
(3) 溴甲酚绿-甲基红指示液。

3. 实验步骤——碳酸钠总碱量的测定

称取 1.5～2.0g（称准至 0.0001g）无水碳酸钠试样，溶于 50mL 水中，移入 250mL 容量瓶中，加水稀释至刻度，摇匀。用移液管吸取 25mL 碳酸钠试液，置于 250mL 锥形瓶中，加 10 滴溴甲酚绿-甲基红指示液，用盐酸标准滴定溶液[$c(HCl)=0.1mol/L$]滴定至溶液由绿色变为暗红色，煮沸 2min，冷却后继续滴定至溶液再呈暗红色，记下盐酸标准滴定溶液消耗的体积。平行测定 2 次。

工业碳酸钠的总碱量以碳酸钠的质量分数 $w(Na_2CO_3)$ 表示，按下式进行计算：

$$w(Na_2CO_3)=\frac{c(HCl)V(HCl)M\left(\frac{1}{2}Na_2CO_3\right)\times 10^{-3}}{m_s\times\dfrac{25.00}{250.00}}$$

式中　$c(HCl)$——盐酸标准滴定溶液的浓度，mol/L；
　　　$V(HCl)$——滴定消耗盐酸标准滴定溶液的体积，mL；
　　　$M\left(\frac{1}{2}Na_2CO_3\right)$——碳酸钠的摩尔质量，$M\left(\frac{1}{2}Na_2CO_3\right)=52.994g/mol$；
　　　m_s——碳酸钠试样的质量，g。

4. 评分标准

(1) 分析天平的使用和称量操作评分标准见分析天平操作考核表（见表 5-3）。
(2) 滴定基本操作评分标准见滴定基本操作考核表（见表 5-4）。

5. 实验提要

第一次滴定至溶液由绿色变为暗红色时，不记所消耗盐酸标准滴定溶液的体积。

6. 思考题

(1) 除溴甲酚绿-甲基红外，本实验还可以采用何种指示剂？能否采用酚酞，为什么？

表 5-3　分析天平操作考核表

项目		考核内容	记录	标准分	得分
称量操作（25分）	称量准备	天平罩,记录本,砝码盒,容器的摆放		1	
		天平各部件及水平检查		1	
		天平清扫		1	
		零点检查与调整		1.5	
	称量操作	称量瓶、砝码在秤盘中的位置		1	
		天平开关动作轻、缓、匀		1.5	
		加减砝码、物品时天平必须休止		1	
		半启天平试称操作		2	
		砝码选择与镊子放置		1	
		试样的倾出与回磕操作		2	
		读数时天平侧门必须关闭		1	
		称量读数正确		1.5	
		试样质量范围		2	
		随时记录,不损坏仪器		2	
	结束工作	称量瓶、砝码、指数盘回位		1	
		检查零点		1.5	
		休止天平,罩好天平罩		1	
称量时间上限 10min,每超过 2min 扣 1 分				2	
其他:返工扣 5 分,不会称量均扣 25 分					

表 5-4　滴定基本操作考核表

项目		考 核 内 容	记　录	标准分	得　分
试样的溶解稀释及移取（27分）	容量瓶的使用	试样溶解（溶剂沿杯壁流下），玻璃棒使用		1.5	
		试液转移操作规范，烧杯刷洗3次以上		3	
		稀释至总容积的 2/3～3/4 时平摇		1.5	
		稀释至刻度线下约 1cm 放置 1～2min		1.5	
		调液面滴管接近但不接触液面，稀释准确		2.5	
		摇匀操作正确		2	
	移液管的使用	移液管的洗涤，吸液前擦拭管外壁、管尖部分		1.5	
		用待吸液润洗		2	
		持管规范，管尖插入液面下 2～3cm，不吸空		2	
		调液面前先擦干外壁，管始终保持垂直		1.5	
		吸取溶液与调液面操作		2	
		液面调好后管尖内不准有气泡		1.5	
		放液前管尖液滴的处理		1	
		放液操作		2	
		溶液流至管尖停留 15s 后取出		1.5	
滴定操作（24分）	滴定前准备	装溶液前将溶液摇匀，装液操作		2	
		装好溶液后，赶气泡		1	
		调节到刻度线上约 5mm 等待 1min 左右，再调至 0.00mL		2	
		滴定管尖伸进锥形瓶 1cm，瓶底距台面 2～3cm		1	
	滴定	滴定管尖悬挂液滴用洁净烧杯内壁碰去后马上滴定		1	
		滴定管与锥形瓶的持握正确		1.5	
		滴定与摇瓶配合自如		1.5	
		滴定速度 6～8mL/min		2	
		控制半滴、1/4 滴技术，冲洗内壁次数		2	
		终点判断准确、一致		2	
		读数时滴定管自然垂直，手持握规范		1	
		读数		2	
	文明操作	操作台面整齐、清洁		1	
		滴定管不漏液，不乱甩操作液		1	
		不损坏仪器等（打坏重要仪器扣 8 分）		2	
		实验仪器洗涤		1	
实验记录（9分）		用钢笔或圆珠笔全项填写		1	
		记录及时、真实、准确、整洁		1	
		有效数字及其运算规则的应用		2	
		报告单填写清晰、无涂改		2	
		时间上限 60min，每超 3min 扣 1 分		3	
分析结果（15分）		极差超过规定范围，每相差 0.01% 扣 1 分		5	
		测定值超过规定范围，每相差 0.02% 扣 1 分		10	

注：1. 如测定值与规定范围相差 10% 以上或极差与规定范围相差 5% 以上，按不及格处理。
　　2. 如编造数据、谎报分析结果，按不及格处理。

（2）酸式、碱式滴定管各适合装什么溶液？不适合装什么溶液？
（3）酸式滴定管漏水应如何处理？碱式滴定管漏水又如何处理？
（4）何为定容操作？定容操作怎样进行？
（5）用吸管吸取容量瓶中的溶液时，如何进行操作？操作时应注意什么问题？

附 录

附录一　不同温度下标准滴定溶液的体积补正值

单位：mL/L

温度/℃	水及 0.05mol/L 以下的各种水溶液	0.1mol/L 及 0.2mol/L 的各种水溶液	盐酸溶液 $[c(HCl)=$ 0.5mol/L]	盐酸溶液 $[c(HCl)=$ 1mol/L]	硫酸溶液 $[c(\frac{1}{2}H_2SO_4)=$ 0.5mol/L] 氢氧化钠溶液 $[c(NaOH)=$ 0.5mol/L]	硫酸溶液 $[c(\frac{1}{2}H_2SO_4)=$ 1mol/L] 氢氧化钠溶液 $[c(NaOH)=$ 1mol/L]	碳酸钠溶液 $[c(\frac{1}{2}Na_2CO_3)=$ 1mol/L]	氢氧化钾乙醇溶液 $[c(KOH)=$ 0.1mol/L]
5	+1.38	+1.7	+1.9	+2.3	+2.4	+3.6	+3.3	
6	+1.38	+1.7	+1.9	+2.2	+2.3	+3.4	+3.2	
7	+1.36	+1.6	+1.8	+2.2	+2.2	+3.2	+3.0	
8	+1.33	+1.6	+1.8	+2.1	+2.2	+3.0	+2.8	
9	+1.29	+1.5	+1.7	+2.0	+2.1	+2.7	+2.6	
10	+1.23	+1.5	+1.6	+1.9	+2.0	+2.5	+2.4	+10.6
11	+1.17	+1.4	+1.5	+1.8	+1.8	+2.3	+2.2	+9.6
12	+1.10	+1.3	+1.4	+1.6	+1.7	+2.0	+2.0	+8.5
13	+0.99	+1.1	+1.2	+1.4	+1.5	+1.8	+1.8	+7.4
14	+0.88	+1.0	+1.1	+1.2	+1.3	+1.6	+1.5	+6.5
15	+0.77	+0.9	+0.9	+1.0	+1.1	+1.3	+1.3	+5.2
16	+0.64	+0.7	+0.8	+0.8	+0.9	+1.1	+1.1	+4.2
17	+0.50	+0.6	+0.6	+0.6	+0.7	+0.8	+0.8	+3.1
18	+0.34	+0.4	+0.4	+0.4	+0.5	+0.6	+0.6	+2.1
19	+0.18	+0.2	+0.2	+0.2	+0.2	+0.3	+0.3	+1.0
20	0.00	0.00	0.00	0.00	0.00	0.00	0.00	0.00
21	−0.18	−0.2	−0.2	−0.2	−0.2	−0.3	−0.3	−1.1
22	−0.38	−0.4	−0.4	−0.4	−0.5	−0.6	−0.6	−2.2
23	−0.58	−0.6	−0.7	−0.7	−0.8	−0.9	−0.9	−3.3
24	−0.80	−0.9	−0.9	−0.9	−1.0	−1.2	−1.2	−4.2
25	−1.03	−1.1	−1.1	−1.2	−1.3	−1.5	−1.5	−5.3
26	−1.26	−1.4	−1.4	−1.4	−1.5	−1.8	−1.8	−6.4
27	−1.51	−1.7	−1.7	−1.7	−1.8	−2.1	−2.1	−7.5
28	−1.76	−2.0	−2.0	−2.0	−2.1	−2.4	−2.4	−8.5
29	−2.01	−2.3	−2.3	−2.3	−2.4	−2.8	−2.8	−9.6
30	−2.30	−2.5	−2.5	−2.6	−2.8	−3.2	−3.1	−10.6
31	−2.58	−2.7	−2.7	−2.9	−3.1	−3.5		−11.6
32	−2.86	−3.0	−3.0	−3.2	−3.4	−3.9		−12.6
33	−3.04	−3.2	−3.3	−3.5	−3.7	−4.2		−13.7
34	−3.47	−3.7	−3.6	−3.8	−4.1	−4.6		−14.8
35	−3.78	−4.0	−4.0	−4.1	−4.4	−5.0		−16.0
36	−4.10	−4.3	−4.3	−4.4	−4.7	−5.3		−17.0

注：1. 本表数值是以20℃为标准温度通过实测法测出的。

2. 表中带有"＋""－"号的数值是以20℃为分界，室温低于20℃的补正值为"＋"，高于20℃的补正值为"－"。

3. 本表的用法：如 1L 硫酸溶液 $[c(\frac{1}{2}H_2SO_4)=1mol/L]$ 由25℃换算为20℃时，体积补正值为 −1.5mL，故 40.00mL 换算为20℃时的体积为 $V_{20}=40.00-1.5/1000×40.00=39.94$ （mL）。

附录二　常用酸碱溶液的相对密度和浓度

试剂名称	相对密度	$w_B/\%$	$c/(\text{mol/L})$
盐酸	1.18~1.19	36~38	11.6~12.4
硝酸	1.39~1.40	65~68	14.4~15.2
硫酸	1.83~1.84	95~98	17.8~18.4
磷酸	1.69	85	14.6
高氯酸	1.68	70.0~72.0	11.7~12.0
冰醋酸	1.05	99.8(优级纯) 99.0(分析纯)	17.4
氢氟酸	1.13	40	22.5
氢溴酸	1.49	47.0	8.6
氨水	0.88~0.90	25.0~28.0	13.3~14.8

附录三　常用缓冲溶液的配制

缓冲溶液组成	pK_a	缓冲溶液 pH	缓冲溶液配制方法
氨基乙酸-盐酸	$2.35(pK_{a_1})$	2.3	取150g氨基乙酸溶于500mL水中后,加80mL浓盐酸,用水稀释至1L
磷酸氢二钠-柠檬酸		2.5	取113g十二水磷酸氢二钠溶于200mL水中,加87g柠檬酸,溶解、过滤后,稀释至1L
一氯乙酸-氢氧化钠	2.86	2.8	取200g一氯乙酸溶于200mL水中,加40g氢氧化钠,溶解后,稀释至1L
邻苯二甲酸氢钾-盐酸	$2.95(pK_{a_1})$	2.9	取500g邻苯二甲酸氢钾溶于500mL水中,加80mL浓盐酸,稀释至1L
甲酸-氢氧化钠	3.76	3.7	取95g甲酸和40g氢氧化钠于500mL水中,溶解,稀释至1L
乙酸铵-乙酸		4.5	取77g乙酸铵溶于200mL水中,加冰醋酸59mL,稀释至1L
乙酸钠-乙酸	4.74	4.7	取83g无水乙酸钠溶于水中,加冰醋酸60mL,稀释至1L
乙酸铵-乙酸		5.0	取250g乙酸铵溶于水中,加冰醋酸25mL,稀释至1L
六亚甲基四胺-盐酸	5.15	5.4	取40g六亚甲基四胺溶于200mL水中,加10mL浓盐酸,稀释至1L
乙酸铵-乙酸		6.0	取600g乙酸铵溶于水中,加冰醋酸20mL,稀释至1L
乙酸钠-磷酸氢二钠		8.0	取50g无水乙酸钠和50g十二水磷酸氢二钠,溶于水中,稀释至1L
氨-氯化铵	9.26	9.2	取54g氯化铵溶于水中,加63mL浓氨水,稀释至1L
氨-氯化铵	9.26	9.5	取54g氯化铵溶于水中,加126mL浓氨水,稀释至1L
氨-氯化铵	9.26	10.0	取54g氯化铵溶于水中,加350mL浓氨水,稀释至1L

注: 1. 缓冲液配好后可用pH试纸检查,如pH与要求不符,可用共轭酸或碱调节。pH欲精确调节时,可用pH计。
　　2. 若需增加或减少缓冲液的缓冲容量时,可相应增加或减少共轭酸碱对的物质的量,然后按上述调节。

附录四 常用指示剂的配制

1. 酸碱指示剂

名称	变色范围(pH)	颜色变化	溶液配制方法
甲基紫	0.13～0.50(第一次变色) 1.0～1.5(第二次变色) 2.0～3.0(第三次变色)	黄色～绿色 绿色～蓝色 蓝色～紫色	0.5g/L 水溶液
百里酚蓝	1.2～2.8(第一次变色)	红色～黄色	1g/L 乙醇溶液
甲酚红	0.2～1.8(第一次变色)	红色～黄色	1g/L 乙醇溶液
甲基黄	2.9～4.0	红色～黄色	1g/L 乙醇溶液
甲基橙	3.1～4.4	红色～黄色	1g/L 水溶液
溴酚蓝	3.0～4.6	黄色～紫色	0.4g/L 乙醇溶液
刚果红	3.0～5.2	蓝紫色～红色	1g/L 水溶液
溴甲酚绿	3.8～5.4	黄色～蓝色	1g/L 乙醇溶液
甲基红	4.4～6.2	红色～黄色	1g/L 乙醇溶液
溴酚红	5.0～6.8	黄色～红色	1g/L 乙醇溶液
溴甲酚紫	5.2～6.8	黄色～紫色	1g/L 乙醇溶液
溴百里酚蓝	6.0～7.6	黄色～蓝色	1g/L 乙醇(50%溶液)
中性红	6.8～8.0	红色～亮黄色	1g/L 乙醇溶液
酚红	6.4～8.2	黄色～红色	1g/L 乙醇溶液
甲酚红	7.0～8.8(第二次变色)	黄色～紫红色	1g/L 乙醇溶液
百里酚蓝	8.0～9.6(第二次变色)	黄色～蓝色	1g/L 乙醇溶液
酚酞	8.2～10.0	无色～红色	1g/L 乙醇溶液
百里酚酞	9.4～10.6	无色～蓝色	1g/L 乙醇溶液

2. 混合酸碱指示剂

名称	变色点	颜色 酸色	颜色 碱色	配制方法	备注
甲基橙-靛蓝二磺酸钠	4.1	紫色	绿色	1份 1g/L 甲基橙水溶液 1份 2.5g/L 靛蓝二磺酸钠水溶液	
溴百里酚绿-甲基橙	4.3	黄色	蓝绿色	1份 1g/L 溴百里酚绿钠盐水溶液 1份 2g/L 甲基橙水溶液	pH=3.5,黄色 pH=4.0,绿黄色 pH=4.3,浅绿色
溴甲酚绿-甲基红	5.1	酒红色	绿色	3份 1g/L 溴甲酚绿乙醇溶液 1份 2g/L 甲基红乙醇溶液	
甲基红-亚甲基蓝	5.4	红紫色	绿色	2份 1g/L 甲基红乙醇溶液 1份 1g/L 亚甲基蓝乙醇溶液	pH=5.2,红紫色 pH=5.4,暗蓝色 pH=5.6,绿色
溴甲酚绿-甲酚红	6.1	黄绿色	蓝紫色	1份 1g/L 溴甲酚绿钠盐水溶液 1份 1g/L 甲酚红钠盐水溶液	pH=5.8,蓝色 pH=6.2,蓝紫色
溴甲酚紫-溴百里酚蓝	6.7	黄色	蓝紫色	1份 1g/L 溴甲酚紫钠盐水溶液 1份 1g/L 溴百里酚蓝钠盐水溶液	
中性红-亚甲基蓝	7.0	紫蓝色	绿色	1份 1g/L 中性红乙醇溶液 1份 1g/L 亚甲基蓝乙醇溶液	pH=7.0,蓝紫色
溴百里酚蓝-酚红	7.5	黄色	紫色	1份 1g/L 溴百里酚蓝钠盐水溶液 1份 1g/L 酚红钠盐水溶液	pH=7.2,暗绿色 pH=7.4,淡紫色 pH=7.6,深紫色
甲酚红-百里酚蓝	8.3	黄色	紫色	1份 1g/L 甲酚红钠盐水溶液 3份 1g/L 百里酚蓝钠盐水溶液	pH=8.2,玫瑰红色 pH=8.4,紫色
百里酚蓝-酚酞	9.0	黄色	紫色	1份 1g/L 百里酚蓝乙醇溶液 3份 1g/L 酚酞乙醇溶液	
酚酞-百里酚酞	9.9	无色	紫色	1份 1g/L 酚酞乙醇溶液 1份 1g/L 百里酚酞乙醇溶液	pH=9.6,玫瑰红色 pH=10,紫色

3. 金属离子指示剂

名称	颜色		配制方法
	配合物	游离态	
铬黑T(EBT)	红色	蓝色	1. 称取0.50g铬黑T和2.0g盐酸羟胺,溶于乙醇,再用乙醇稀释至100mL。使用前制备 2. 1.0g铬黑T与100.0g氯化钠,研细,混匀
二甲酚橙(XO)	红色	黄色	2g/L水溶液(去离子水)
钙指示剂	酒红	蓝色	0.50g钙指示剂与100.0g氯化钠,研细,混匀
紫脲酸铵	黄色	紫色	1.0g紫脲酸铵与200.0g氯化钠,研细,混匀
K-B指示剂	红色	蓝色	0.50g酸性铬蓝K加1.25g萘酚绿,再加25.0g硫酸钾,研细,混匀
磺基水杨酸	红色	无色	10g/L水溶液
PAN	红色	黄色	2g/L乙醇溶液
Cu-PAN (CuY+PAN)	Cu-PAN红色	CuY-PAN浅绿色	0.05mol/L Cu^{2+} 溶液10mL,加pH为5~6的乙酸缓冲溶液5mL、1滴PAN指示剂。加热至60℃左右,用EDTA滴至绿色,得到约0.025mol/L的CuY溶液。使用时取2~3mL于试液中,再加数滴PAN溶液

4. 氧化还原指示剂

名称	变色点/V	颜色		配制方法
		氧化态	还原态	
二苯胺	0.76	紫色	无色	1g二苯胺在搅拌下溶于100mL浓硫酸中
二苯胺磺酸钠	0.85	紫色	无色	5g/L水溶液
1,10-菲咯啉-亚铁	1.06	淡蓝色	红色	0.70g七水硫酸亚铁溶于100mL水中,加2滴硫酸,再加1.5g 1,10-菲咯啉
邻苯氨基苯甲酸	1.08	紫红色	无色	0.20g邻苯氨基苯甲酸加热溶解在100mL 2g/L碳酸钠溶液中。必要时过滤
硝基邻二氮菲-亚铁	1.25	淡蓝色	紫红色	1.7g硝基邻二氮菲溶于100mL 0.025mol/L Fe^{2+} 溶液中
淀粉				1g可溶性淀粉加少许水调成糊状,在搅拌下注入100mL沸水中,微沸2min,放置。取上层清液使用(若要保持稳定,可在研磨淀粉时加1mg碘化汞-亚铁)

5. 沉淀滴定法指示剂

名称	颜色变化		配制方法
铬酸钾	黄色	砖红色	5g铬酸钾溶于水,稀释至100mL
硫酸铁铵	无色	血红色	40g十二水硫酸铁铵溶于水,加几滴硫酸,用水稀释至100mL
荧光黄	绿色荧光	玫瑰红色	0.5g荧光黄溶于乙醇,用乙醇稀释至100mL
二氯荧光黄	绿色荧光	玫瑰红色	0.1g二氯荧光黄溶于乙醇,用乙醇稀释至100mL
曙红	黄色	玫瑰红色	0.5g曙红钠盐溶于水,稀释至100mL

附录五 相对原子质量（2007 年）

原子序数	元素名称	元素符号	相对原子质量	原子序数	元素名称	元素符号	相对原子质量	原子序数	元素名称	元素符号	相对原子质量
1	氢	H	1.00794(7)	36	氪	Kr	83.798(2)	71	镥	Lu	174.9668(1)
2	氦	He	4.002602(2)	37	铷	Rb	85.4678(3)	72	铪	Hf	178.49(2)
3	锂	Li	6.941(2)	38	锶	Sr	87.62(1)	73	钽	Ta	180.94788(2)
4	铍	Be	9.012182(3)	39	钇	Y	88.90585(2)	74	钨	W	183.84(1)
5	硼	B	10.811(7)	40	锆	Zr	91.224(2)	75	铼	Re	186.207(1)
6	碳	C	12.0107(8)	41	铌	Nb	92.90638(2)	76	锇	Os	190.23(3)
7	氮	N	14.0067(2)	42	钼	Mo	95.94(2)	77	铱	Ir	192.217(3)
8	氧	O	15.9994(3)	43	锝	Tc	[97.9072]	78	铂	Pt	195.084(9)
9	氟	F	18.9984032(5)	44	钌	Ru	101.07(2)	79	金	Au	196.966569(4)
10	氖	Ne	20.1797(6)	45	铑	Rh	102.90550(2)	80	汞	Hg	200.59(2)
11	钠	Na	22.98976928(2)	46	钯	Pd	106.42(1)	81	铊	Tl	204.3833(2)
12	镁	Mg	24.3050(6)	47	银	Ag	107.8682(2)	82	铅	Pb	207.2(1)
13	铝	Al	26.9815386(8)	48	镉	Cd	112.411(8)	83	铋	Bi	208.98040(1)
14	硅	Si	28.0855(3)	49	铟	In	114.818(3)	84	钋	Po	[208.9824]
15	磷	P	30.973762(2)	50	锡	Sn	118.710(7)	85	砹	At	[209.9871]
16	硫	S	32.065(5)	51	锑	Sb	121.760(1)	86	氡	Rn	[222.0176]
17	氯	Cl	35.453(2)	52	碲	Te	127.60(3)	87	钫	Fr	[223]
18	氩	Ar	39.948(1)	53	碘	I	126.90447(3)	88	镭	Re	[226]
19	钾	K	39.0983(1)	54	氙	Xe	131.293(6)	89	锕	Ac	[227]
20	钙	Ca	40.078(4)	55	铯	Cs	132.9054519(2)	90	钍	Th	232.03806(2)
21	钪	Sc	44.955912(6)	56	钡	Ba	137.327(7)	91	镤	Pa	231.03588(2)
22	钛	Ti	47.867(1)	57	镧	La	138.90547(7)	92	铀	U	238.02891(3)
23	钒	V	50.9415(1)	58	铈	Ce	140.116(1)	93	镎	Np	[237]
24	铬	Cr	51.9961(6)	59	镨	Pr	140.90765(2)	94	钚	Pu	[244]
25	锰	Mn	54.938045(5)	60	钕	Nd	144.242(3)	95	镅	Am	[243]
26	铁	Fe	55.845(2)	61	钷	Pm	[145]	96	锔	Cm	[247]
27	钴	Co	58.933195(5)	62	钐	Sm	150.36(2)	97	锫	Bk	[247]
28	镍	Ni	58.6934(4)	63	铕	Eu	151.964(1)	98	锎	Cf	[251]
29	铜	Cu	63.546(3)	64	钆	Gd	157.25(3)	99	锿	Es	[252]
30	锌	Zn	65.38(2)	65	铽	Tb	158.92535(2)	100	镄	Fm	[257]
31	镓	Ga	69.723(1)	66	镝	Dy	162.500(1)	101	钔	Md	[258]
32	锗	Ge	72.64(1)	67	钬	Ho	164.93032(2)	102	锘	No	[259]
33	砷	As	74.92160(2)	68	铒	Er	167.259(3)	103	铹	Lr	[262]
34	硒	Se	78.96(3)	69	铥	Tm	168.93421(2)				
35	溴	Br	79.904(1)	70	镱	Yb	173.054(5)				

注：1. 本表数据源自 2007 年 IUPAC 元素周期表，以 ^{12}C 的相对原子质量等于 12 为标准。
2. 相对原子质量末位数的不确定度加注在其后的圆括号内。
3. 方括号内的原子质量为放射性元素的半衰期最长的同位素质量数。

附录六 相对分子质量

化合物	相对分子质量	化合物	相对分子质量
Ag_3AsO_4	462.52	CoS	90.99
$AgBr$	187.77	$CoSO_4$	154.99
$AgCl$	143.32	$CoSO_4 \cdot 7H_2O$	281.10
$AgCN$	133.89	$CO(NH_2)_2$	60.06
$AgSCN$	165.95	$CrCl_3$	158.36
Ag_2CrO_4	331.73	$CrCl_3 \cdot 6H_2O$	266.45
AgI	234.77	$Cr(NO_3)_3$	238.01
$AgNO_3$	169.87	Cr_2O_3	151.99
$AlCl_3$	133.34	$CuCl$	99.00
$AlCl_3 \cdot 6H_2O$	241.43	$CuCl_2$	134.45
$Al(NO_3)_3$	213.00	$CuCl_2 \cdot 2H_2O$	170.48
$Al(NO_3)_3 \cdot 9H_2O$	375.13	$CuSCN$	121.62
Al_2O_3	101.96	CuI	190.45
$Al(OH)_3$	78.00	$Cu(NO_3)_2$	187.56
$Al_2(SO_4)_3$	342.14	$Cu(NO_3)_2 \cdot 3H_2O$	241.60
$Al_2(SO_4)_3 \cdot 18H_2O$	666.41	CuO	79.55
As_2O_3	197.84	Cu_2O	143.09
As_2O_5	229.84	CuS	95.61
As_2S_3	246.02	$CuSO_4$	159.06
$BaCO_3$	197.34	$CuSO_4 \cdot 5H_2O$	249.68
BaC_2O_4	225.35	$FeCl_2$	126.75
$BaCl_2$	208.42	$FeCl_2 \cdot 4H_2O$	198.81
$BaCl_2 \cdot 2H_2O$	244.27	$FeCl_3$	162.21
$BaCrO_4$	253.32	$FeCl_3 \cdot 6H_2O$	270.30
BaO	153.33	$FeNH_4(SO_4)_2 \cdot 12H_2O$	482.18
$Ba(OH)_2$	171.34	$Fe(NO_3)_3$	241.86
$BaSO_4$	233.39	$Fe(NO_3)_3 \cdot 9H_2O$	404.00
$BiCl_3$	315.34	FeO	71.85
$BiOCl$	260.43	Fe_2O_3	159.69
CO_2	44.01	Fe_3O_4	231.54
CaO	56.08	$Fe(OH)_3$	106.87
$CaCO_3$	100.09	FeS	87.91
CaC_2O_4	128.10	Fe_2S_3	207.87
$CaCl_2$	110.99	$FeSO_4$	151.91
$CaCl_2 \cdot 6H_2O$	219.08	$FeSO_4 \cdot 7H_2O$	278.01
$Ca(NO_3)_2 \cdot 4H_2O$	236.15	$Fe(NH_4)_2(SO_4)_2 \cdot 6H_2O$	392.13
$Ca(OH)_2$	74.10	H_3AsO_3	125.94
$Ca_3(PO_4)_2$	310.18	H_3AsO_4	141.94
$CaSO_4$	138.14	H_3BO_3	61.83
$CdCO_3$	172.42	HBr	80.91
$CdCl_2$	183.32	HCN	27.03
CdS	144.47	$HCOOH$	46.03
$Ce(SO_4)_2$	332.24	CH_3COOH	60.05
$Ce(SO_4)_2 \cdot 4H_2O$	404.30	H_2CO_3	62.03
$CoCl_2$	129.84	$H_2C_2O_4$	90.04
$CoCl_2 \cdot 6H_2O$	237.93	$H_2C_2O_4 \cdot 2H_2O$	126.07
$Co(NO_3)_2$	182.94	HCl	36.46
$Co(NO_3)_2 \cdot 6H_2O$	291.03	HF	20.01

化 合 物	相对分子质量	化 合 物	相对分子质量
HI	127.91	$MgCl_2$	95.21
HIO_3	175.91	$MgCl_2 \cdot 6H_2O$	203.30
HNO_3	63.01	MgC_2O_4	112.33
HNO_2	47.01	$Mg(NO_3)_2 \cdot 6H_2O$	256.41
H_2O	18.015	$MgNH_4PO_4$	137.32
H_2O_2	34.02	MgO	40.30
H_3PO_4	98.00	$Mg(OH)_2$	58.32
H_2S	34.08	$Mg_2P_2O_7$	222.55
H_2SO_3	82.07	$MgSO_4 \cdot 7H_2O$	246.47
H_2SO_4	98.07	$MnCO_3$	114.95
$Hg(CN)_2$	252.63	$MnCl_2 \cdot 4H_2O$	197.91
$HgCl_2$	271.50	$Mn(NO_3)_2 \cdot 6H_2O$	287.04
Hg_2Cl_2	472.09	MnO	70.94
HgI_2	454.40	MnO_2	86.94
$Hg_2(NO_3)_2$	525.19	MnS	87.00
$Hg_2(NO_3)_2 \cdot 2H_2O$	561.22	$MnSO_4$	151.00
$Hg(NO_3)_2$	324.60	$MnSO_4 \cdot 4H_2O$	223.06
HgO	216.59	NO	30.01
HgS	232.65	NO_2	46.01
$HgSO_4$	296.65	NH_3	17.03
Hg_2SO_4	497.24	CH_3COONH_4	77.08
$KAl(SO_4)_2 \cdot 12H_2O$	474.38	NH_4Cl	53.49
KBr	119.00	$(NH_4)_2CO_3$	96.09
KBO_3	167.00	$(NH_4)_2C_2O_4$	124.10
KCl	74.55	$(NH_4)_2C_2O_4 \cdot H_2O$	142.11
$KClO_3$	122.55	NH_4SCN	76.12
$KClO_4$	138.55	NH_4HCO_3	79.06
KCN	65.12	$(NH_4)_2MoO_4$	196.01
$KSCN$	97.18	NH_4NO_3	80.04
K_2CO_3	138.21	$(NH_4)_2HPO_4$	132.06
K_2CrO_4	194.19	$(NH_4)_2S$	68.14
$K_2Cr_2O_7$	294.18	$(NH_4)_2SO_4$	132.13
$K_3[Fe(CN)_6]$	329.25	NH_4VO_3	116.98
$K_4[Fe(CN)_6]$	368.35	Na_3AsO_3	191.89
$KFe(SO_4)_2 \cdot 12H_2O$	503.24	$Na_2B_4O_7$	201.22
$KHC_2O_4 \cdot H_2O$	146.14	$Na_2B_4O_7 \cdot 10H_2O$	381.37
$KHC_2O_4 \cdot H_2C_2O_4 \cdot 2H_2O$	254.19	$NaBiO_3$	279.97
$KHC_4H_4O_6$	188.18	$NaCN$	49.01
$KHSO_4$	136.16	$NaSCN$	81.07
KI	166.00	Na_2CO_3	105.99
KIO_3	214.00	$Na_2CO_3 \cdot 10H_2O$	286.14
$KIO_3 \cdot HIO_3$	389.91	$Na_2C_2O_4$	134.00
$KMnO_4$	158.03	CH_3COONa	82.03
$KNaC_4H_4O_6 \cdot 4H_2O$	282.22	$CH_3COONa \cdot 3H_2O$	136.08
KNO_3	101.10	$NaCl$	58.44
KNO_2	85.10	$NaClO$	74.44
K_2O	94.20	$NaHCO_3$	84.01
KOH	56.11	$Na_2HPO_4 \cdot 12H_2O$	358.14
K_2SO_4	174.25	$Na_2H_2Y \cdot 2H_2O$	372.24
$MgCO_3$	84.31	$NaNO_2$	69.00

续表

化 合 物	相对分子质量	化 合 物	相对分子质量
NaNO$_3$	85.00	SbCl$_3$	228.11
Na$_2$O	61.98	SbCl$_5$	299.02
Na$_2$O$_2$	77.98	Sb$_2$O$_3$	291.50
NaOH	40.00	Sb$_2$S$_3$	339.68
Na$_3$PO$_4$	163.94	SiF$_4$	104.08
Na$_2$S	78.04	SiO$_2$	60.08
Na$_2$S·9H$_2$O	240.18	SnCl$_2$	189.60
Na$_2$SO$_3$	126.04	SnCl$_2$·2H$_2$O	225.63
Na$_2$SO$_4$	142.04	SnCl$_4$	260.50
Na$_2$S$_2$O$_3$	158.10	SnCl$_4$·5H$_2$O	350.58
Na$_2$S$_2$O$_3$·5H$_2$O	248.17	SnO$_2$	150.69
NiCl$_2$·6H$_2$O	237.70	SnS$_2$	150.75
NiO	74.70	SrCO$_3$	147.63
Ni(NO$_3$)$_2$·6H$_2$O	290.80	SrC$_2$O$_4$	175.64
Ni	90.76	SrCrO$_4$	203.61
NiSO$_4$·7H$_2$O	280.86	Sr(NO$_3$)$_2$	211.63
P$_2$O$_5$	141.95	Sr(NO$_3$)$_2$·4H$_2$O	283.69
PbCO$_3$	267.21	SrSO$_4$	183.69
PbC$_2$O$_4$	295.22	UO$_2$(CH$_3$COO)$_2$·2H$_2$O	424.15
PbCl$_2$	278.11	Zn(CH$_3$COO)$_2$·2H$_2$O	219.50
Pb(CH$_3$COO)$_2$	325.29	Zn(NO$_3$)$_2$	189.39
Pb(CH$_3$COO)$_2$·3H$_2$O	379.34	Zn(NO$_3$)$_2$·6H$_2$O	297.48
PbI$_2$	461.01	ZnO	81.38
Pb(NO$_3$)$_2$	331.21	ZnS	97.44
PbO	223.20	ZnSO$_4$	161.44
PbO$_2$	239.20	ZnSO$_4$·7H$_2$O	287.55
Pb$_3$(PO$_4$)$_2$	811.54	ZnCO$_3$	125.39
PbS	239.26	ZnC$_2$O$_4$	153.40
PbSO$_4$	303.26	ZnCl$_2$	136.29
SO$_3$	80.06	Zn(CH$_3$COO)$_2$	183.47
SO$_2$	64.06		

附录七　国家职业标准　化学检验工[1]

1. 职业概况

1.1　职业名称

　　化学检验工。

1.2　职业定义

　　以抽样检查的方式，使用化学分析仪器和理化仪器等设备，对试剂溶剂、日用化工品、化学肥料、化学农药、涂料染料颜料、煤炭焦化、水泥和气体等化工产品的成品、半成品、原材料及中间过程进行检验、检测、化验、监测和分析的人员。

---

[1]　中华人民共和国劳动和社会保障部制定。

1.3 职业等级

本职业共设五个等级，分别为：初级（国家职业资格五级）、中级（国家职业资格四级）、高级（国家职业资格三级）、技师（国家职业资格二级）、高级技师（国家职业资格一级）。

1.4 职业环境

室内，常温。

1.5 职业能力特征

有一定的观察、判断和计算能力，具有较强的颜色分辨能力。

1.6 基本文化程度

高中毕业（或同等学力）。

1.7 培训要求

1.7.1 培训期限

全日制职业学校教育，根据其培养目标和教学计划确定。晋级培训期限：初级、中级、高级不少于 180 标准学时；技师、高级技师不少于 150 标准学时。

1.7.2 培训教师

培训中、高级化学检验工的教师应具有本职业技师以上职业资格证书或本专业中级以上专业技术职务任职资格；培训技师的教师应具有本职业高级技师职业资格证书或本专业高级专业技术职务任职资格；培训高级技师的教师应具有本职业高级技师职业资格证书 2 年以上或本专业高级专业技术职务任职资格。

1.7.3 培训场地设备

标准教室及具备必要检验仪器设备的试验室。

1.8 鉴定要求

1.8.1 适用对象

从事或准备从事本职业的人员。

1.8.2 申报条件

——初级（具备以下条件之一者）

（1）经本职业初级正规培训达规定标准学时数，并取得毕（结）业证书。

（2）在本职业连续见习工作 2 年以上。

——中级（具备以下条件之一者）

（1）取得本职业初级职业资格证书后，连续从事职业工作 3 年以上，经本职业中级正规培训达规定标准学时数，并取得毕（结）业证书。

（2）取得本职业初级职业资格证书后，连续从事本职业工作 4 年以上。

（3）连续从事本职业工作 5 年以上。

（4）取得经劳动保障行政部门审核认定的、以中级技能为培养目标的中等以上职业学校本职业（专业）毕业证书。

——高级（具备以下条件之一者）

（1）取得本职业中级职业资格证书后，连续从事本职业工作 3 年以上，经本职业高级正规培训达规定标准学时数，并取得毕（结）业证书。

（2）取得本职业中级职业资格证书后，连续从事本职业工作 5 年以上。

（3）取得经劳动保障行政部门审核认定的、以高级技能为培养目标的高等职业学校本职业（专业）毕业证书。

（4）取得本职业中级职业资格证书的大专本专业或相关专业毕业生，连续从事本职业工作 2 年以上。

——技师（具备以下条件之一者）

（1）取得本职业高级职业资格证书后，连续从事本职业工作 5 年以上，经本职业技师正规培训达规定标准学时数，并取得毕（结）业证书。

（2）取得本职业高级职业资格证书后，连续从事本职业工作 6 年以上。

(3) 取得本职业高级职业资格证书的高级技工学校本职业（专业）毕生，连续从事本职业工作 2 年以上。

(4) 取得本职业高级职业资格证书的大学本科本专业或相关专业毕业生，并从事本职业工作 1 年以上。

——高级技师（具备以下条件之一者）

(1) 取得本职业技师职业资格证书后，连续从事本职业工作 3 年以上，经本职业高级技师正规培训达规定标准学时数，并取得毕（结）业证书。

(2) 取得本职业技师职业资格证书后，连续从事本职业工作 5 年以上。

1.8.3 鉴定方式

分为理论知识考试和技能操作考核。理论知识考试采用闭卷笔试方式，技能操作考核采用现场实际操作方式。理论知识考试和技能操作考核均实行百分制，成绩皆达 60 分以上者为合格。技师、高级技师鉴定还须进行综合评审。

1.8.4 考评人员与考生配比

理论知识考试考评人员与考生配比为 1∶20，每个标准教室不少于 2 名考评人员；技能操作考核考评员与考生配比为 1∶10，且不少于 3 名考评员。

1.8.5 鉴定时间

理论知识考试时间为 90～120min；技能操作考核时间为 90～240min。

1.8.6 鉴定场所设备

理论知识考试在标准教室进行；技能操作考核在具备必要检测仪器设备的实验室进行。实验室的环境条件、仪器设备、试剂、标准物质、工具及待测样品能满足鉴定项目需求，各种计量器具必须计量检定合格，且在检定有效期内。

2. 基本要求

2.1 职业道德

2.1.1 职业道德基本知识

2.1.2 职业守则

(1) 爱岗敬业，工作热情主动。

(2) 认真负责，实事求是，坚持原则，一丝不苟地依据标准进行检验和判定。

(3) 努力学习，不断提高基础理论水平和操作技能。

(4) 遵纪守法，不谋私利，不徇私情。

(5) 遵守劳动纪律。

(6) 遵守操作规程，注意安全。

2.2 基础知识

2.2.1 标准化计量质量基础知识

2.2.2 化学基础知识（包括安全与卫生知识）

2.2.3 分析化学知识

2.2.4 电工基础知识

2.2.5 计算机操作知识

2.2.6 相关法律、法规知识

3. 工作要求

本标准对初级、中级、高级、技师和高级技师的技能要求依次递进，高级别包括低级别的要求。

表中大写英文字母表示各检验类别：A——试剂溶剂检验；B——日用化工检验；C——化学肥料检验；D——化学农药检验；E——涂料染料颜料检验；F——煤炭焦化检验；G——水泥检验。按各检验类别分别进行培训、考核。

3.1 初级（略）

3.2 中级（略）

3.3 高级

职业功能	工作内容	技能要求	相关知识
一、样品交接	接待咨询	1. 能全面了解送检产品质量方面的有关问题 2. 能正确回答样品交接中出现的疑难问题	相应化工产品的性能和检测
二、检验准备	(一)准备实验用水、溶液	1. 能制备仪器分析用的标准溶液和其他制剂试液 2. 从事D类检验的人员应能制备符合液相色谱分析要求的一级实验用水和相应的试液	标准溶液的制备方法
	(二)准备仪器设备	1. 能按照标准要求制备气相色谱分析用的填充柱(包括柱管和载体的预处理、载体的涂渍、色谱柱的装填和老化等),并能选用适当的毛细管柱;或能选用符合原子吸收分光光度法分析要求的空心阴极灯,并能正确评价阴极灯的优劣,包括发光强度、发光稳定性、测定灵敏度与线性、灯的使用寿命等指标 2. 从事D类检验的人员应能按标准要求选用高效液相色谱分析柱	1. 色谱柱的制备方法 2. 原子吸收分光光度仪的原理、结构、使用说明和注意事项
	(三)操作计算机	能熟练操作与分析仪器配套使用的计算机	计算机操作应用的一般知识
	(四)设计检验记录表格	能根据不同类型检验项目的需要设计相应的原始记录表格	不同类型检验项目原始记录的设计要求
三、检测与测定	(一)仪器分析	1. 能按操作规程操作气相色谱仪(包括其配套设备,如高压气体钢瓶、减压阀、气路管线、净化器、色谱数据工作站或数据处理机等),能根据不同的检验项目选择适当的色谱分析条件,合理地调整色谱参数;或能按操作规程操作原子吸收光谱仪[包括其配套设备,如乙炔钢瓶(或乙炔稳压发生器)、压缩空气钢瓶(或空气压缩机)、或其他燃气和助燃气、减压阀、气路管线、计算机及配套系统软件或数据处理机],能根据不同的检验项目选择适当的仪器分析条件,合理地调整仪器参数 2. 能用色谱法或原子吸收分光光度法分析相应类别化工产品的有关项目 A. 测定有机化学试剂的主含量,如苯胺 B. 测定化妆品中的铅含量 C. 测定微量元素叶面肥中的锌、锰、铁、铜等元素含量 D. 用气相色谱法和高效液相色谱法测定农药的有效成分(如氧乐果、辛硫磷),检测农药的悬浮性和热贮稳定性等 E. 测定涂料中的有害成分,如聚氨酯涂料中的游离TDI单体等 F. 测定精制焦化产品的组分,如邻甲酚的组分 G. 测定水泥中的氧化钠、氧化钾、氧化镁的含量	1. 色谱分析的分离原理及分类,气相色谱基本术语,气相色谱仪的结构、操作方法,气相色谱仪的定性和定量方法;或原子吸收分光光度仪的结构、原子吸收定量分析技术、最佳仪器条件的选择、干扰因素的消除方法等知识 2. 相关国家标准中各检验项目的相应要求
	(二)监测"三废"排放	能按标准要求测定本单位产生的"三废"中的主要环境监测项目	1. 与检验产品相关的环境污染物的种类及主要来源 2. 废水、废气的主要监测项目 3. 环境控制标准和环境监测的主要分析方法
	(三)解决检验技术问题	能解决检验过程中遇到的一般技术问题,并能验证其方法的合理性	化学检验相关技术

续表

职业功能	工作内容	技能要求	相关知识
四、测后工作	（一）审定检验报告	能对其他检验人员制作的检验报告按管理规定进行审核，内容包括： 1. 填写内容是否与原始记录相符 2. 检验依据是否适用 3. 环境条件是否满足要求 4. 结论的判定是否正确	对检验报告的要求
	（二）分析产生不合格品的原因	能协助企业生产技术管理部门分析产生不合格品（批）的一般原因	1. 试剂的工业分离提纯知识 2. 常见日用化学产品的简单工艺和常用原科的一般知识 3. 常见化肥产品的简单生产工艺 4. 农药加工所需助剂的一般知识 5. 涂料生产的一般知识 6. 焦化工业的一般知识 7. 硅酸盐水泥的生产过程
五、修验仪器设备	（一）安装、调试、验收仪器设备	能读懂新购置的一般仪器设备的说明书，能按规程进行安装、调试，并能验证其技术参数是否达到规定要求	一般仪器设备的工作原理及结构组成
	（二）排除仪器设备故障	1. 能独立设计简单的检修仪器设备的程序框图 2. 能按程序框图检查出常用仪器设备的故障，并能排除常见故障 3. 能正确更换仪器设备的易耗件	分析仪器的故障检修方法
六、技术管理与创新	（一）编写仪器操作规程	能制定一般检验仪器设备的操作规程	一般检验仪器设备的使用方法及注意事项
	（二）编写检验操作规范	能编写相关产品和原材料的检验操作规范	相关产品和原材料的检验方法和标准
	（三）改进检验装置	能根据检验方法的需要改进试验装置，提高检验效率和检验结果的准确度	各种试验装置的结构及各部件的作用
七、培训与指导	传授技艺	1. 能向初级、中级化学检验工传授与其工作内容相关的专业知识 2. 能较系统地示范化工产品的化学分析、仪器分析、物理参数和物理性能检测等实际操作的技术、技巧	传授技艺、技能的基本方法

3.4 技师

职业功能	工作内容	技能要求	相关知识
一、检测与测定	（一）解决检验技术难题	能解决化学检验中遇到的技术难题	1. 相应类别的检验项目 2. 化学检验技术
	（二）开展新检验项目	能根据本单位发展需要，开展新产品、新项目的检验	
二、修验仪器设备	（一）安装、调试、验收仪器设备	能将新购置的、较复杂的仪器设备按说明书的要求进行安装、调试，并能验证其技术参数是否达到规定标准	常用仪器设备的工作原理及结构组成
	（二）排除仪器设备故障	1. 能独立设计较复杂的检修仪器设备的程序框图 2. 能按程序框图检查出较复杂仪器设备产生故障的原因，并能排除其一般故障	较复杂的分析仪器的故障检修方法

续表

职业功能	工作内容	技能要求	相关知识
三、技术管理与创新	（一）组合检验装置	能根据检验方法的需要，组合检验新项目所需的装置	各种化学实验室的电器设备、玻璃仪器及其他器皿和用品的用途
	（二）编写检验操作规范	能编写非标准检验方法（如生产过程控制检验）的操作规范	1. 各种产品的生产工艺 2. 化学检验操作规范的编写规定
四、培训与指导	传授技艺	1. 能向初级、中级、高级化学检验工传授与其工作内容相关的专业知识（包括安全环保）和常用的数据处理知识 2. 能较系统地指导相关化工产品的化学分析、仪器分析、物理参数和物理性能检测等实际操作	1. 技能培训的基本要求 2. 化学检验中化学分析、仪器分析的重点和操作技能的要点
五、实验室管理	（一）制订购置计划	1. 能根据检验需要和单位的条件制订仪器设备购置的近期计划和长远规划 2. 能根据各个检验项目对化学试剂、标准物质的要求及检验批次的多少，估计其使用量，制订其购置计划	1. 各种仪器设备的用途、价格 2. 各种化学试剂和标准物质的规格、等级及用途
	（二）检验质量管理	1. 能准确分析影响检验质量的原因，并制定有效的解决办法 2. 能制定并执行检验质量管理制度	检验质量管理基础知识
	（三）仪器及试剂管理	1. 能定期安排实验室仪器的周期检定 2. 能针对实验室的仪器设备、化学试剂和标准物质的具体情况，制定并实施管理措施	计量检定有关知识
	*（四）计量认证和审查认可（验收）	能根据实验室计量认证和审查认可（验收）的要求，编写管理手册中与相应类别检验有关的规章制度	计量认证、审查认可（验收）有关知识
	*（五）实验室认可	能根据实验室认可的要求，编制相应类别检验的操作指导书或检验细则	实验室认可的有关知识
	*（六）参与企业的质量管理	能根据质量管理和质量认证的要求，编制相关的程序文件和作业指导书	GB/T 1900、ISO 9000 标准知识
	*（七）参与企业的环境管理	能根据企业的环境管理体系要素的相关要求，编制与相应类别检验相关的操作指导书和规程	GB/T 2400、ISO 14000 标准知识

注：前面带有"*"的"工作内容"为选择项，申报人员可以从（四）至（七）的四项工作内容中任选两项。

3.5 高级技师

职业功能	工作内容	技能要求	相关知识
一、检测与测定	（一）解决检验技术难题	能处理并解决较高难度的检验技术问题	化学检验技术发展动态
	（二）引进检验新技术	能将当今国内外化学检验的新技术、新方法引进检验工作中，并取得应用成效	
二、技术管理与创新	（一）检索标准文献	能根据标准目录和标准化期刊检索标准文献，获得最新标准信息	标准化基础知识
	（二）数理统计的应用	能运用数理统计方法判断标准曲线的线性关系和检测结果的精密度	数理统计的应用知识
三、技术培训与指导	专业培训	1. 能系统讲授化工产品检验的基本知识，并能指导学员的实际操作 2. 能制订化学检验培训班教学计划 3. 能合理安排教学内容，选择适当的教学方式	技能培训的方法

续表

职业功能	工作内容	技能要求	相关知识
四、实验室规划设计	(一)确定规划方案	能根据本单位的需要,规划实验室的规模和功能,并做到留有发展空间	实验室规划一般要求
	(二)实验室设计	能提出各类实验用房(化学分析室、精密仪器室、钢瓶室、贮藏室和办公室等)合理布局的设计要求	实验室布局要求
	(三)实验室配套设施设计	能做到实验室的电源、水源、燃气源(可无)设计安全合理;实验室的照明、通风、排水、排气、实验台设计符合检验要求;钢瓶室、贮藏室设施设计符合贮存要求	实验室设施要求
五、技术交流	参与技术交流与合作	能胜任下列工作之一: 1. 能参与本地区化学检验技术人员的培训、技术交流、实验室间对比检验的工作 2. 能协助地方产品质量监督部门制定有关产品的监督检查检验细则,编写监督检查的质量分析报告;能组织召开有关产品的质量分析会议	本地区各化工生产企业的检验能力、实验室和检验人员的状况
六、制定标准	参与技术发展规划和标准制定	能胜任下列工作之一: 1. 能根据国内外化学检验技术发展动态,适时提出行业发展规划的建议 2. 能参与国家标准、行业标准的制定和修订,能提出可得到各方代表广泛认可的建议或新条款 3. 能主持完成企业标准的制定工作	1. 国内外化学检验技术发展动态 2. 制定标准的相关要求
七、技术总结	技术探讨和经验总结	能完成下列工作之一: 1. 能系统全面地总结化学检验的实践经验 2. 能正确总结检验仪器、设备的维护和检修经验与规律 3. 能撰写化学检验专题项目的研究报告 4. 能撰写检验技术诀窍的总结报告	1. 技术报告和技术总结写作的有关知识 2. 化学检验现状和发展趋势

4. 比重表

4.1 理论知识

	项目	初级/%	中级/%	高级/%	技师/%	高级技师/%
基本要求	职业道德	5	5	3	2	2
	基础知识	40	35	22	23	23
相关知识	样品交接	5	2	2	—	—
	检验准备	14	17	13	—	—
	采样	10	7	—	—	—
	检测与测定	13	22	25	20	20
	测后工作	3	5	5	—	—
	安全实验	5	5	—	—	—
	养护设备	5	—	—	—	—
	修验仪器设备	—	2	10	10	—
	技术管理与创新	—	—	15	15	10
	培训与指导	—	—	5	5	10
	实验室管理	—	—	—	25	—
	实验室规划设计	—	—	—	—	15
	技术交流	—	—	—	—	5
	制定标准	—	—	—	—	5
	技术总结	—	—	—	—	10
合计		100	100	100	100	100

4.2 技能操作

	项　目	初级/%	中级/%	高级/%	技师/%	高级技师/%
技能要求	样品交接	8	5	5	—	—
	检验准备	20	18	10	—	—
	采样	15	10	—	—	—
	检测与测定	30	42	45	35	30
	测后工作	7	9	8	—	—
	安全实验	10	10	—	—	—
	养护设备	10	—	—	—	—
	修验仪器设备	—	6	12	15	—
	技术管理与创新	—	—	15	15	15
	培训与指导	—	—	5	10	15
	实验室管理	—	—	—	25	—
	实验室规划设计	—	—	—	—	10
	技术交流	—	—	—	—	10
	制定标准	—	—	—	—	10
	技术总结	—	—	—	—	10
合　计		100	100	100	100	100

参 考 文 献

[1] 中华人民共和国国家标准 GB/T 601—2002 化学试剂 标准滴定溶液的制备. 北京：中国标准出版社，2003.
[2] 国家药典委员会. 中华人民共和国药典. 2015年版. 北京：中国医药科技出版社，2015.
[3] 化学实验室常用标准汇编（上）. 第2版. 北京：中国标准出版社，2006.
[4] 化学实验室常用标准汇编（下）. 第2版. 北京：中国标准出版社，2009.
[5] 杭州大学化学系分析化学教研室. 分析化学手册. 第2版. 北京：化学工业出版社，1997.
[6] 张铁垣. 分析化学中的量和单位. 第2版. 北京：中国标准出版社，2002.
[7] 中华人民共和国国家标准 GB/T 8170—2008 数值修约规则与极限数值的表示和判定. 北京：中国标准出版社，2008.
[8] 中华人民共和国国家标准 GB/T 6682—2008 分析实验室用水规格和试验方法. 北京：中国标准出版社，2008.
[9] 中华人民共和国国家标准 GB/T 1914—2007 化学分析滤纸. 北京：中国标准出版社，2007.
[10] 中华人民共和国国家计量检定规程 JJG 98—2006 机械天平. 北京：中国计量出版社，2006.
[11] 中华人民共和国国家计量检定规程 JJG 1036—2008 电子天平. 北京：中国计量出版社，2008.
[12] 丁敬敏，吴筱南. 化学实验技术. 北京：化学工业出版社，2007.
[13] 甘孟瑜，曹渊. 大学化学实验. 重庆：重庆大学出版社，2006.
[14] 天津大学无机化学教研室. 大学化学实验. 天津：天津大学出版社，2006.
[15] 蔡维平. 基础化学实验（一）. 北京：科学出版社，2004.
[16] 文建国，常慧，徐勇军等. 基础化学实验教程. 北京：国防工业出版社，2006.
[17] 李聚源. 普通化学实验. 第2版. 北京：化学工业出版社，2007.
[18] 宁鸿霞，李丽. 无机及分析化学实验. 东营：石油大学出版社，2005.
[19] 李艳辉. 无机及分析化学实验. 南京：南京大学出版社，2006.
[20] 马腾文. 分析技术与操作（Ⅰ）——分析实验室知识及基本操作. 北京：化学工业出版社，2005.
[21] 蔡明招. 分析化学实验. 北京：化学工业出版社，2004.
[22] 黄一石，乔子荣. 定量化学分析. 第2版. 北京：化学工业出版社，2009.
[23] 胡伟光，张文英. 定量化学分析实验. 第2版. 北京：化学工业出版社，2009.
[24] 张圣麟，徐燏，王绍领. 化工分析技术. 北京：化学工业出版社，2008.
[25] 王有志. 水质分析技术. 北京：化学工业出版社，2007.
[26] 邱德仁. 工业分析化学. 上海：复旦大学出版社，2003.
[27] 李楚芝，王桂芝. 分析化学实验. 第2版. 北京：化学工业出版社，2006.
[28] 张振宇. 化工分析. 第3版. 北京：化学工业出版社，2008.
[29] 杨小弟. 分析化学技能训练. 北京：化学工业出版社，2008.
[30] 于世林，苗凤琴，杜洪光等. 图解现代分析化学基本实验操作技术. 北京：科学出版社，2013.
[31] 国家职业资格培训教材编审委员会组编，凌昌都主编. 化学检验工（中级）. 第2版. 北京：机械工业出版社，2014.